초등 수해력 도형·측정

다음 학년 수학이 쉬워지는

3단계

| 초등 3학년 권장 |

정답과 풀이는 EBS 초등사이트(primary.ebs.co.kr)에서 다운로드 받으실 수 있습니다.

교재 내용 문의 교재 내용 문의는 EBS 초등사이트 (primary.ebs.co.kr)의 교재 Q&A 서비스를 활용하시기 바랍니다.

교재 정오표 공지 발행 이후 발견된 정오 사항을 EBS 초등사이트 정오표 코너에서 알려 드립니다. 강좌/교재 → 교재 로드맵 → 교재 선택 → 정오표

교재 정정 신청 공지된 정오 내용 외에 발견된 정오 사항이 있다면 EBS 초등사이트를 통해 알려 주세요. 강좌/교재 → 교재 로드맵 → 교재 선택 → 교재 Q&A

강화 단원으로 키우는
초등 수해력

수학 교육과정에서의 **중요도와 영향력**, 학생들이 특히 **어려워하는 내용을 분석**하여
다음 학년 수학이 더 쉬워지도록 선정하였습니다.

향후 수학 학습에 **영향력이 큰 개념 요소를 선정**했습니다.
탄탄한 개념 이해가 가능하도록 꼭 집중하여 학습해 주세요.

무엇보다 문제 풀이를 반복하는 것이 중요한 단원을 의미합니다.
충분한 반복 연습으로 계산 실수를 줄이도록 학습해 주세요.

실생활 활용 문제가 자주 나오는, **응용 실력**을 길러야 하는 단원입니다.
다양한 유형으로 **문제 해결 능력**을 길러 보세요.

수·연산과 도형·측정을 함께 학습하면 학습 효과 상승!

수·연산

수의 특성과 연산을 학습하는 영역으로 자연수, 분수, 소수 등
수의 체계 확장에 따라 수와 사칙 연산을 익히며
수학의 기본기와 응용력을 다져야 합니다.

수와 연산은 학년마다 개념이 점진적으로 확장되므로
개념 연결 구조를 이용하여 사고를 확장하며 나아가는 나선형 학습이 필요합니다.

도형·측정

여러 범주의 도형이 갖는 성질을 탐구하고, 양을 비교하거나 단위를 이용하여
수치화하는 학습 영역입니다.
논리적인 사고력과 현상을 해석하는 능력을 길러야 합니다.

도형과 측정은 여러 학년에서 조금씩 배워 휘발성이 강하므로 도출되는 원리
이해를 추구하고, 충분한 연습으로 익숙해지는 과정이 필요합니다.

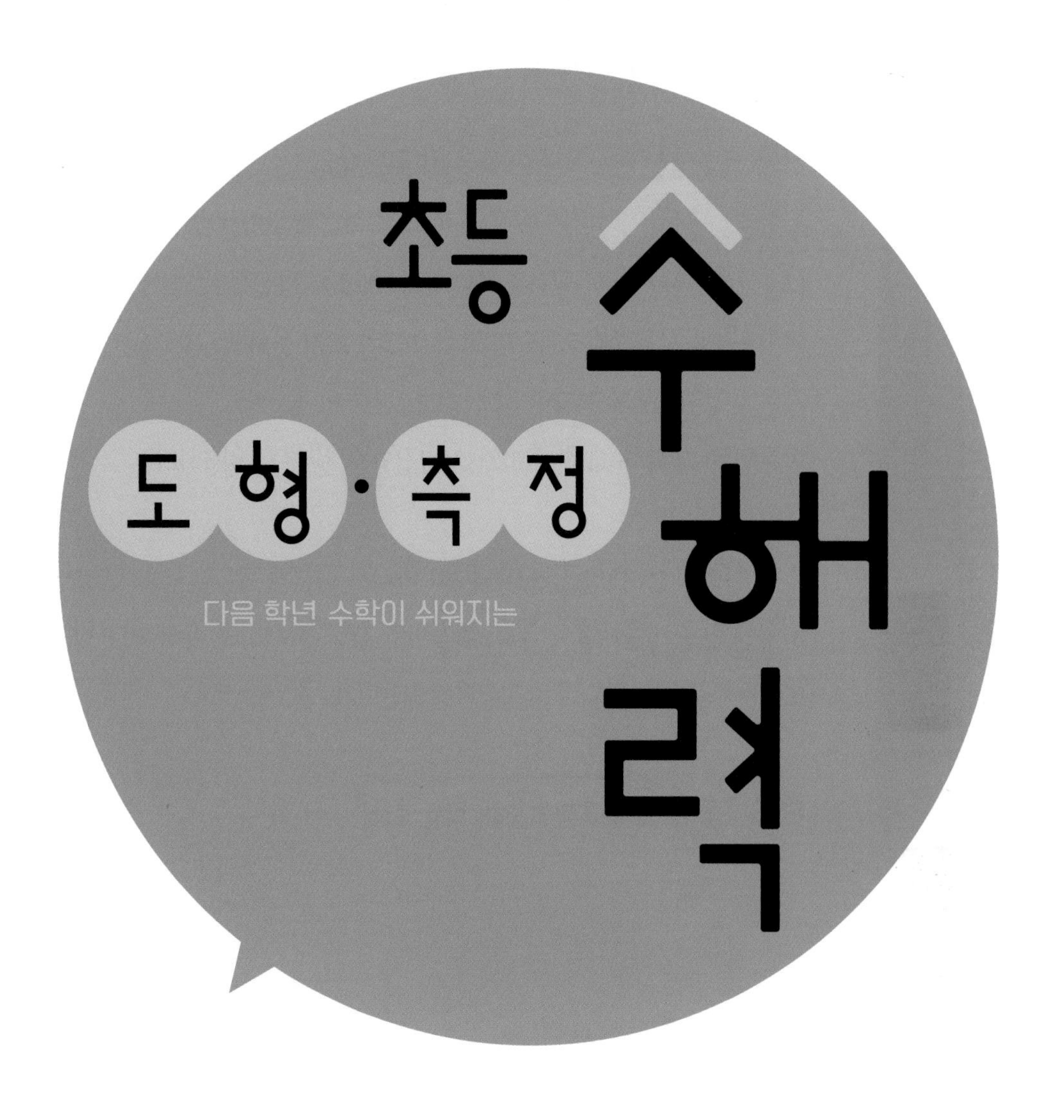

3단계

| 초등 3학년 권장 |

수학은 왜 어렵게 느껴질까요?

가장 큰 이유는 수학 학습의 특성 때문입니다.
수학은 내용들이 유기적으로 연결되어 학습이 누적된다는 특징을 갖고 있습니다.
내용 간의 위계가 확실하고 학년마다 개념이 점진적으로 확장되어 나선형 구조라고도 합니다.
이 때문에 작은 부분에서도 이해를 제대로 하지 못하고 넘어가면,
작은 구멍들이 모여 커다란 학습 공백을 만들게 됩니다.
이로 인해 수학에 대한 흥미와 자신감까지 잃을 수 있습니다.

수학 실력은 한 번에 길러지는 것이 아니라 꾸준한 학습을 통해 향상됩니다.
하지만 단순히 문제를 반복적으로 풀기만 한다면 사고의 폭이 제한될 수 있습니다.
따라서 올바른 방법으로 수학을 학습하는 것이 중요합니다.

EBS 초등 **수해력** 교재를 통해 학습 효과를 극대화할 수 있는 올바른 수학 학습을 안내하겠습니다.

1 걸려 넘어지기 쉬운 내용 요소를 알고 대비해야 합니다.

학습은 효율이 중요합니다. 무턱대고 시작하면 힘만 들 뿐 실력은 크게 늘지 않습니다.
쉬운 내용은 간결하게 넘기고, 중요한 부분은 강화 단원의 안내에 따라 집중 학습하세요.

* 학교 선생님들이 모여 학생들이 자주 걸려 넘어지는 내용을 선별하고, 개념 강화/연습 강화/응용 강화 단원으로 구성했습니다.

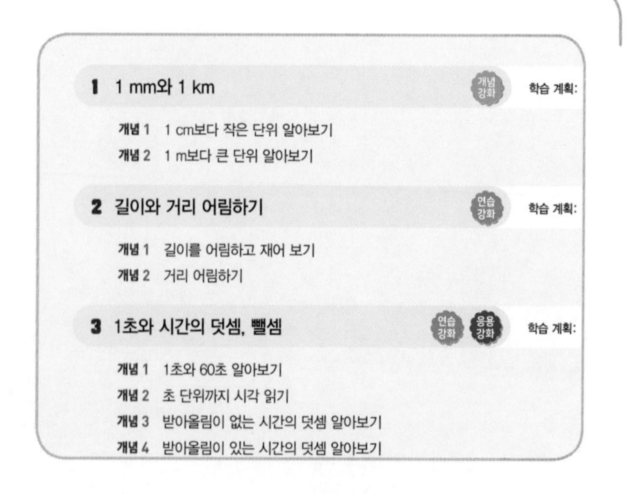
1 1 mm와 1 km (개념 강화) 학습 계획:
개념 1 1 cm보다 작은 단위 알아보기
개념 2 1 m보다 큰 단위 알아보기
2 길이와 거리 어림하기 (연습 강화) 학습 계획:
개념 1 길이를 어림하고 재어 보기
개념 2 거리 어림하기
3 1초와 시간의 덧셈, 뺄셈 (연습 강화) (응용 강화) 학습 계획:
개념 1 1초와 60초 알아보기
개념 2 초 단위까지 시각 읽기
개념 3 받아올림이 없는 시간의 덧셈 알아보기
개념 4 받아올림이 있는 시간의 덧셈 알아보기

2 새로운 개념은 이미 아는 것과 연결하여 익혀야 합니다.

학년이 올라갈수록 수학의 개념은 점차 확장되고 깊어집니다. 아는 것과 모르는 것을 비교하여 학습하면 새로운 것이 더 쉬워지고, 개념의 핵심 원리를 이해할 수 있습니다.

개념 1 길이의 합을 구해 볼까요

알고 있어요!

- 몇 m 몇 cm로 나타내기
  127 cm=1 m 27 cm
- 받아올림이 있는 (두 자리 수)+(두 자리 수)

	3	5
+	5	9
	9	4

길이의 덧셈도 할 수 있을까?

알고 싶어요!

두 길이의 합을 구해 보아요

m는 m끼리, cm는 cm끼리 더하여 구해요.

	1 m	30 cm
+		40 cm
	1 m	70 cm

	1 m	20 cm
+	1 m	35 cm
	2 m	55 cm

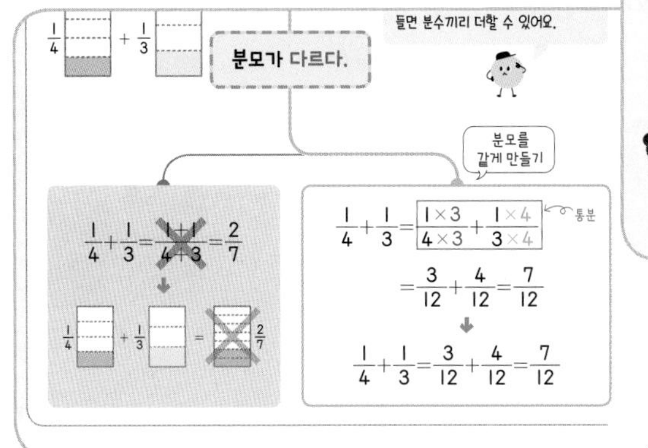

특히, 오개념을 형성하기 쉬운 개념은 잘못된 풀이와 올바른 풀이를 비교하며 확실하게 이해하고 넘어가세요.

3 문제 적응력을 길러 기억에 오래 남도록 학습해야 합니다.

단계별 문제를 통해 기초부터 응용까지 체계적으로 학습하며 문제 해결 능력까지 함께 키울 수 있습니다.

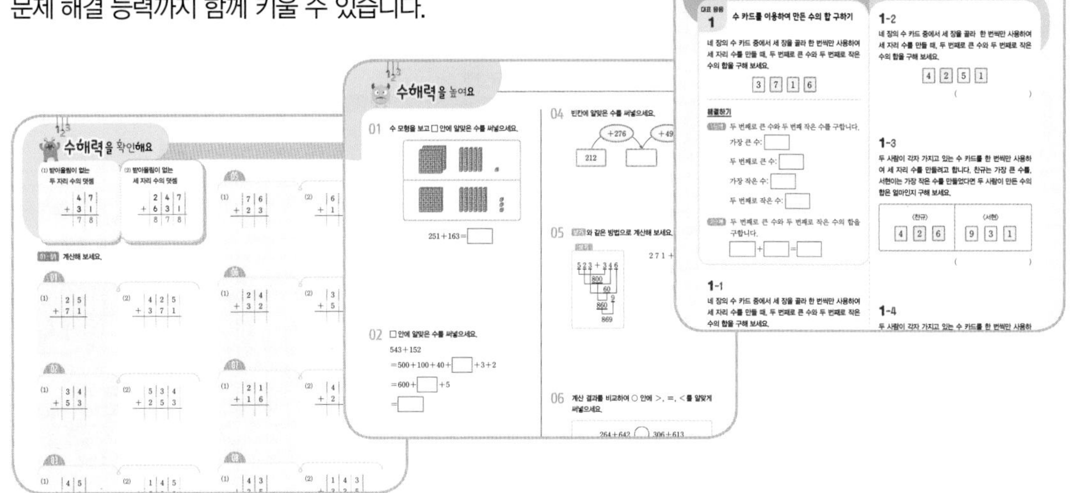

넘어지지 않는 것보다 중요한 것은, 넘어졌을 때 포기하지 않고 다시 나아가는 힘입니다.

EBS 초등 수해력과 함께 꾸준한 학습으로 수학의 기초 체력을 튼튼하게 길러 보세요.

어느 순간 수학이 쉬워지는 경험을 할 수 있을 거예요.

이 책의 구성과 특징

단원 열기

이번 단원에서 배울 내용을 만화를 통해 확인할 수 있습니다.

단원에서 등장하는 주요 수학 어휘를 살펴볼 수 있습니다.

중단원별로 강화된 부분을 확인할 수 있습니다.

학습 계획 날짜를 체크하며 과정을 스스로 관리할 수 있습니다.

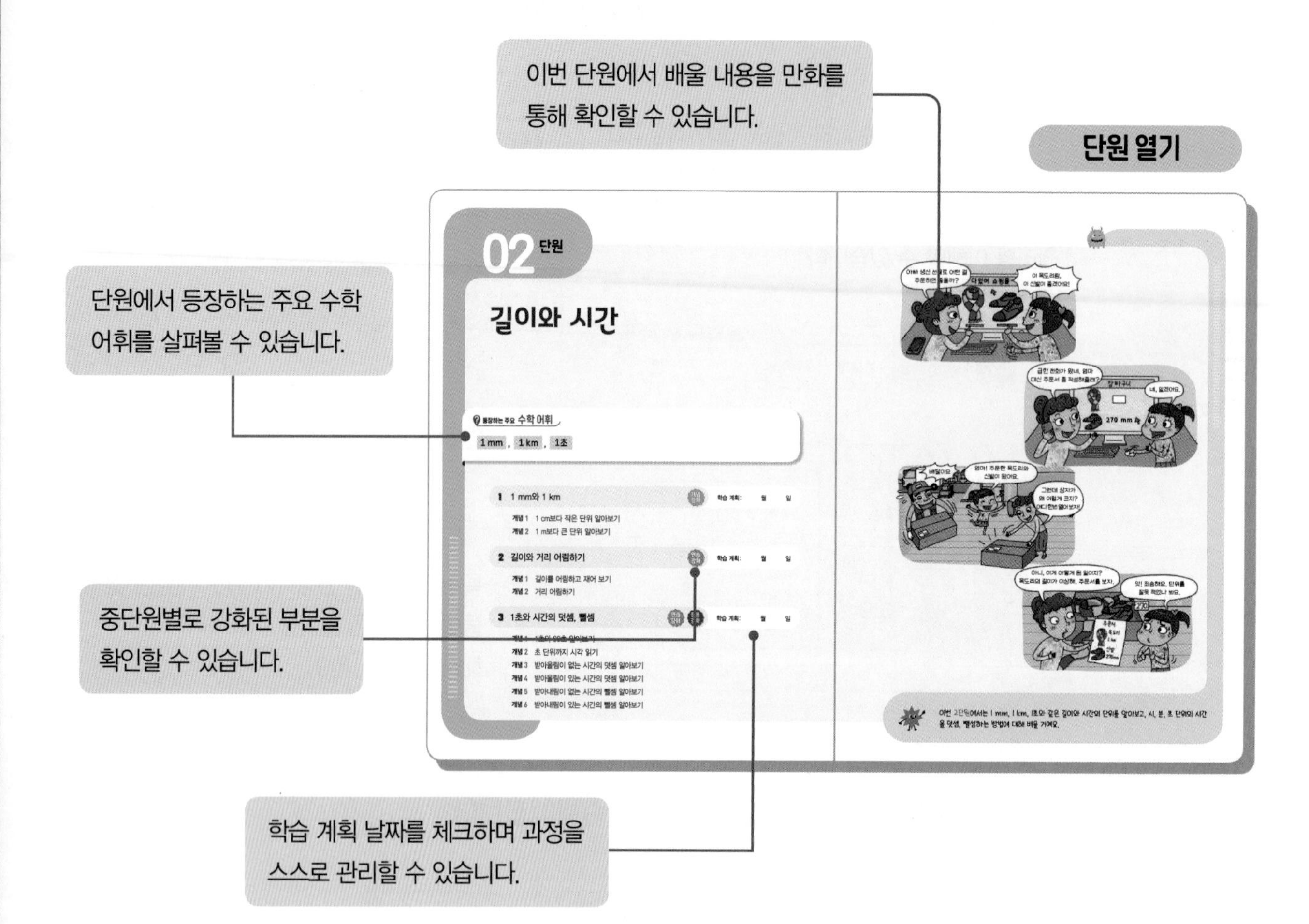

개념 학습

이전에 배운 내용과 새로 배울 내용을 한눈에 보면서 개념을 확장할 수 있습니다.

개념의 구조와 핵심 내용을 시각적으로 파악할 수 있습니다.

보조 설명을 통해 혼자서도 충분히 이해하며 학습할 수 있습니다.

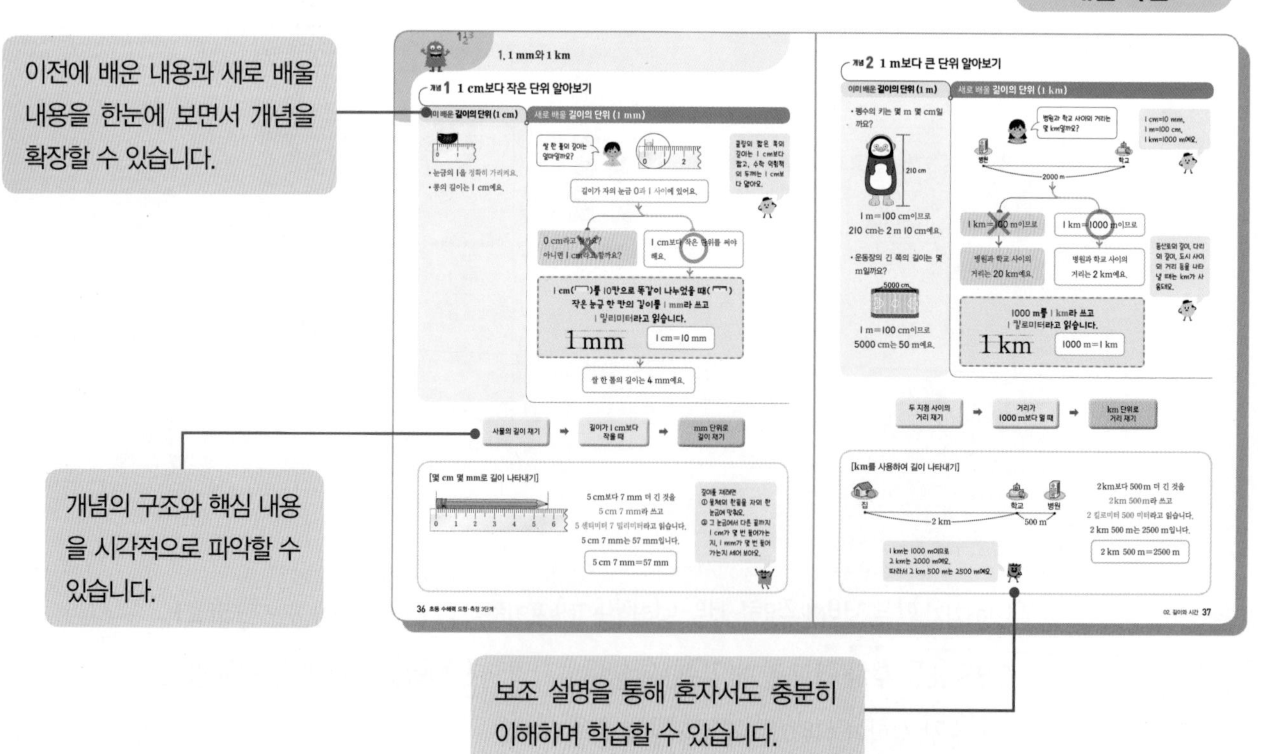

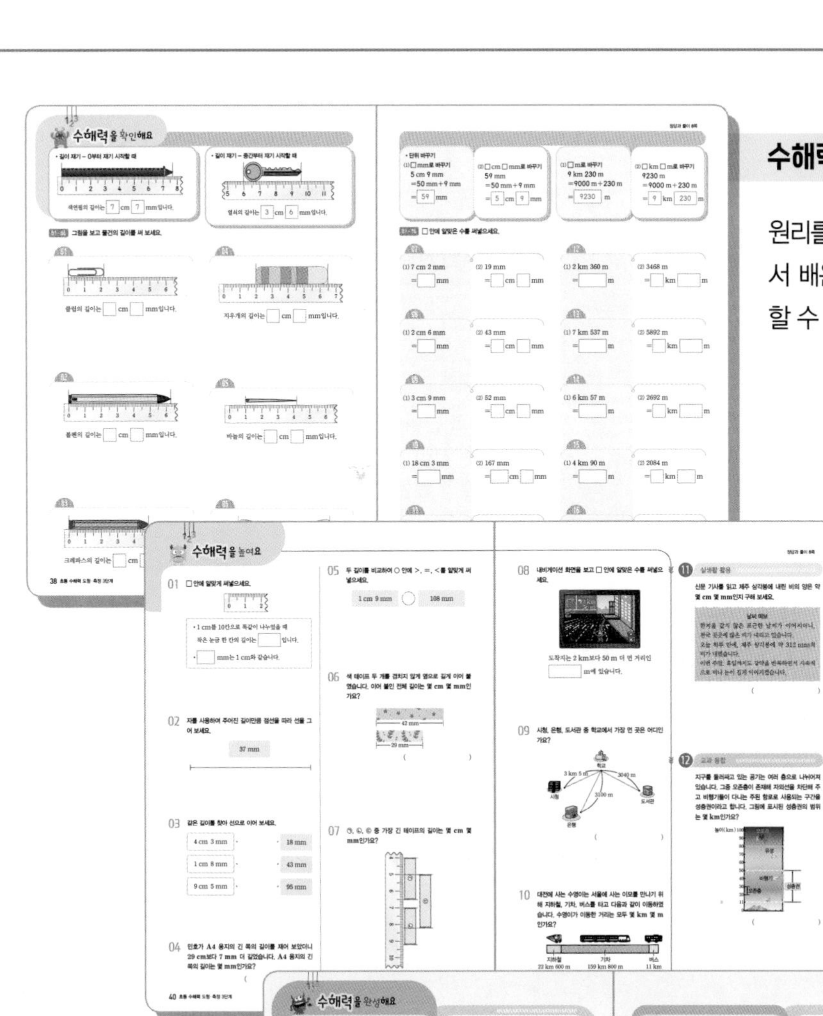

수해력을 확인해요

원리를 담은 문제를 통해 앞에서 배운 개념을 확실하게 이해할 수 있습니다.

수해력을 높여요

실생활 활용, 교과 융합을 포함한 다양한 유형의 문제를 풀어 보면서 문제 해결 능력을 키울 수 있습니다.

수해력을 완성해요

대표 응용 예제와 유제를 통해 응용력뿐만 아니라 고난도 문제에 대한 자신감까지 키울 수 있습니다.

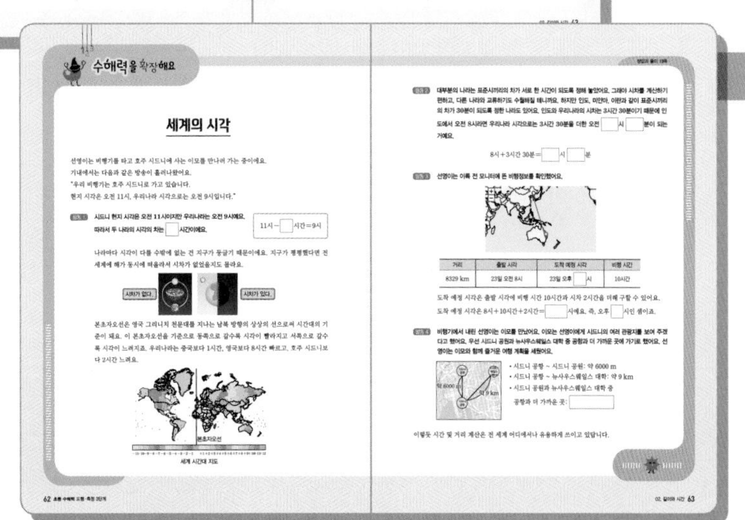

수해력을 확장해요

사고력을 확장할 수 있는 다양한 활동에 학습한 내용을 적용해 보면서 단원을 마무리할 수 있습니다.

EBS 초등 수해력은 '수·연산', '도형·측정'의 두 갈래의 영역으로 나누어져 있으며,
각 영역별로 예비 초등학생을 위한 P단계부터 6단계까지 총 7단계로 구성했습니다.
총 14권의 체계적인 교재 구성으로 꾸준하게 학습을 진행할 수 있습니다.

수·연산

	1단원	2단원	3단원	4단원	5단원
P단계	수 알기 →	모으기와 가르기 →	더하기와 빼기		
1단계	9까지의 수 →	한 자리 수의 덧셈과 뺄셈 →	100까지의 수 →	받아올림과 받아내림이 없는 두 자리 수의 덧셈과 뺄셈 →	세 수의 덧셈과 뺄셈
2단계	세 자리 수 →	네 자리 수 →	덧셈과 뺄셈 →	곱셈 →	곱셈구구
3단계	덧셈과 뺄셈 →	곱셈 →	나눗셈 →	분수와 소수	
4단계	큰 수 →	곱셈과 나눗셈 →	규칙과 관계 →	분수의 덧셈과 뺄셈 →	소수의 덧셈과 뺄셈
5단계	자연수의 혼합 계산 →	약수와 배수, 약분과 통분 →	분수의 덧셈과 뺄셈 →	수의 범위와 어림하기, 평균 →	분수와 소수의 곱셈
6단계	분수의 나눗셈 →	소수의 나눗셈 →	비와 비율 →	비례식과 비례배분	

도형·측정

	1단원	2단원	3단원	4단원	5단원
P단계	위치 알기 →	여러 가지 모양 →	비교하기 →	분류하기	
1단계	여러 가지 모양 →	비교하기 →	시계 보기		
2단계	여러 가지 도형 →	길이 재기 →	분류하기 →	시각과 시간	
3단계	평면도형 →	길이와 시간 →	원 →	들이와 무게	
4단계	각도 →	평면도형의 이동 →	삼각형 →	사각형 →	다각형
5단계	다각형의 둘레와 넓이 →	합동과 대칭 →	직육면체		
6단계	각기둥과 각뿔 →	직육면체의 부피와 겉넓이 →	공간과 입체 →	원의 넓이 →	원기둥, 원뿔, 구

이 책의 차례

01 단원

평면도형

등장하는 주요 수학 어휘

선분, 반직선, 직선, 각, 직각, 직각삼각형, 직사각형, 정사각형

1 여러 가지 선

개념 강화 | 학습 계획: 월 일

개념 1 곧은 선과 굽은 선 알아보기
개념 2 선분, 반직선, 직선 알아보기

2 각과 직각

연습 강화 | 학습 계획: 월 일

개념 1 각 알아보기
개념 2 직각 알아보기

3 직각이 있는 도형

연습 강화  응용 강화 | 학습 계획: 월 일

개념 1 직각삼각형 알아보기
개념 2 직사각형 알아보기
개념 3 정사각형 알아보기

이번 1단원에서는 여러 가지 평면도형에 대해 배울 거예요. 또, 선분, 반직선, 직선, 각, 직각, 직각삼각형, 직사각형, 정사각형이라는 것을 배우게 돼요. 새롭게 배우는 것이 참 많지요? 이전에 배운 도형에 대한 개념을 어떻게 확장할지 생각해 보아요.

개념 1 곧은 선과 굽은 선 알아보기

이미 배운 삼각형과 원 그리기

• 삼각형을 그리는 방법

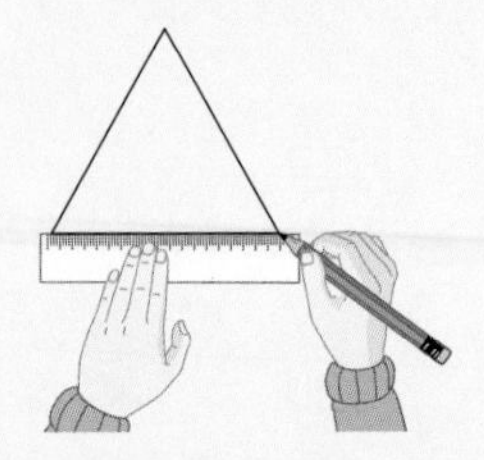

자를 사용하여 곧은 선으로 세 변을 그려야 해요.

• 원 그리는 방법

원 모양의 물건을 따라 곧은 부분이 없게 굽은 선으로 그려야 해요.

새로 배울 곧은 선과 굽은 선

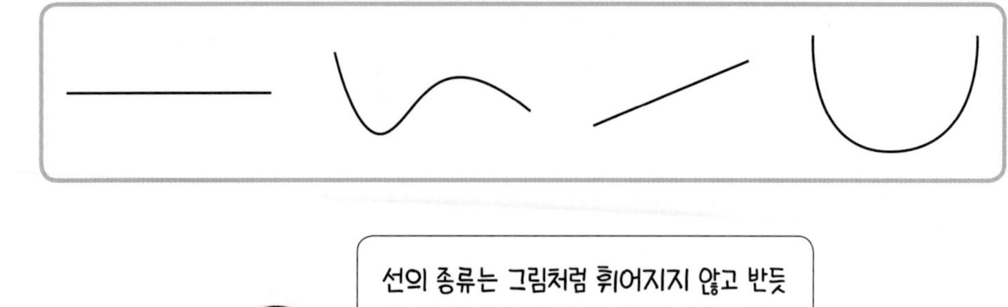

선의 종류는 그림처럼 휘어지지 않고 반듯하게 쭉 이어져 있는 선과 구부러지거나 휘어져 있는 선이 있어요.

구부러지거나 휘어지지 않고 반듯하게 쭉 뻗은 선을 곧은 선이라고 합니다.

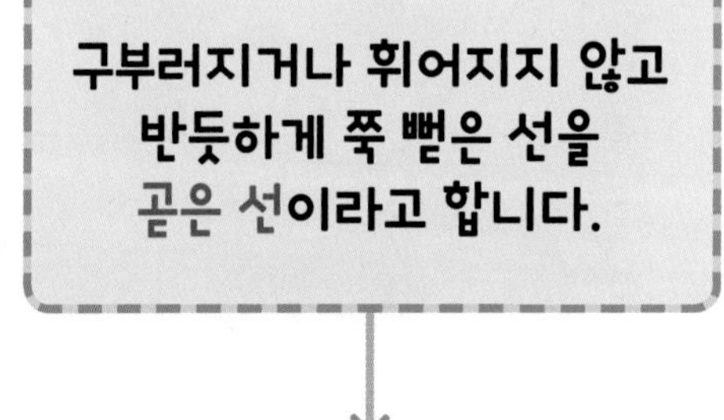

구부러지거나 휘어진 선을 굽은 선이라고 합니다.

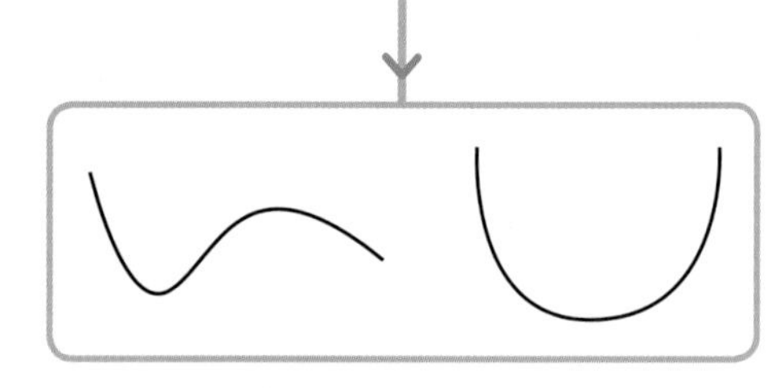

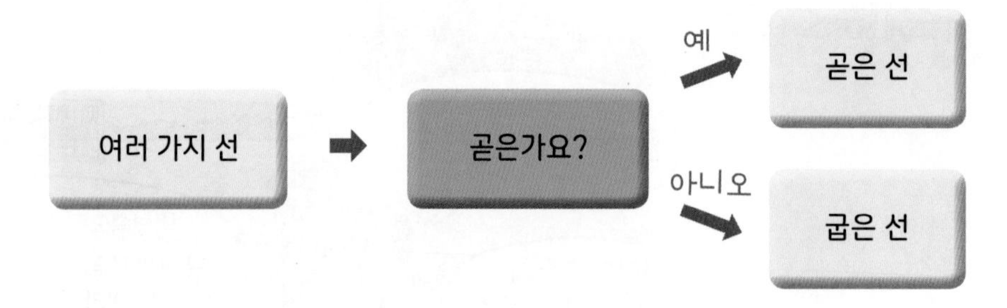

[곧은 선과 굽은 선 그어 보기]

막대 자를 사용하여 곧게 그어요.

선이 구부러지거나 휘어지도록 그어요.

개념 2 선분, 반직선, 직선 알아보기

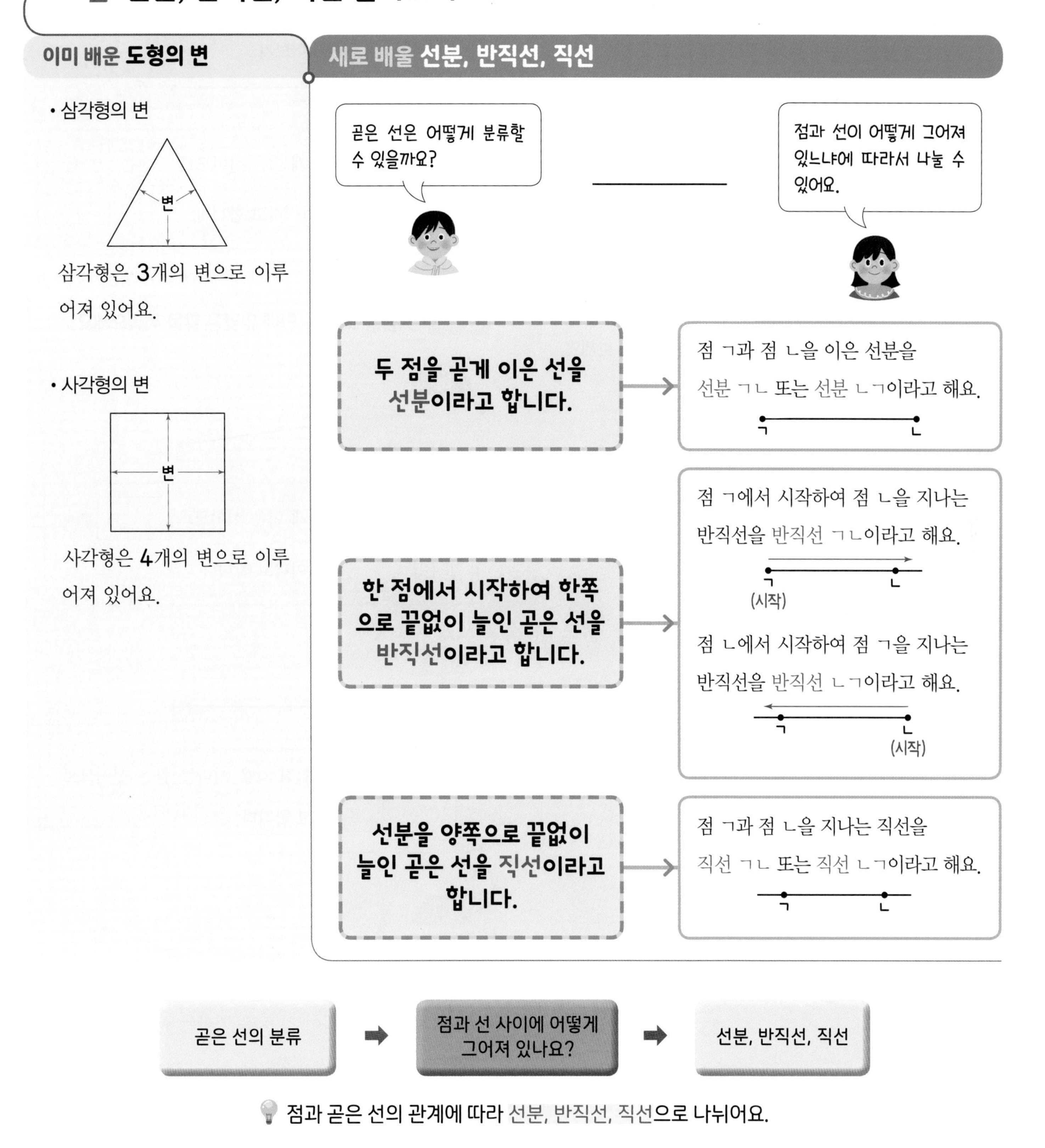

[반직선 ㄱㄴ과 반직선 ㄴㄱ은 같을까요? 다를까요?]

ㄱ ㄴ

〈반직선 ㄱㄴ〉

ㄱ ㄴ

〈반직선 ㄴㄱ〉

반직선 ㄱㄴ과 반직선 ㄴㄱ은 시작점과 지나는 점이 서로 다르기 때문에 두 반직선은 서로 달라요.

수해력을 확인해요

• 곧은 선과 굽은 선 그어 보기

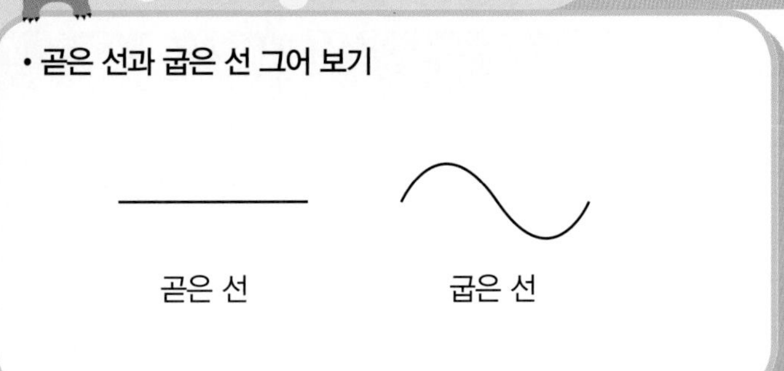

• 선분, 반직선, 직선 찾아보기

ㄱ ㄴ

점 ㄱ과 점 ㄴ을 곧게 이은 선이므로 선분 ㄱㄴ 또는 선분 ㄴㄱ이라고 합니다.

01

다음 삼각형에서 찾을 수 있는 곧은 선을 모두 그어 보세요.

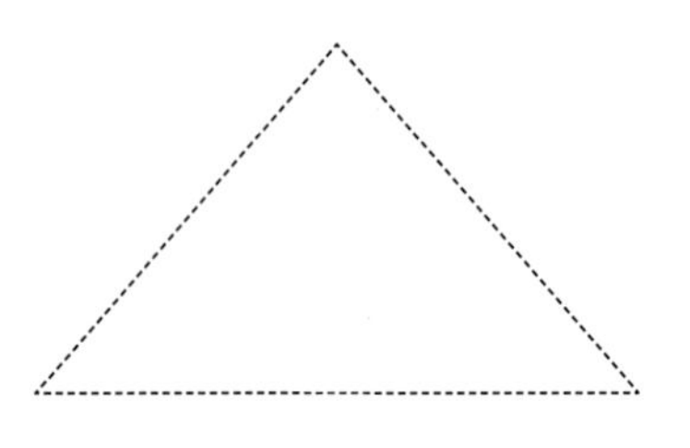

02

다음 사각형에서 찾을 수 있는 곧은 선을 모두 그어 보세요.

03

두 점을 잇는 곧은 선을 2개 그어 보세요.

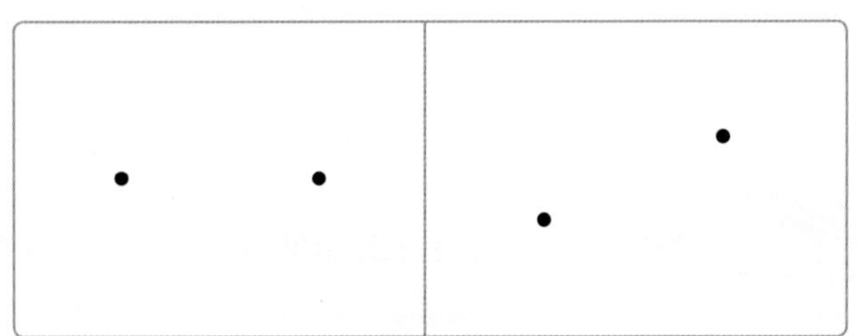

04

두 점을 잇는 굽은 선을 2개 그어 보세요.

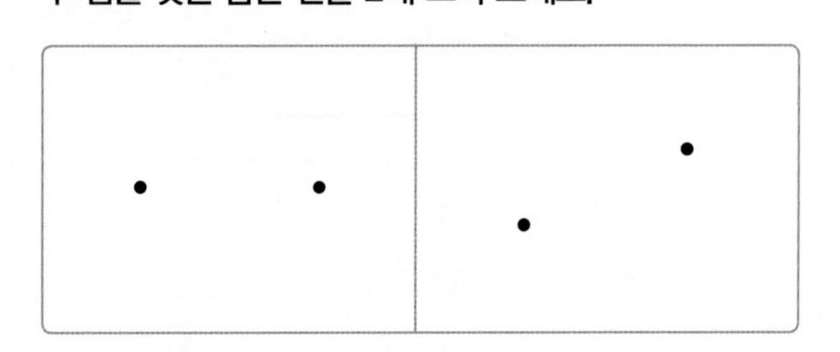

05~08 그림을 보고 □ 안에 알맞은 말을 써넣으세요.

05

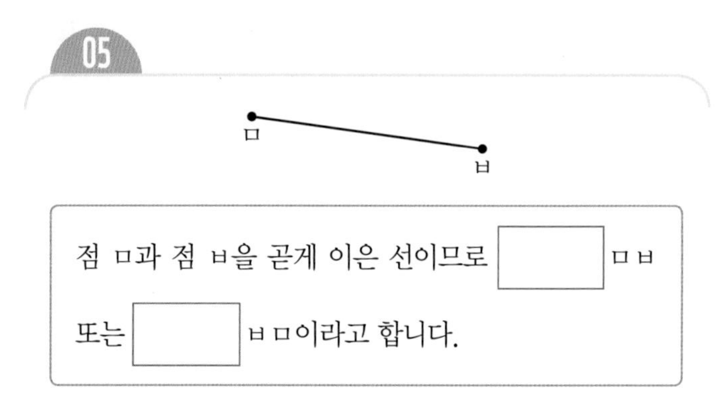

점 ㅁ과 점 ㅂ을 곧게 이은 선이므로 □ ㅁㅂ 또는 □ ㅂㅁ이라고 합니다.

06

ㅅ ㅇ

점 ㅅ에서 시작하여 점 ㅇ을 지나는 곧은 선이므로 □ ㅅㅇ이라고 합니다.

07

ㅈ ㅊ

점 ㅊ에서 시작하여 점 ㅈ을 지나는 곧은 선이므로 □ ㅊㅈ이라고 합니다.

08

ㅋ ㅌ

점 ㅋ과 점 ㅌ을 곧게 이은 선을 양쪽으로 끝없이 늘인 선이므로 □ ㅋㅌ 또는 □ ㅌㅋ이라고 합니다.

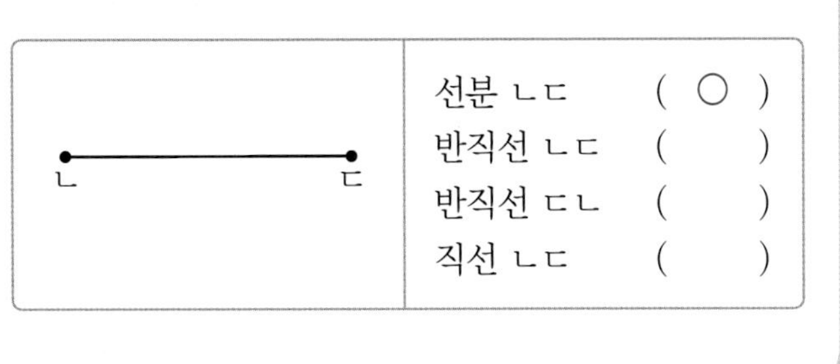

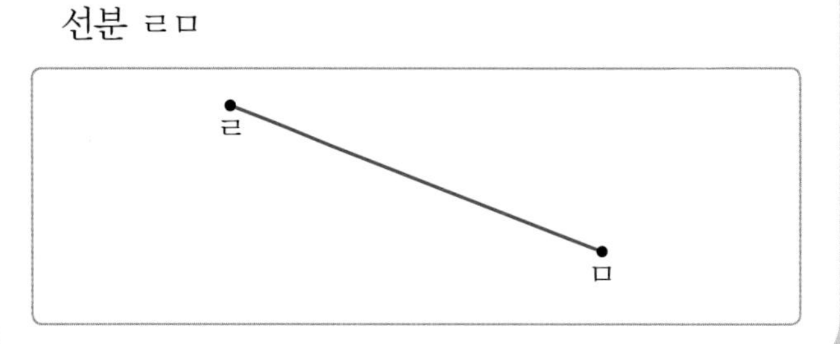

09 ~ 12 다음 도형의 이름으로 알맞은 것에 ○표 하세요.

09

ㅁ ㅂ	선분 ㅂㅁ ( )
	반직선 ㅁㅂ ( )
	반직선 ㅂㅁ ( )
	직선 ㅂㅁ ( )

10

ㄹ ㅁ	선분 ㄹㅁ ( )
	반직선 ㄹㅁ ( )
	반직선 ㅁㄹ ( )
	직선 ㄹㅁ ( )

11

ㅇ ㅈ	선분 ㅇㅈ ( )
	반직선 ㅇㅈ ( )
	반직선 ㅈㅇ ( )
	직선 ㅇㅈ ( )

12

ㅍ ㅎ	선분 ㅍㅎ ( )
	반직선 ㅍㅎ ( )
	반직선 ㅎㅍ ( )
	직선 ㅍㅎ ( )

13 ~ 15 다음 설명하는 선을 그어 보세요.

13

반직선 ㅅㅇ

ㅇ

ㅅ

14

반직선 ㅊㅈ

ㅊ

ㅈ

15

직선 ㅋㅌ

ㅋ

ㅌ

01 관계 있는 것끼리 선으로 이어 보세요.

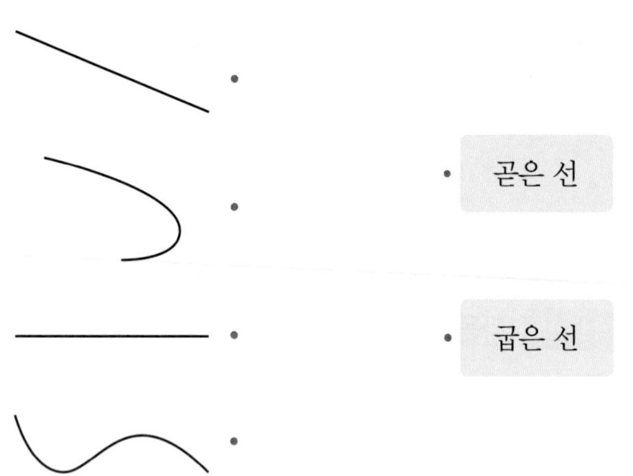

02 다음 도형의 이름을 써 보세요.

(1) ㄷ ㄹ (　　　　)

(2) ㅁ ㅂ (　　　　)

(3) ㅅ ㅇ (　　　　)

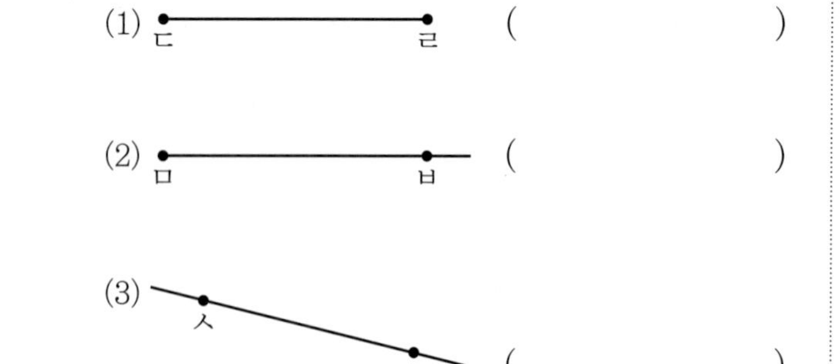

03 직선 ㄷㄹ을 찾아 ○표 하세요.

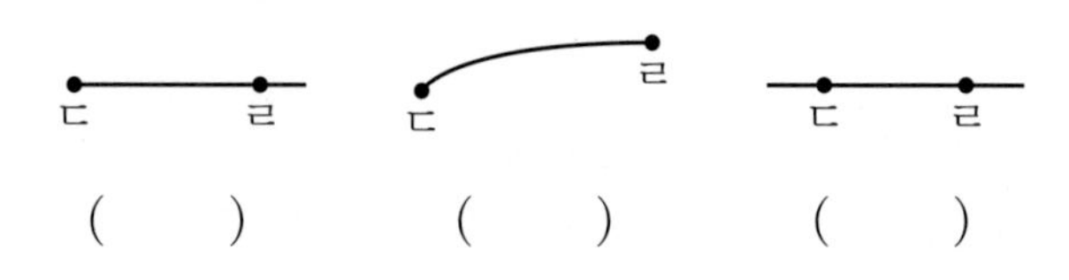

(　) (　) (　)

04 선분 ㅂㄷ을 그어 보세요.

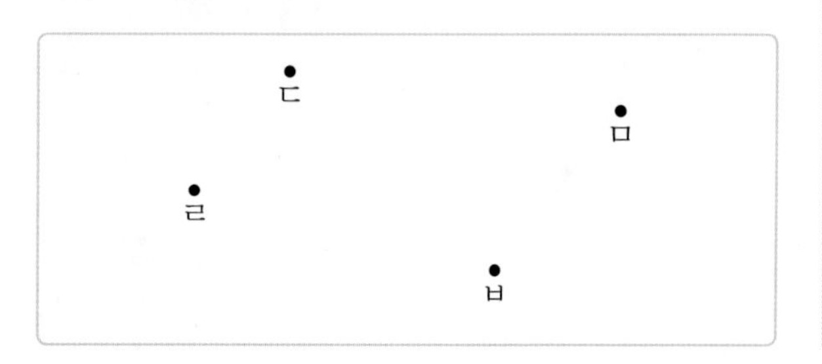

05 다음 도형에 대해 잘못 설명하고 있는 친구의 이름을 쓰고, 그 이유를 써 보세요.

잘못 설명한 친구의 이름: (　　　　)

이유: (　　　　)

06 실생활 활용

지혜가 비행기를 타고 서울에서 부산까지 가려고 합니다. 가장 빠르게 가기 위해서는 어느 도시 위를 지나게 될까요? (　　)

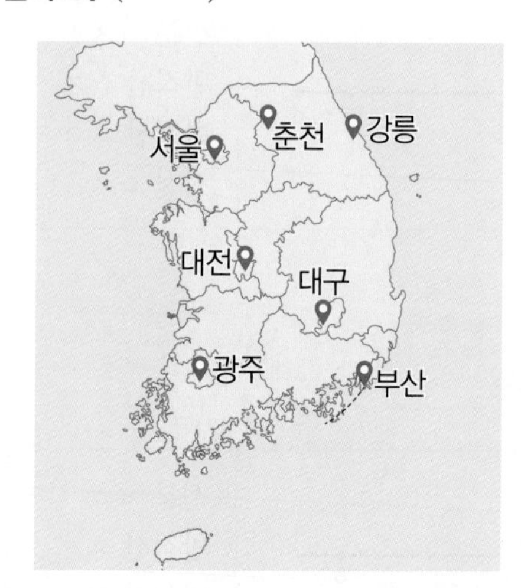

① 광주　② 강릉　③ 대구
④ 대전　⑤ 춘천

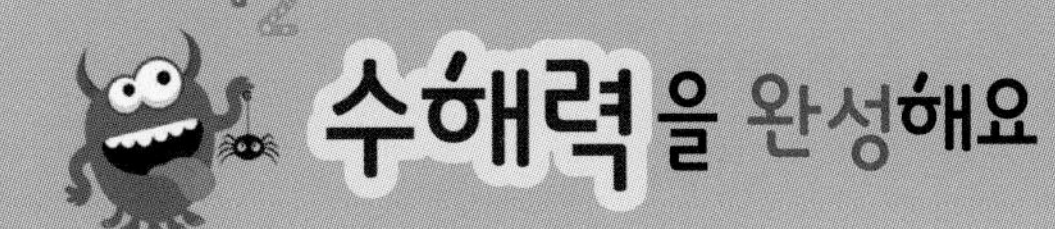

정답과 풀이 2쪽

대표 응용 **1**

점을 이어 선분 긋기

다음 그림에 있는 점들을 이어 선분을 그으려고 합니다. 그을 수 있는 선분은 모두 몇 개인지 구해 보세요.

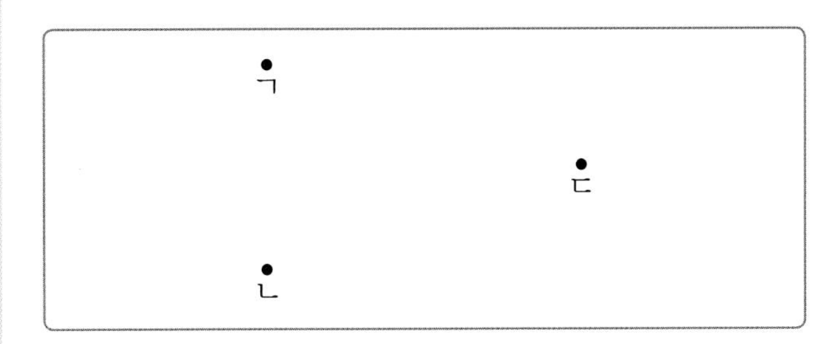

해결하기

1단계 • 점 ㄱ에서 그을 수 있는 선분
선분 ㄱㄴ, 선분 ㄱㄷ ➡ 2개
• 점 ㄴ에서 그을 수 있는 선분
선분 ☐, 선분 ☐ ➡ ☐개
• 점 ㄷ에서 그을 수 있는 선분
선분 ☐, 선분 ☐ ➡ ☐개

2단계 선분 ㄱㄴ과 선분 ㄴㄱ은 서로
(같으므로 , 다르므로) 겹쳐지는 것은
(1개로 , 2개로) 생각합니다.

3단계 그을 수 있는 선분은 모두 ☐개입니다.

1-1

다음 그림에 있는 점들을 이어 선분을 그으려고 합니다. 그을 수 있는 선분은 모두 몇 개인지 구해 보세요.

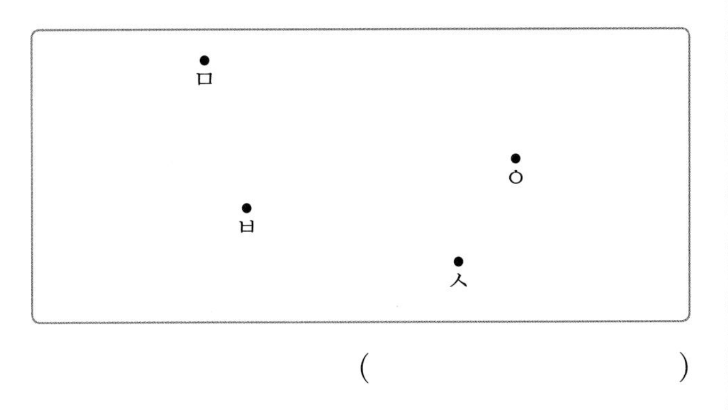

(　　　　　　　　)

1-2

다음 그림에 있는 점들을 이어 직선을 그으려고 합니다. 그을 수 있는 직선은 모두 몇 개인지 구해 보세요.

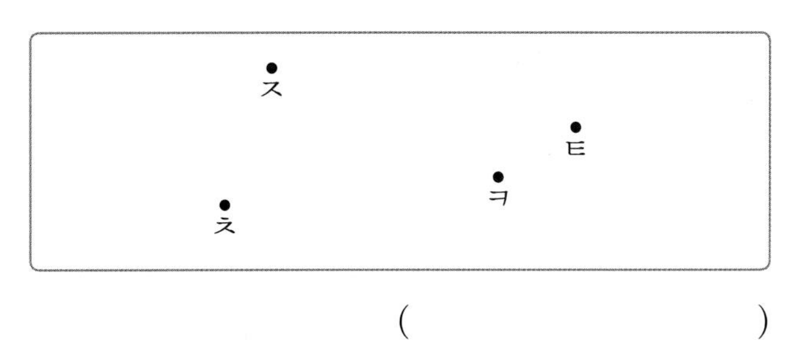

(　　　　　　　　)

1-3

다음 그림에 있는 점들을 이어 반직선을 그으려고 합니다. 그을 수 있는 반직선은 모두 몇 개인지 구해 보세요.

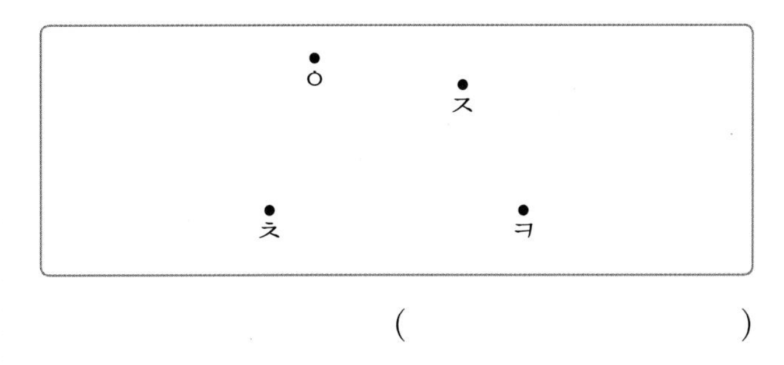

(　　　　　　　　)

1-4

다음 그림에 있는 점들을 이어 삼각형을 그리려고 합니다. 그릴 수 있는 삼각형은 모두 몇 개인지 구해 보세요.

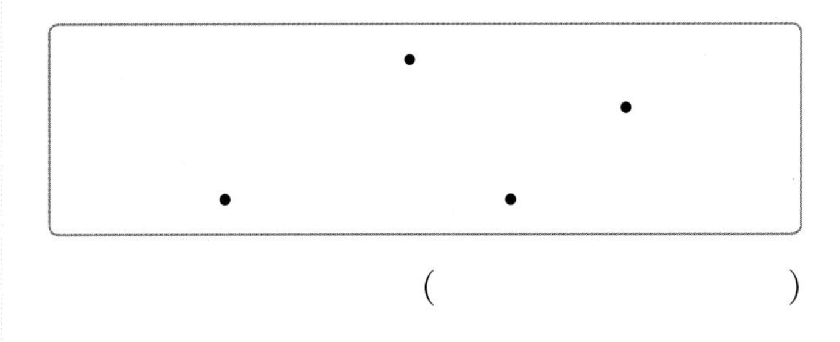

(　　　　　　　　)

2. 각과 직각

개념 1 각 알아보기

이미 배운 도형의 꼭짓점

• 도형의 꼭짓점

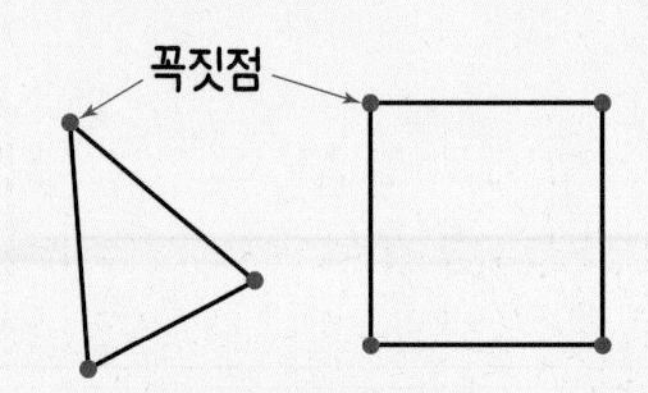

두 개의 곧은 선(변)이 만나는 점이 꼭짓점이에요.
삼각형은 3개의 꼭짓점, 사각형은 4개의 꼭짓점이 있어요.

• 반직선

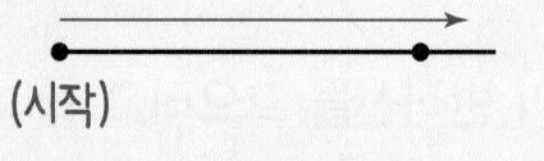

한 점에서 시작하여 한쪽으로 끝없이 늘인 곧은 선이 반직선이에요.

새로 배울 각

이 도형에서 찾을 수 있는 것은 무엇일까요?

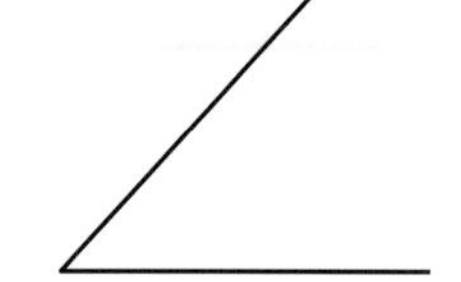

꼭짓점이 1개 있고 꼭짓점에서 그은 반직선이 2개 있어요.

한 점에서 그은 두 개의 반직선으로 이루어진 도형을 각이라고 합니다.

그림의 각을 각 ㄱㄴㄷ 또는 각 ㄷㄴㄱ이라 하고,
점 ㄴ을 각의 꼭짓점이라고 합니다.
반직선 ㄴㄱ과 반직선 ㄴㄷ을 각의 변이라 하고,
이 변을 변 ㄴㄱ과 변 ㄴㄷ이라고 합니다.

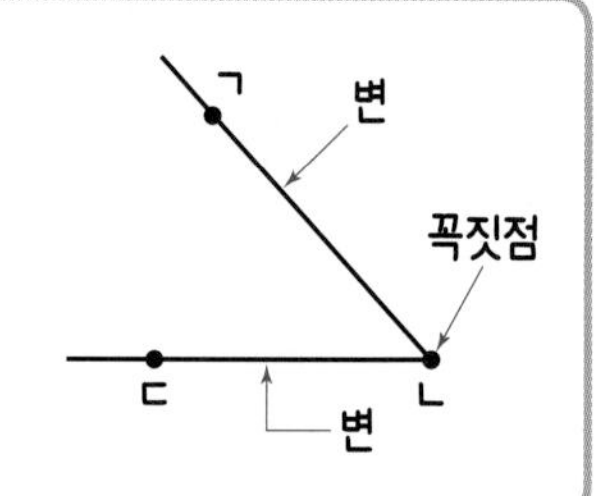

각을 읽을 때는 꼭짓점이 가운데 오도록 읽어요.

각의 변은 반직선이므로 변 ㄱㄴ, 변 ㄷㄴ이라고 읽으면 안 돼요!

한 개의 꼭짓점 표시하기 → 꼭짓점에서 두 개의 반직선 긋기 → 각

[각이 아닌 경우]

각이 되려면 한 꼭짓점이 있어야 하고, 그 꼭짓점에서 그은 2개의 반직선이 있어야 해요.

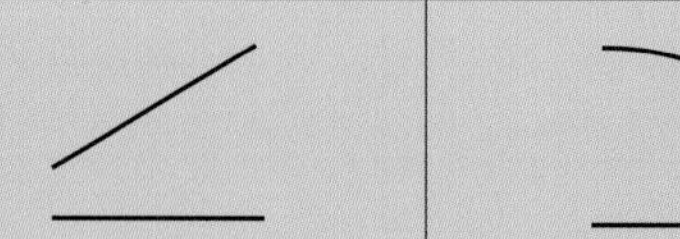
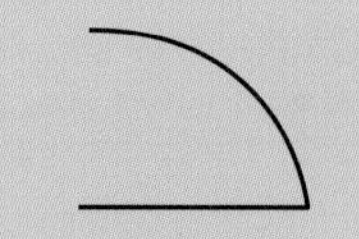
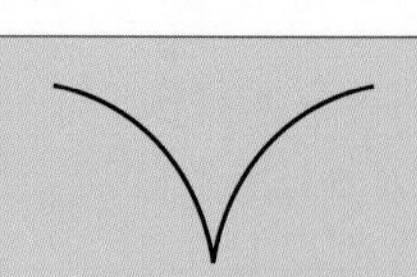

한 점에서 만나지 않아요.	곧은 선과 굽은 선으로 이루어져 있어요.	굽은 선으로만 이루어져 있어요.

개념 2 직각 알아보기

이미 배운 반듯한 각이 있는 도형

• 반듯한 각이 있는 도형과 반듯한 각이 없는 도형으로 분류하기

반듯한 각이 있는 도형

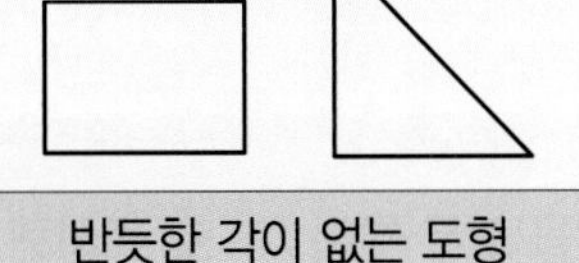

반듯한 각이 없는 도형

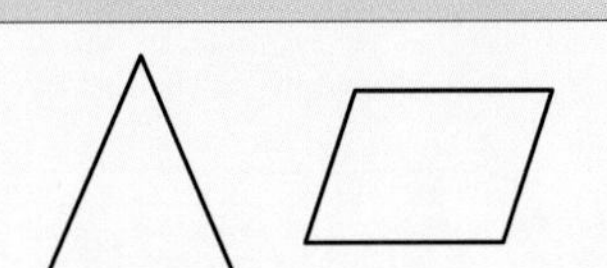

새로 배울 직각

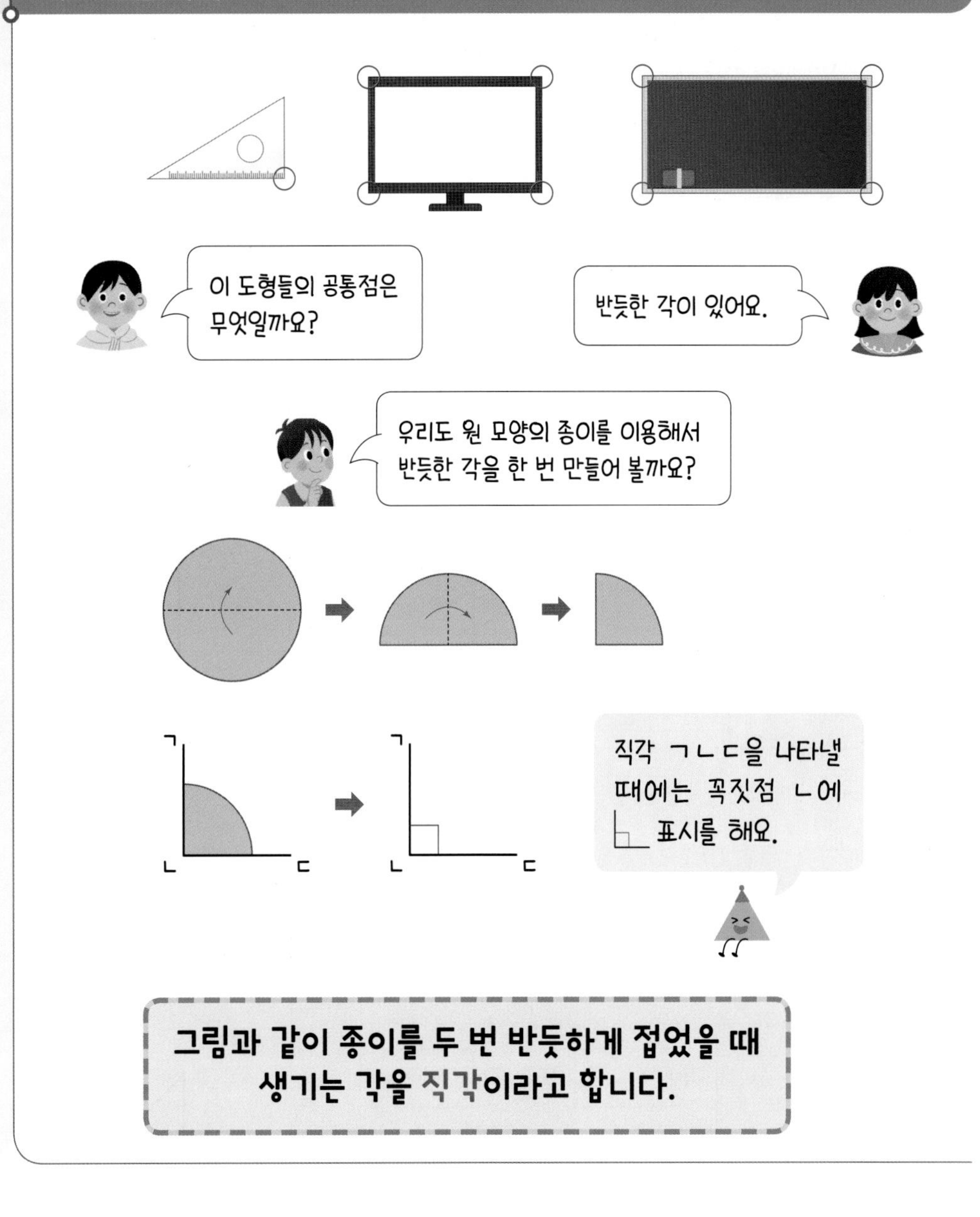

그림과 같이 종이를 두 번 반듯하게 접었을 때 생기는 각을 직각이라고 합니다.

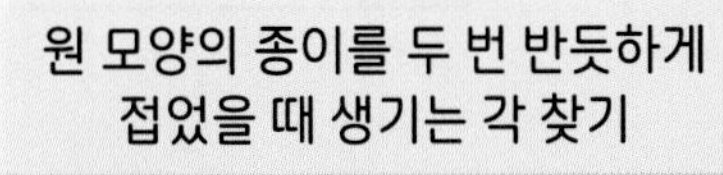

원 모양의 종이를 두 번 반듯하게 접었을 때 생기는 각 찾기 ➡ 꼭짓점에 ⌞ 표시하기 ➡ 직각

[직각 삼각자에서 직각 찾기]

직각 삼각자에는 직각이 각각 1개 있습니다.

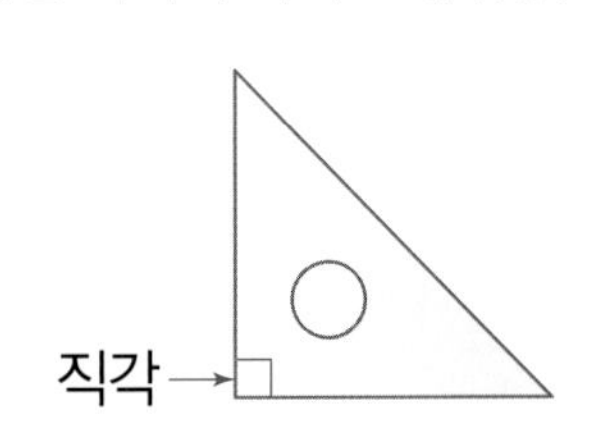

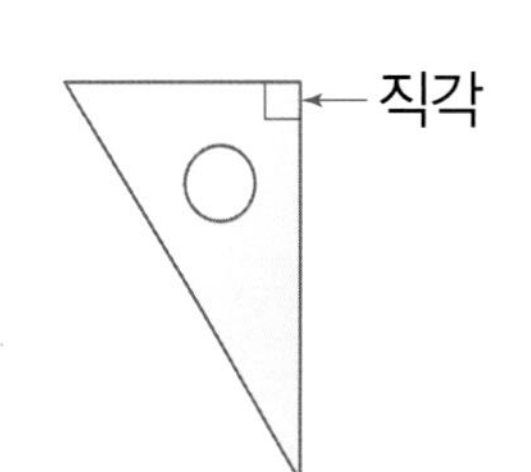

수해력을 확인해요

• 각의 이름 쓰고 변과 꼭짓점 찾기

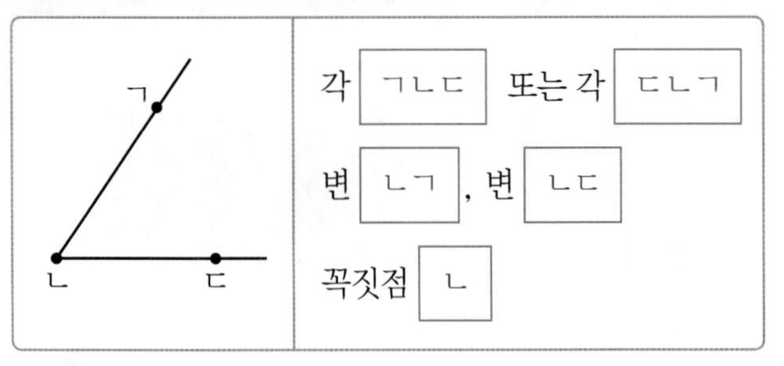

• 직각을 찾아 ⌞ 로 표시하기

01~03 다음 각의 이름을 쓰고, 변과 꼭짓점을 써 보세요.

01

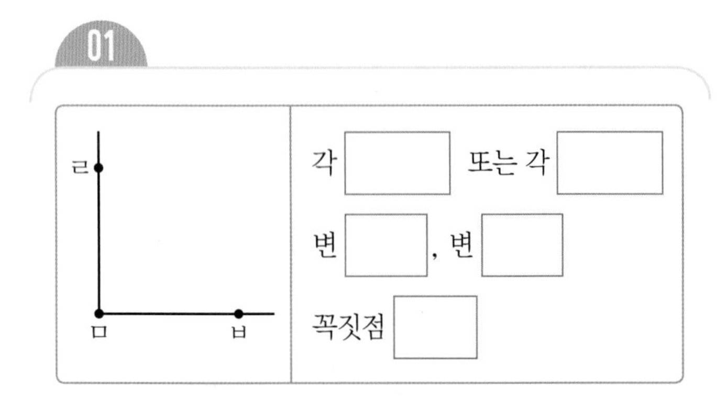

02

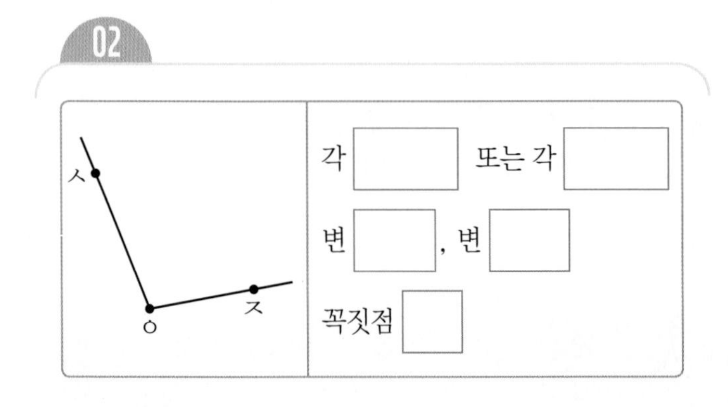

03

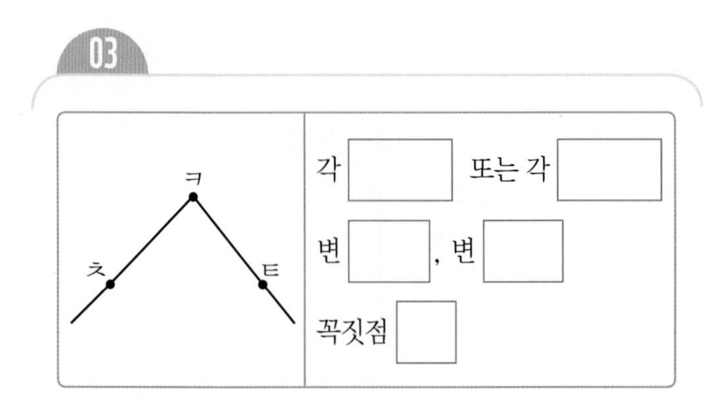

04~06 다음 도형에서 직각을 모두 찾아 ⌞ 로 표시해 보세요.

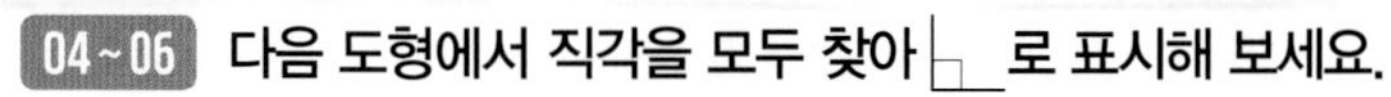

04

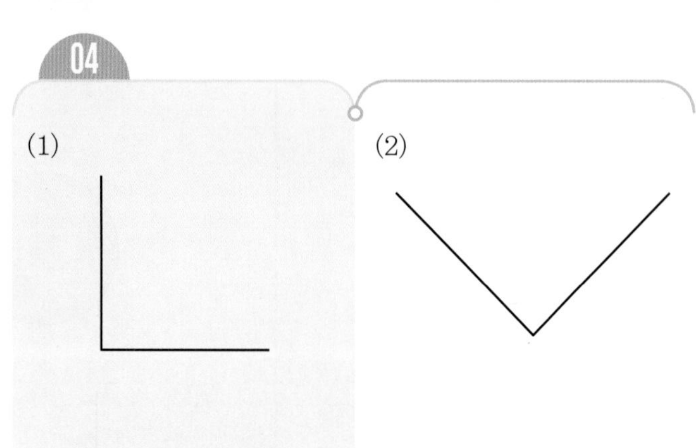

05

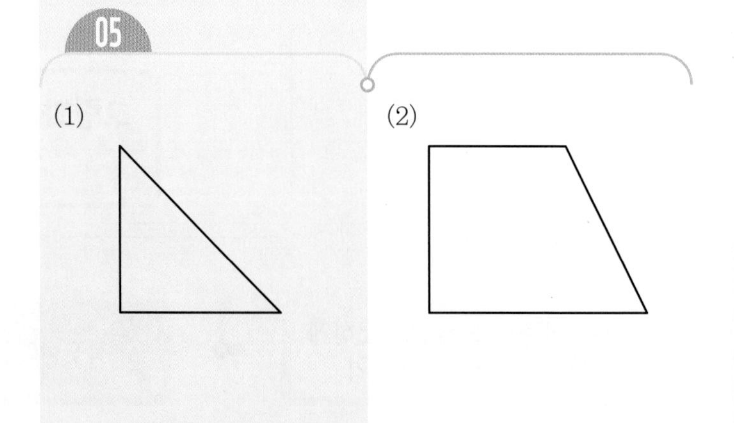

06

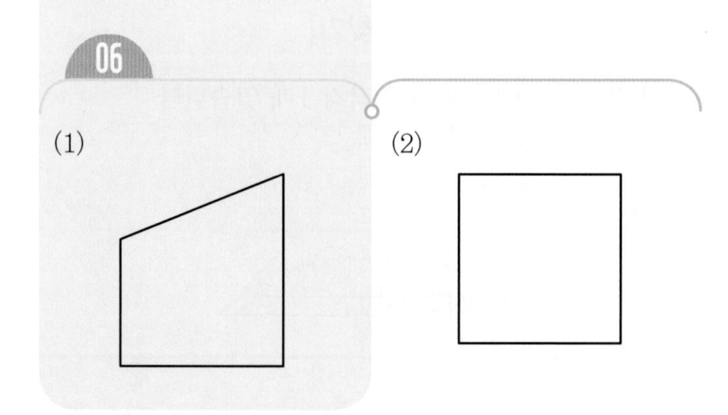

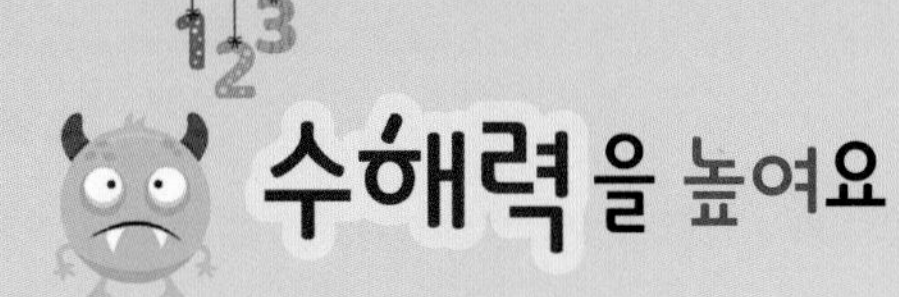

01 다음 중 각이 없는 도형을 모두 찾아 기호를 써 보세요.

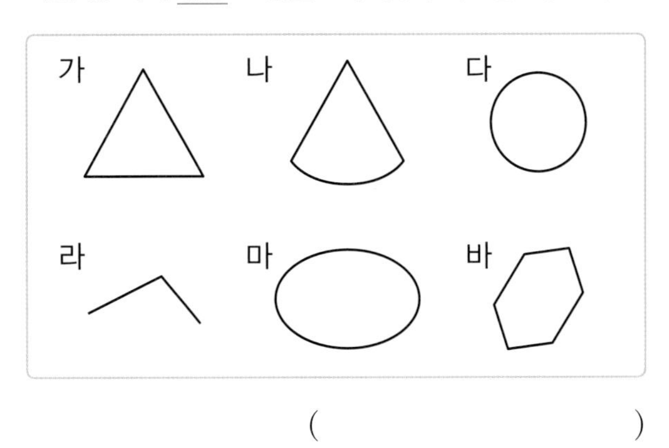

(　　　　　　　　　　)

02 각인 것에 ○표 하세요.

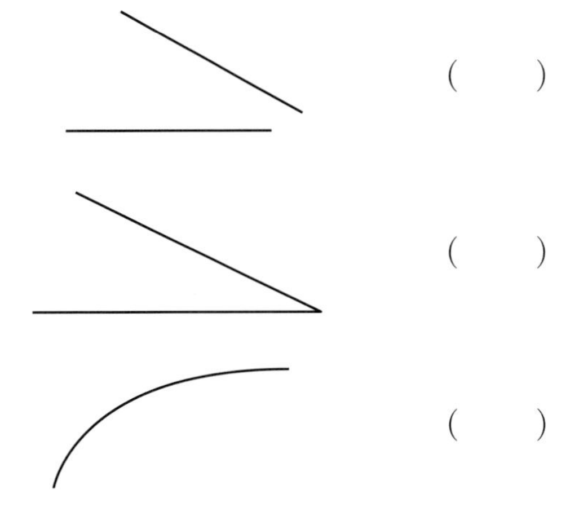

(　　)

(　　)

(　　)

03 세 도형의 각의 개수를 모두 합하면 몇 개인가요?

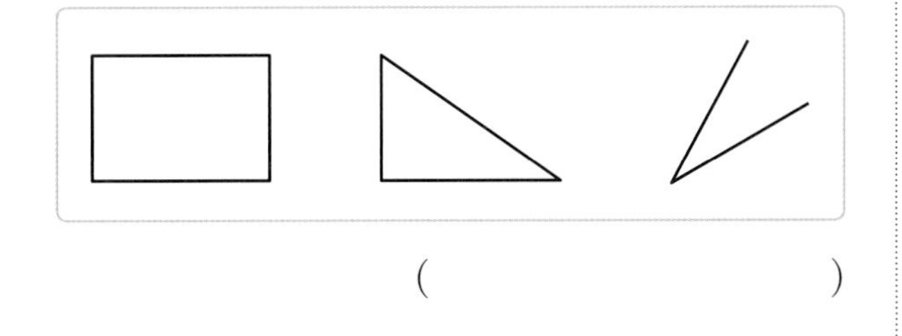

(　　　　　　　　　　)

04 다음에서 설명하는 도형은 각이 모두 몇 개인가요?

- 평면도형입니다.
- 변이 5개 있습니다.
- 꼭짓점이 5개 있습니다.

(　　　　　　　　　　)

05 직각 삼각자를 사용하여 서로 다른 직각을 2개 그려 보세요.

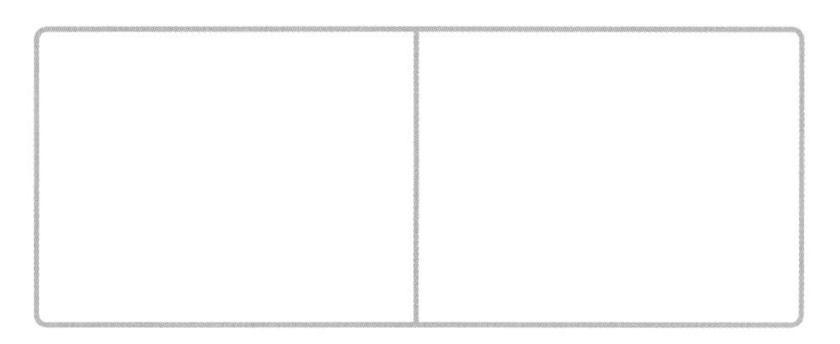

06 직각을 찾아 선으로 긋고, 이름을 써 보세요.

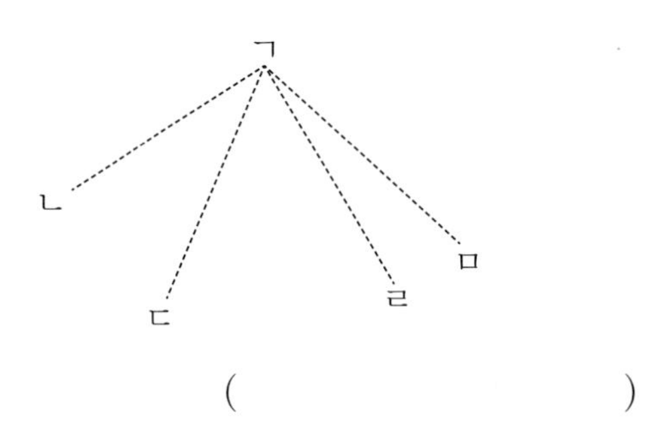

(　　　　　　　　　　)

07 다음 도형의 안쪽에서 찾을 수 있는 직각은 모두 몇 개인가요?

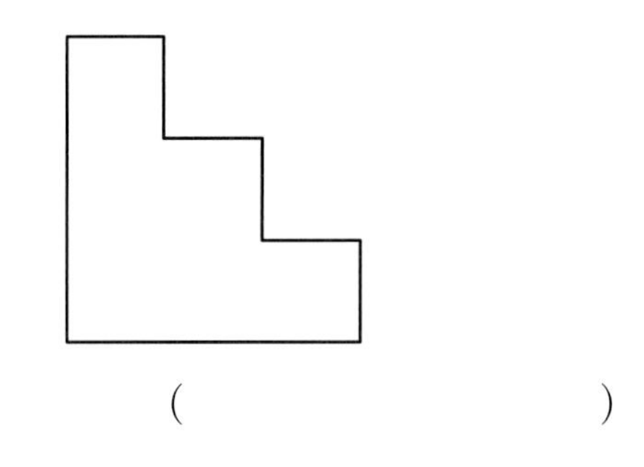

(　　　　　　　　　　)

08 다음 모양의 종이를 점선을 따라 모두 잘랐습니다. 자르기 전과 비교하여 각의 개수가 몇 개가 더 늘어났는지 풀이 과정을 쓰고 답을 구해 보세요.

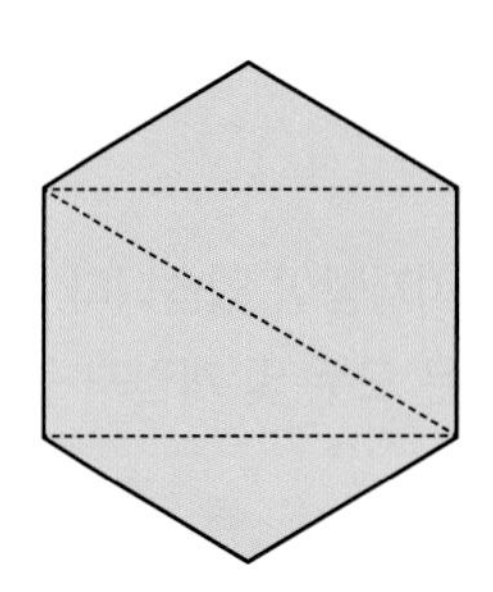

풀이 ______________________

____

답 ______________________

수해력을 완성해요

대표 응용 1 크고 작은 각 찾기

다음 그림에서 찾을 수 있는 크고 작은 각은 모두 몇 개인가요?

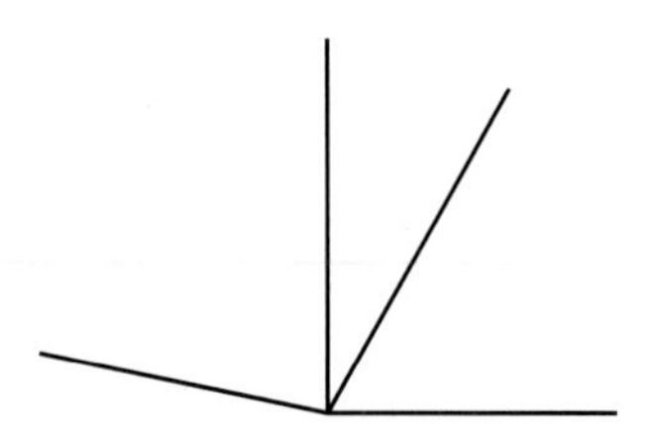

해결하기

1단계 다른 선을 포함하지 않는 각이 몇 개인지 찾고 기호로 표시합니다.

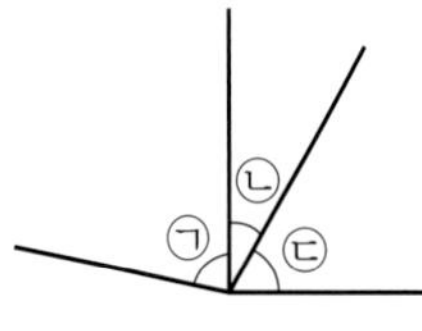

2단계 각을 1개만 포함하는 경우, 2개 포함하는 경우, 3개 포함하는 경우로 나누어 각각의 개수를 구합니다.

• 각을 1개만 포함하는 경우

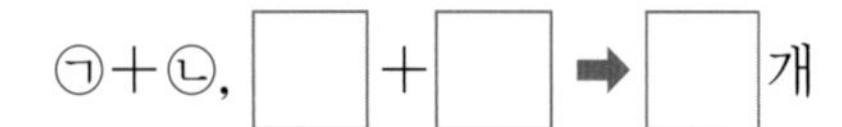

• 각을 2개 포함하는 경우

㉠+㉡, ☐+☐ ➡ ☐개

• 각을 3개 포함하는 경우

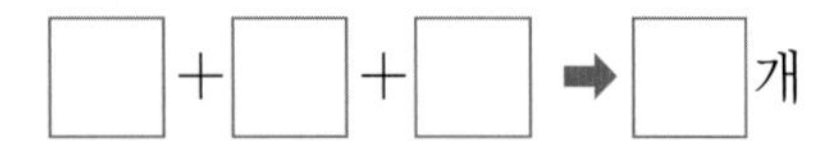

3단계 그림에서 찾을 수 있는 크고 작은 각은 모두 ☐개입니다.

1-1

그림과 같은 피자빵이 있습니다. 피자빵에서 찾을 수 있는 크고 작은 각은 모두 몇 개인지 구해 보세요.

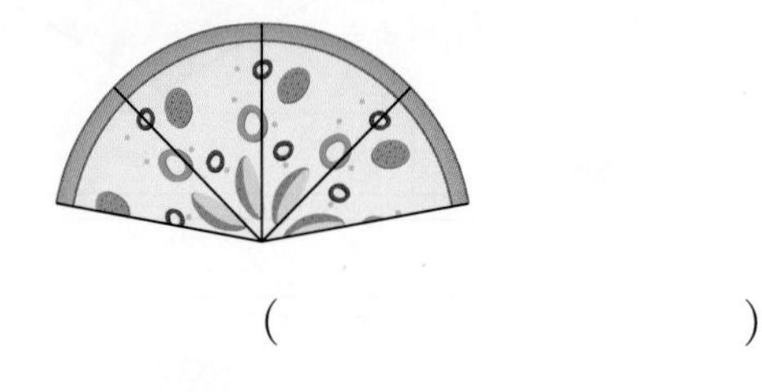

( )

1-2

다음 도형에서 점 ㄴ을 꼭짓점으로 하는 각을 모두 찾아 써 보세요.

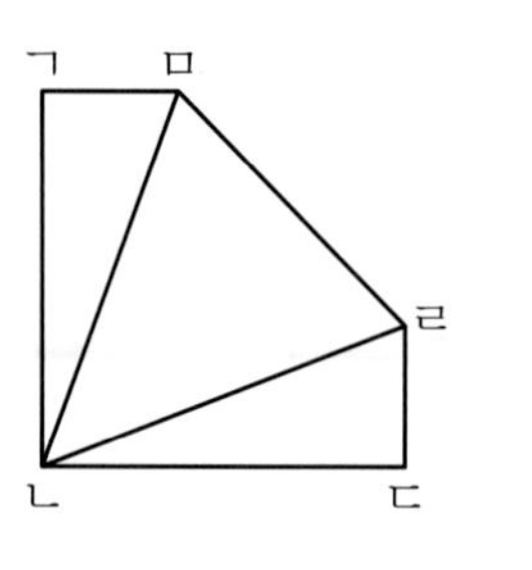

( )

1-3

다음 도형을 보고 직각을 이루는 꼭짓점에서 찾을 수 있는 크고 작은 각은 모두 몇 개인지 구해 보세요.

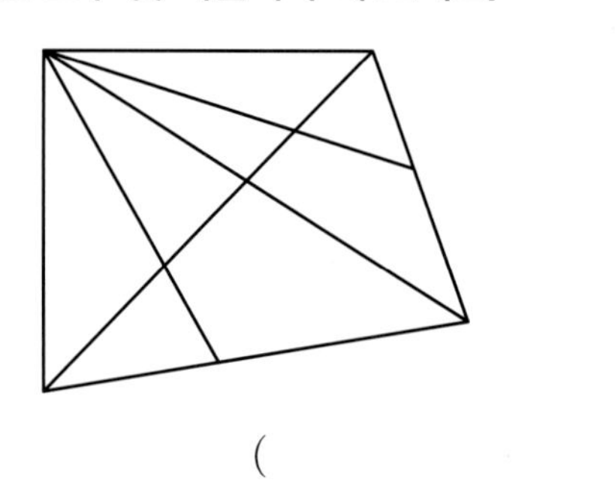

( )

1-4

오각형의 꼭짓점끼리 이어 다음과 같은 도형을 만들었습니다. 큰 오각형의 꼭짓점에서 찾을 수 있는 크고 작은 각의 개수를 모두 합하면 몇 개인지 구해 보세요.

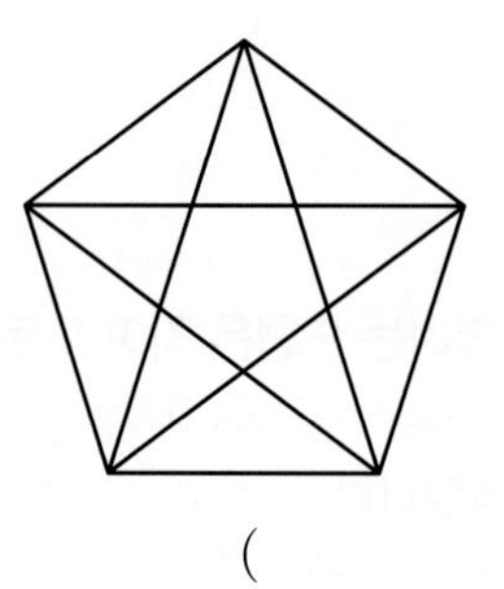

( )

대표 응용 2

시계에서 직각 찾기

그림과 같이 시계의 긴바늘이 12를 가리키고 있습니다. 긴바늘과 짧은바늘이 이루는 작은 쪽의 각의 크기가 직각일 때의 시각을 모두 구해 보세요.

해결하기

1단계 직각 삼각자의 직각 부분을 이용하여 직각을 만들어 봅니다.
직각 삼각자의 직각 부분의 꼭짓점을 시계의 중심에 맞추고 한 변을 긴바늘과 겹치게 합니다.

2단계 직각이 되도록 나머지 한 변을 그어 보면 시계의 큰 숫자 □과 □를 가리킵니다.

2단계 시계의 긴바늘이 12를 가리키고, 긴바늘과 짧은바늘이 이루는 작은 쪽의 각의 크기가 직각인 시각은 □시와 □시입니다.

2-1

다음 조건에 맞는 시각은 하루에 모두 몇 번 있는지 구해 보세요.

- 시계의 긴바늘이 12를 가리킵니다.
- 긴바늘과 짧은바늘이 이루는 작은 쪽의 각의 크기가 직각입니다.

(　　　　　　　　)

2-2

연우와 상철이의 대화를 잘 읽고 둘이 만나기로 한 시각은 언제인지 구해 보세요.

우리 언제 만날까? 지금은 오전 8시야.

지금 이후로 시계의 긴바늘이 12를 가리키면서 동시에 짧은바늘과 두 번째로 직각을 이루는 시각에 만나자.

(오전 , 오후) (　　　　　　　　)

2-3

견우와 직녀가 7월 7일 오후 10시에 만나기로 했습니다. 견우와 직녀의 대화를 읽고 오늘이 몇 월 며칠인지 구해 보세요.

견우: 우리가 만나기로 한 날이 며칠 남았죠?
직녀: 정각이면서 짧은바늘과 긴바늘이 직각을 9번 이루면 만나게 될 거예요.

(　　　　　　　　)

개념 1 직각삼각형 알아보기

이미 배운 삼각형의 각

• 삼각형의 각

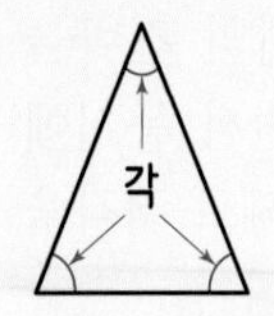

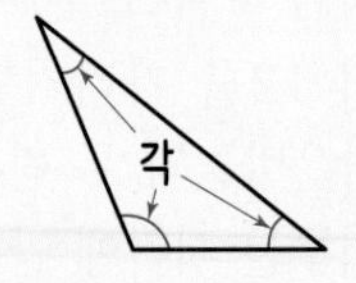

삼각형에는 3개의 각이 있어요.

• 직각

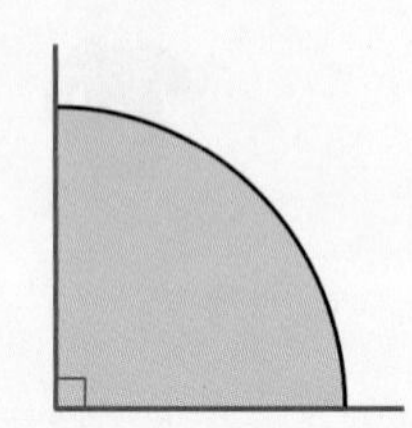

원 모양의 종이를 반듯하게 2번 접었을 때 생기는 각이 직각이에요.

새로 배울 직각삼각형

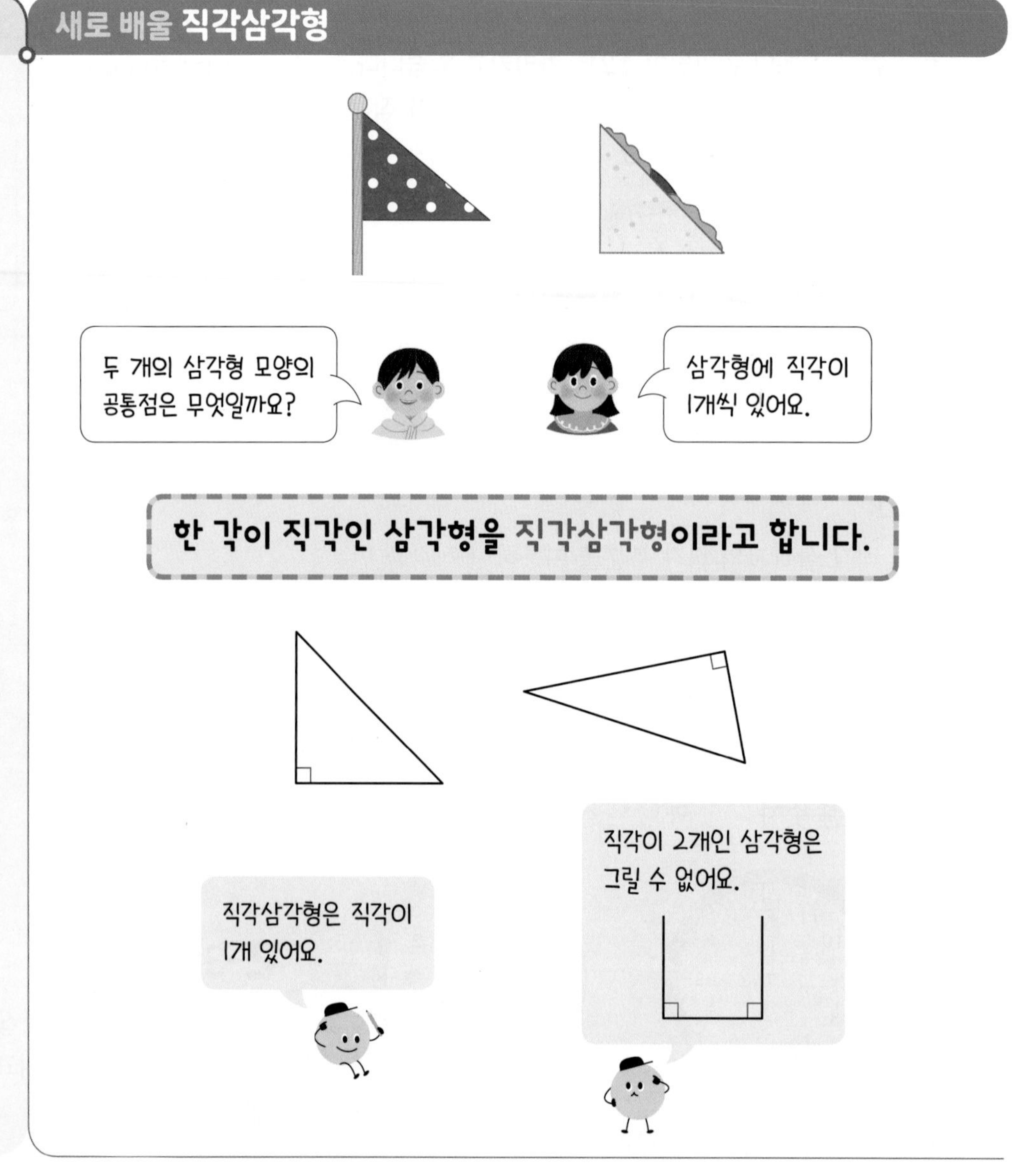

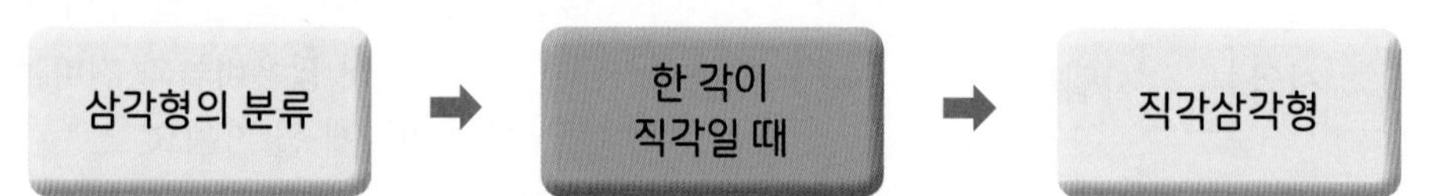

직각 삼각자, 칠교판의 삼각형 등에서 직각삼각형 모양을 찾을 수 있어요.

[색종이로 직각삼각형 만들기]

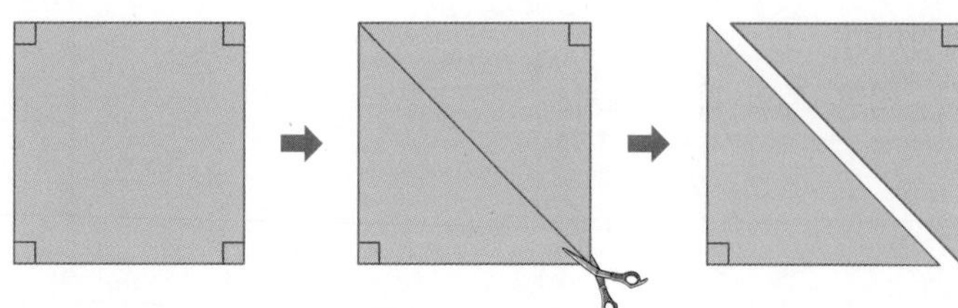

개념 2 직사각형 알아보기

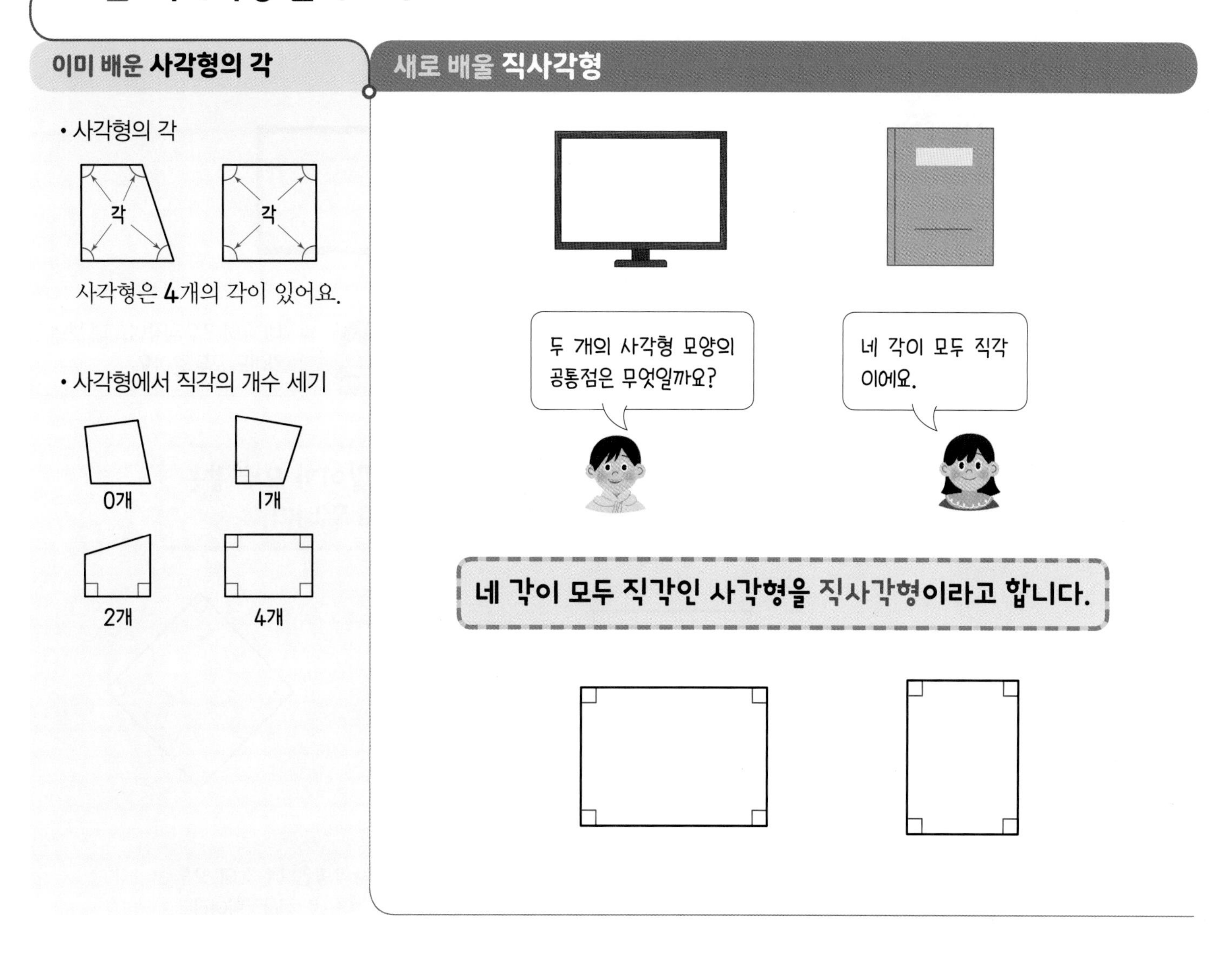

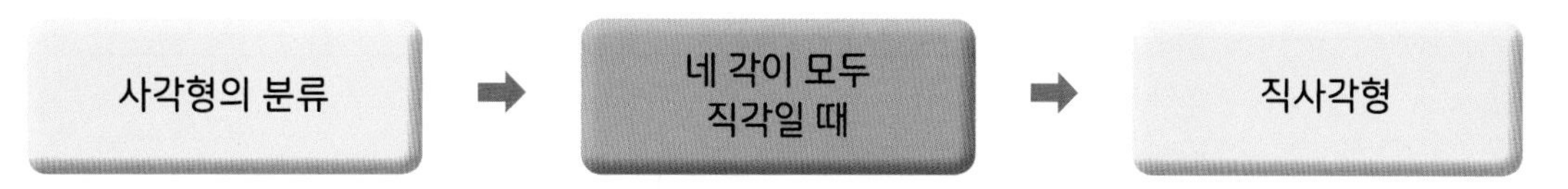

교과서, 모니터, 책상 등에서 직사각형 모양을 찾을 수 있어요.

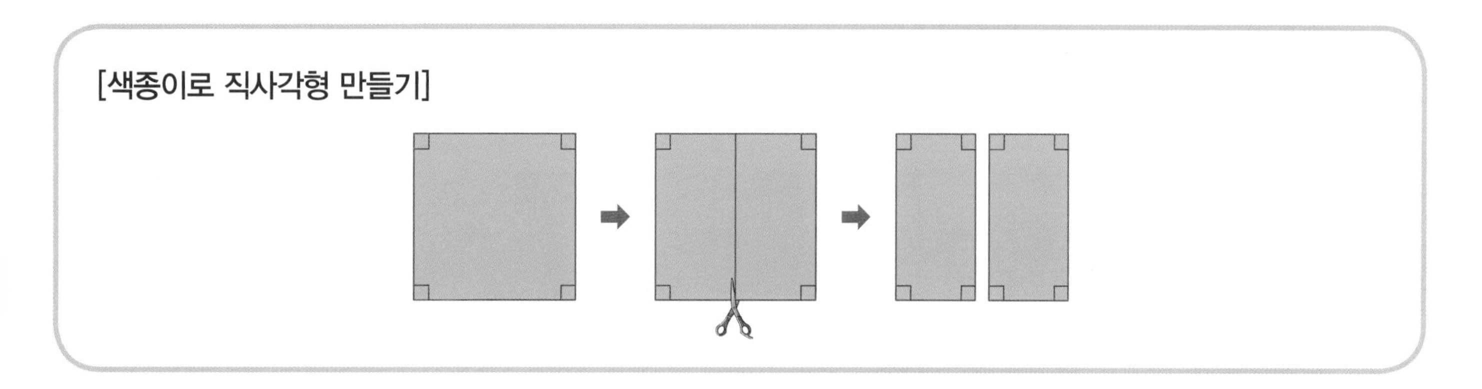

개념 3 정사각형 알아보기

이미 배운 직사각형

• 직사각형 중에서 네 변의 길이가 모두 같은 사각형 분류하기

네 변의 길이가 같지 않은 직사각형

네 변의 길이가 같은 직사각형

새로 배울 정사각형

두 개의 사각형 모양의 공통점은 무엇일까요?

네 각이 모두 직각이고 네 변의 길이도 모두 같아요.

네 각이 모두 직각이고 네 변의 길이가 모두 같은 사각형을 정사각형이라고 합니다.

네 각이 모두 직각인 사각형은 모두 직사각형이라고 부를 수 있어요.

정사각형은 네 각이 모두 직각이므로 직사각형이라고 할 수 있어요.

사각형의 분류 ➡ 네 각이 모두 직각이고 네 변의 길이가 모두 같을 때 ➡ 정사각형

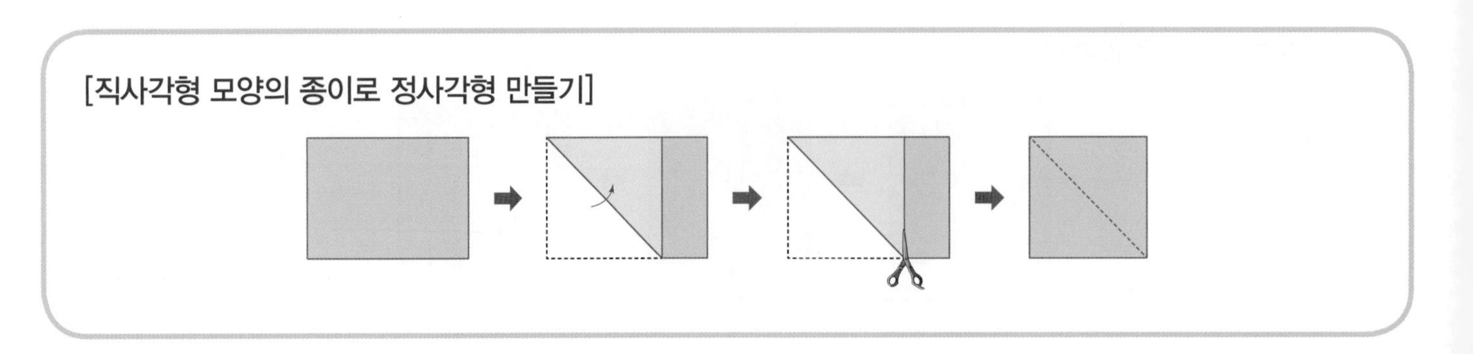

정답과 풀이 5쪽

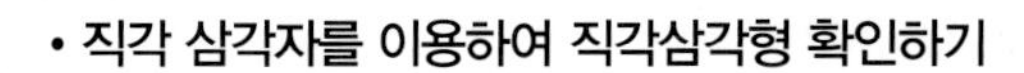

수해력을 확인해요

• 직각 삼각자를 이용하여 직각삼각형 확인하기

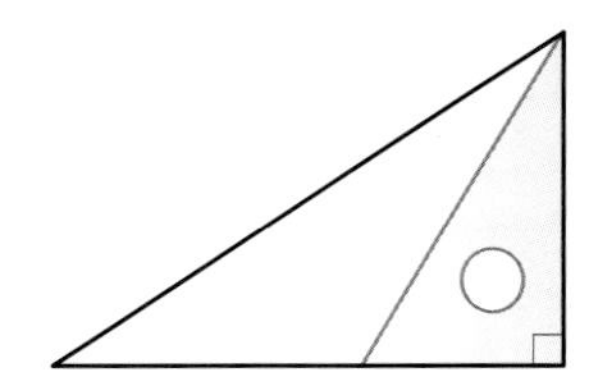

(○)

• 직각삼각형 찾아보기

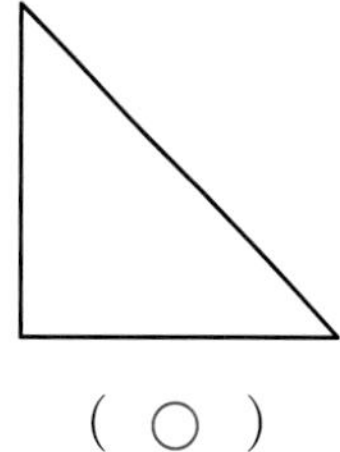

(○)

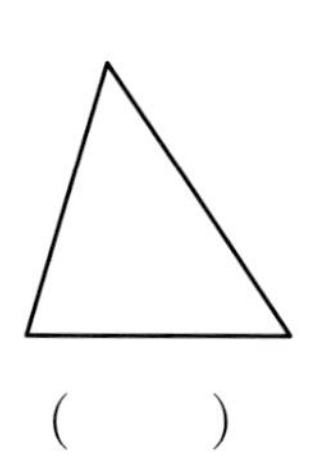

(　　)

01~04 직각 삼각자의 직각 부분을 대어 보고, 직각삼각형이 맞으면 ○표, 아니면 ×표 하세요.

01

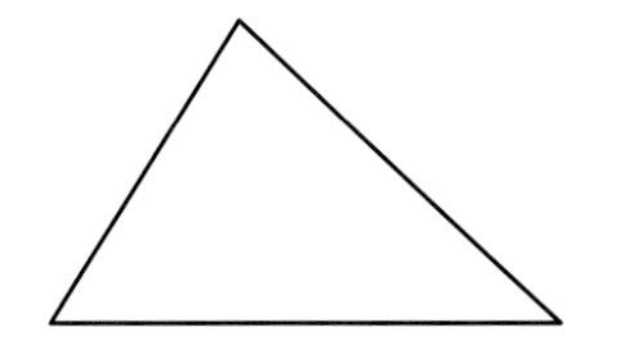

(　　)

02

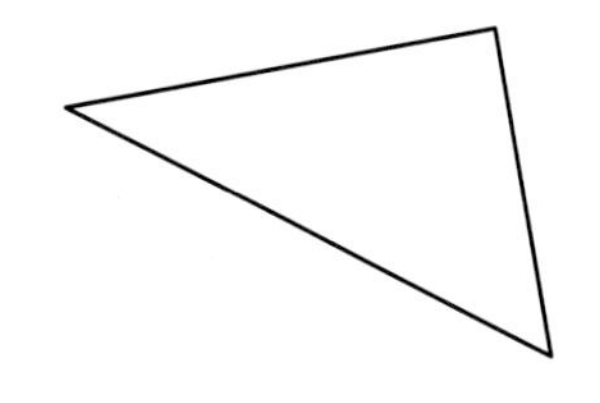

(　　)

03

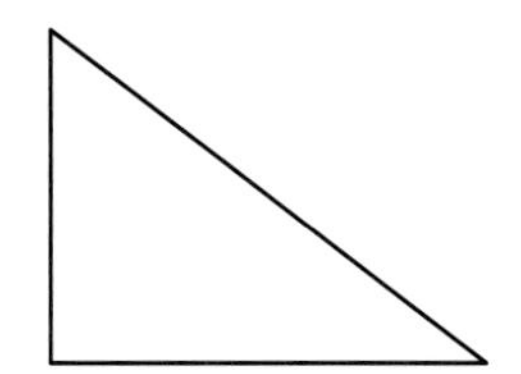

(　　)

04

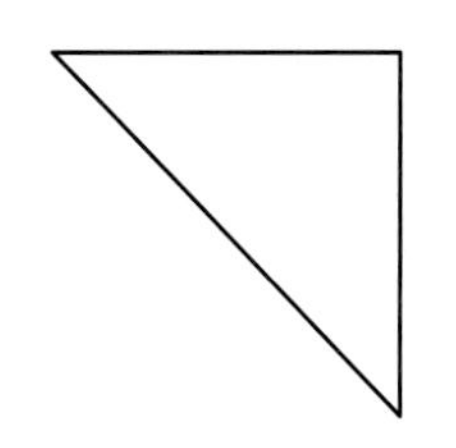

(　　)

05~08 직각삼각형에 ○표 하세요.

05

(　　)

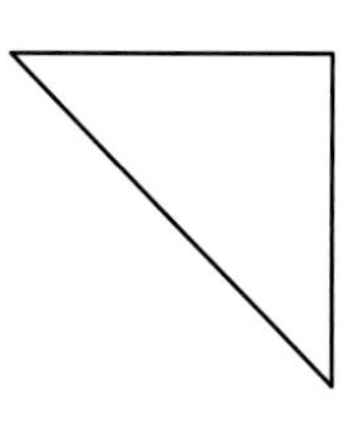

(　　)

06

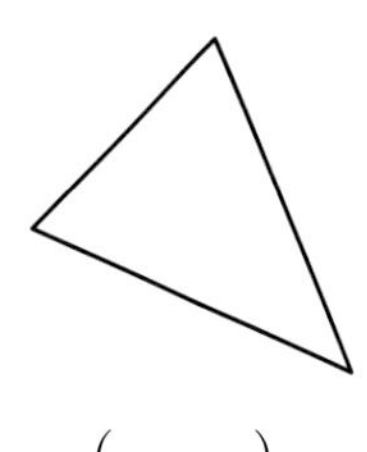

(　　)

(　　)

07

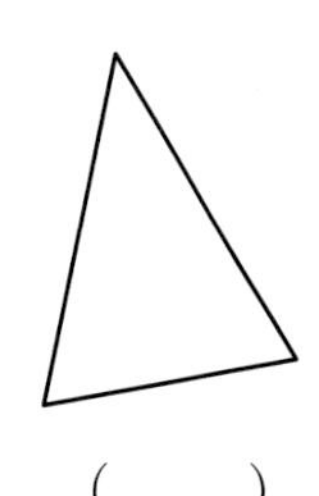

(　　)

(　　)

08

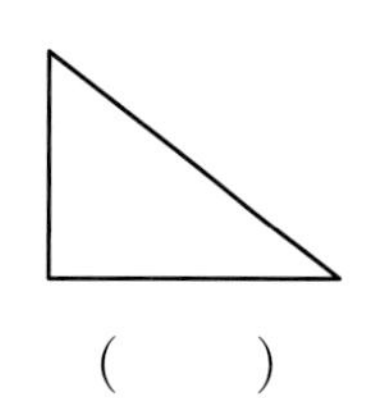

(　　)

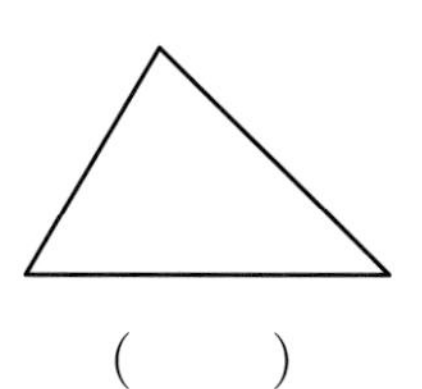

(　　)

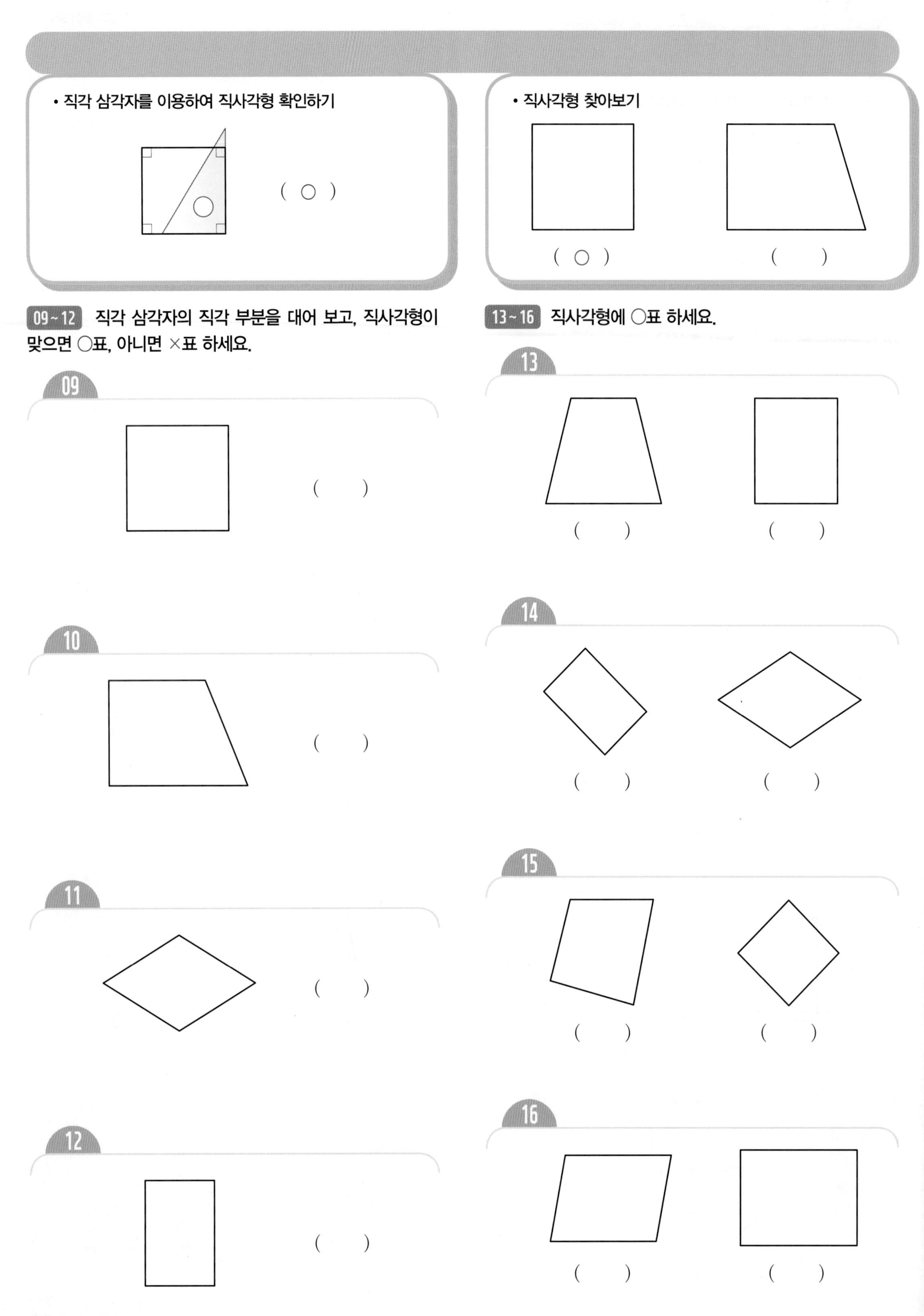
• 직각 삼각자를 이용하여 직사각형 확인하기
(○)
• 직사각형 찾아보기
(○)
( )
09~12 직각 삼각자의 직각 부분을 대어 보고, 직사각형이 맞으면 ○표, 아니면 ×표 하세요.
13~16 직사각형에 ○표 하세요.
13
( )
( )
09
( )
14
( )
( )
10
( )
15
( )
( )
11
( )
16
( )
( )
12
( )

• 직각 삼각자와 자를 이용하여 정사각형 확인하기

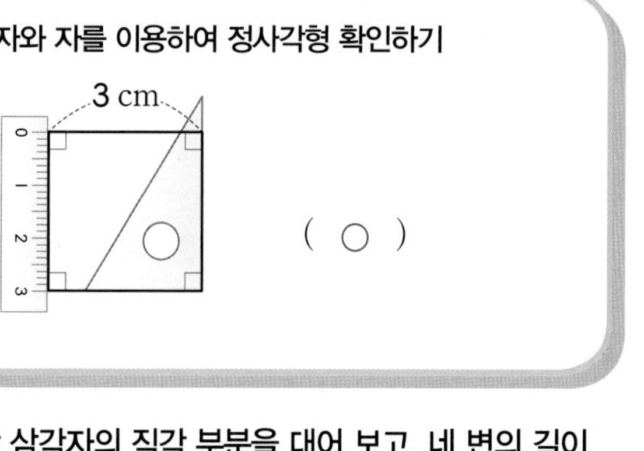

• 정사각형 찾아보기

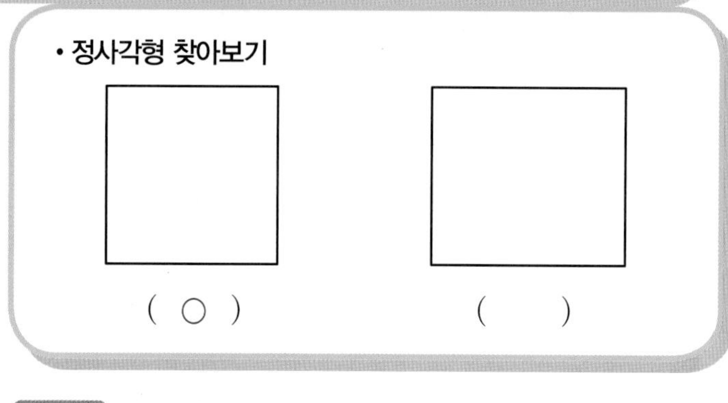

17~20 직각 삼각자의 직각 부분을 대어 보고, 네 변의 길이를 자로 재어 정사각형이 맞으면 ○표, 아니면 ×표 하세요.

17

( )

18

( )

19

( )

20

( )

21~24 정사각형에 ○표 하세요.

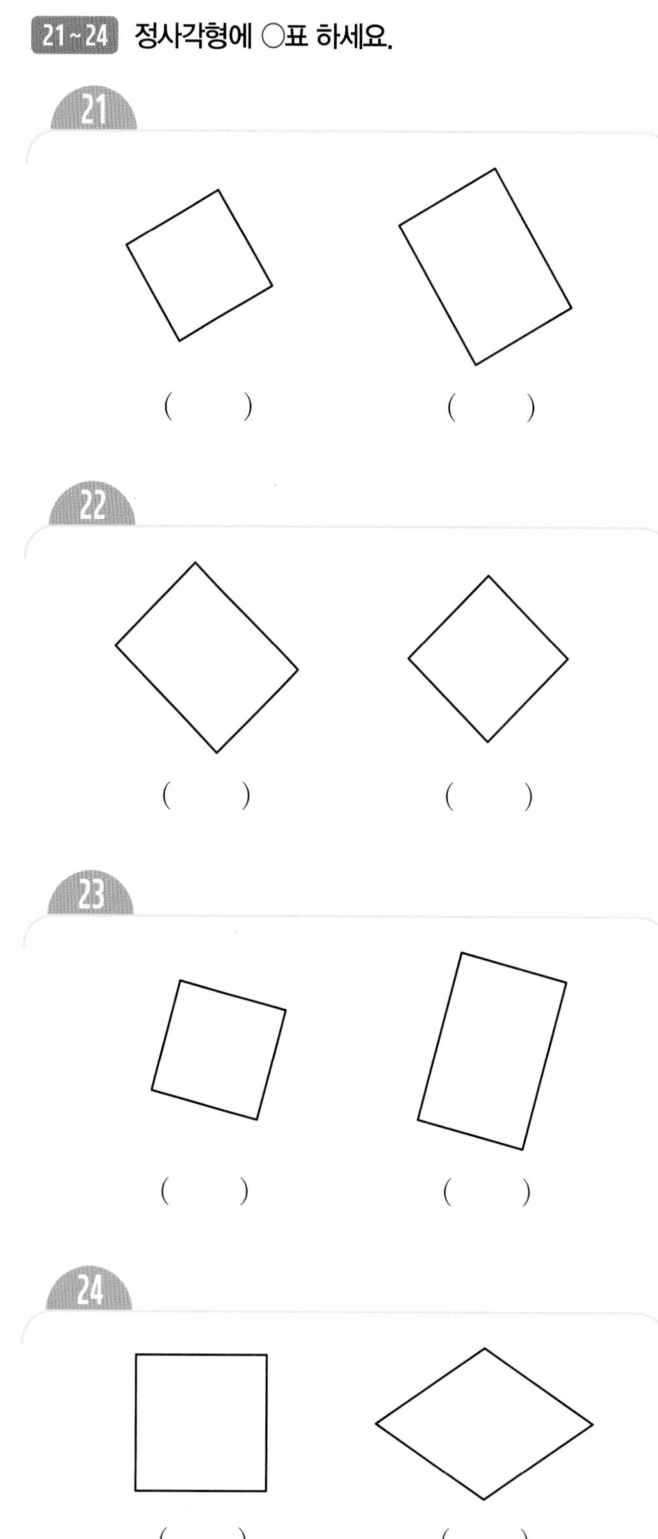

수해력을 높여요

01 다음 중 직각삼각형에 대한 설명으로 옳지 않은 것을 모두 골라 기호를 써 보세요.

㉠ 각이 세 개 있습니다.
㉡ 모든 각이 직각입니다.
㉢ 변이 3개 있습니다.
㉣ 꼭짓점이 3개 있습니다.
㉤ 세 변의 길이가 모두 같습니다.

( )

02 다음 중 직사각형 모양인 것에 ○표, 아닌 것에 ×표 하세요.

( )

( )

( )

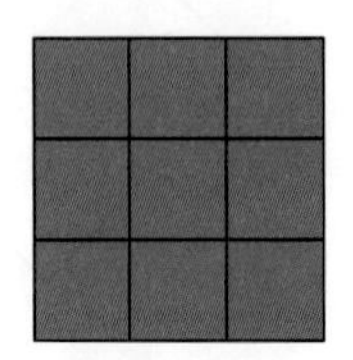
( )

( )

( )

03 다음 도형에서 찾을 수 있는 크고 작은 직각삼각형은 모두 몇 개인지 구해 보세요.

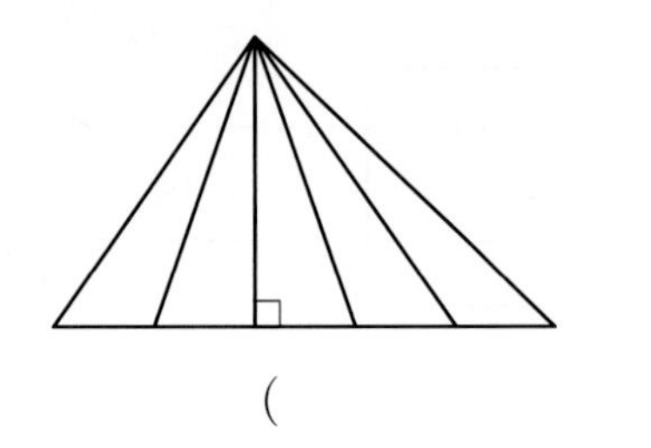

( )

04 다음과 같은 직사각형 모양의 색종이를 점선을 따라 모두 잘랐을 때 생기는 직각삼각형은 모두 몇 개인지 구해 보세요.

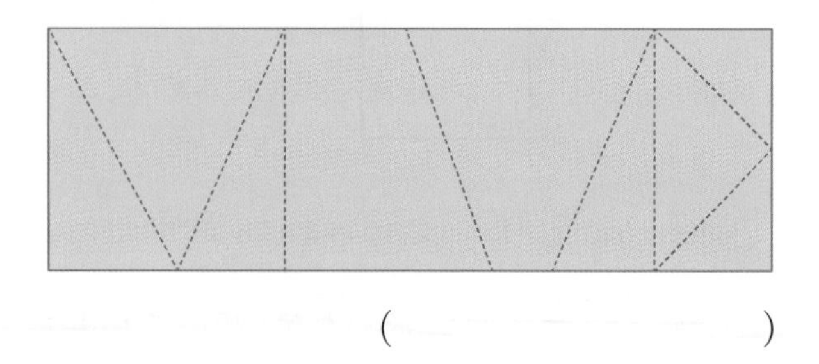

( )

05 다음 도형 중에서 직사각형을 모두 찾아 기호를 써 보세요.

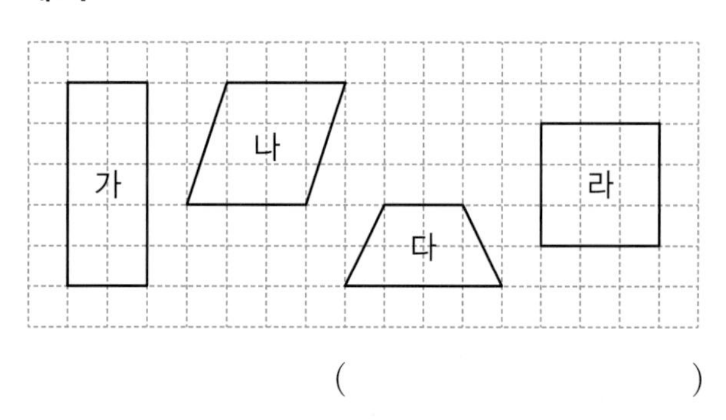

( )

06 다음 대화를 읽고 영재가 이어서 해야 할 말을 써 보세요.

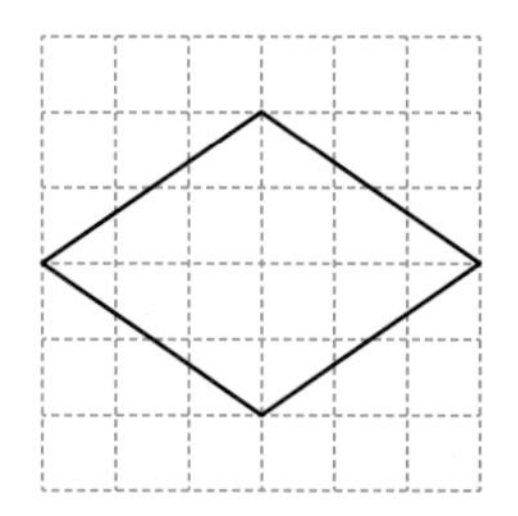

내가 그린 정사각형이야. 어때?

그건 정사각형이라고 할 수 없어. 왜냐하면 …

07 다음 도형에서 찾을 수 있는 크고 작은 직사각형은 모두 몇 개인가요?

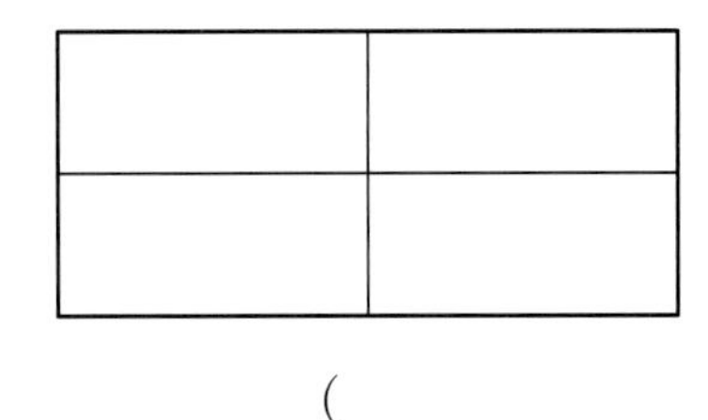

( )

08 다음 도형의 이름이 될 수 있는 것을 보기 에서 모두 골라 기호를 써 보세요.

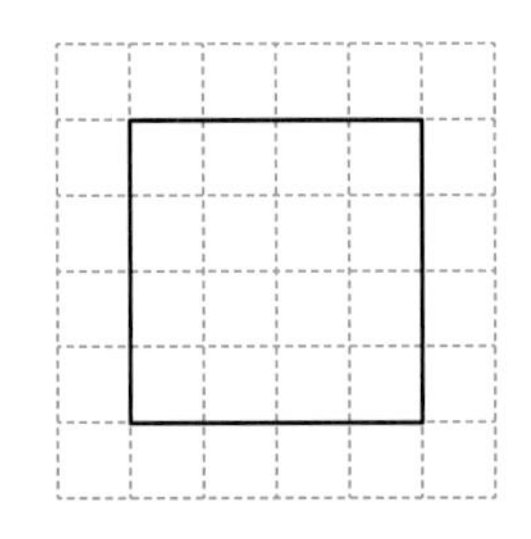

보기

㉠ 삼각형 ㉡ 사각형 ㉢ 직사각형
㉣ 정사각형 ㉤ 직각삼각형

( )

09 다음 정사각형의 네 변의 길이의 합은 몇 cm인지 구해 보세요.

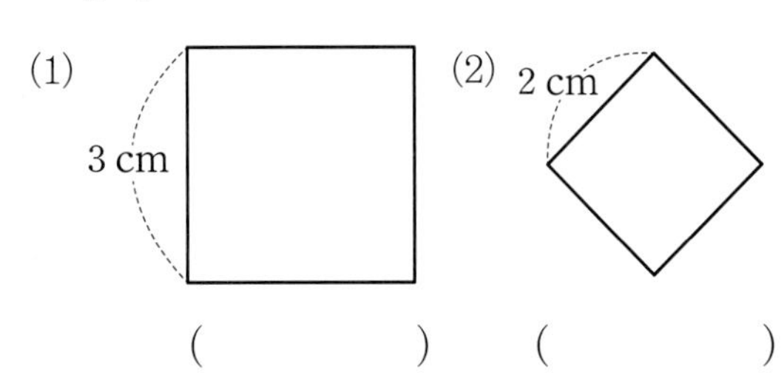

( ) ( )

10 한 변이 1 cm인 크기가 같은 정사각형 4개를 겹치지 않게 이어 붙여서 직사각형을 만들었습니다. 직사각형의 네 변의 길이의 합은 몇 cm인지 구해 보세요.

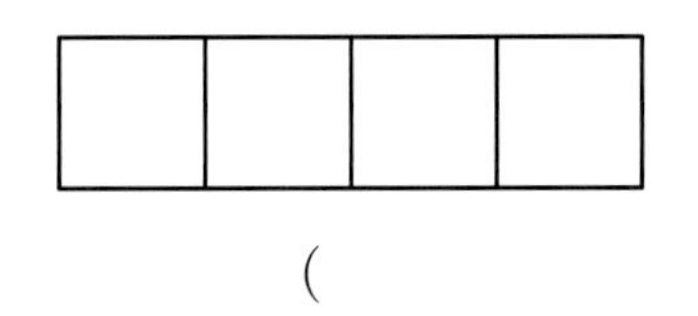

( )

11 다음과 같은 모양의 종이가 있습니다. 종이를 잘라서 정사각형을 만들려고 합니다. 만들 수 있는 가장 큰 정사각형의 한 변의 길이는 몇 cm인지 구해 보세요.

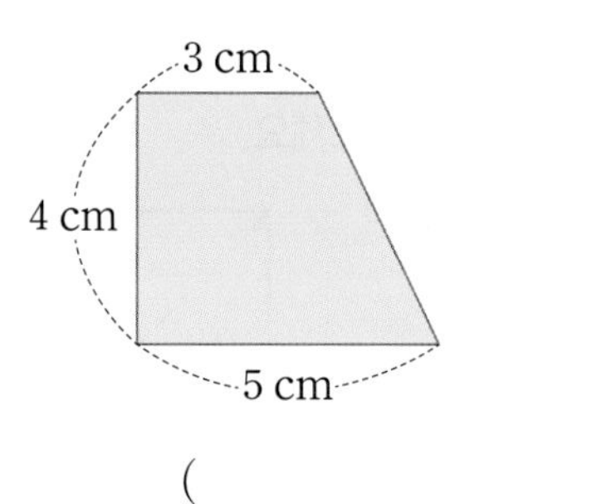

( )

12 실생활 활용

현진이는 그림과 같은 직사각형 모양의 벽에 타일을 붙이기로 하였습니다. 한 변이 3 cm인 정사각형 모양의 타일을 붙이려면 타일은 모두 몇 개가 필요한지 풀이 과정을 쓰고 답을 구해 보세요.

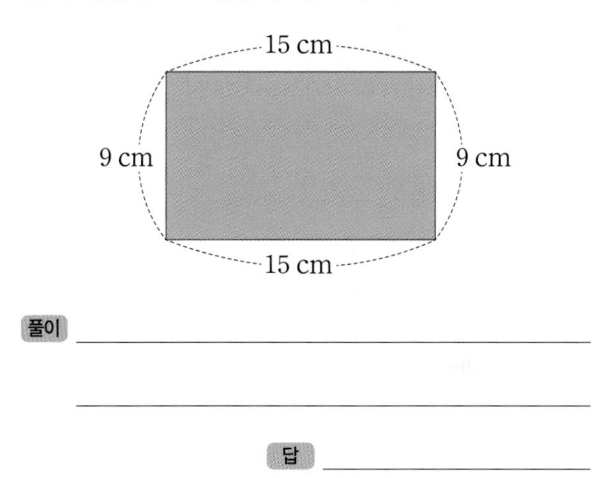

풀이 ______

답 ______

13 교과 융합

칠교판 모양 조각을 사용하여 집 모양을 만들었습니다. 처음 칠교판에서 찾을 수 있는 크고 작은 직각삼각형의 개수와 새롭게 만든 집 모양에서 찾을 수 있는 크고 작은 직각삼각형의 개수의 차를 구해 보세요.

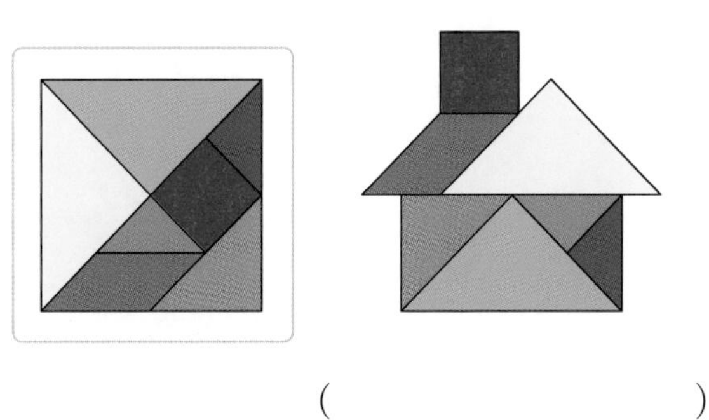

( )

수해력을 완성해요

대표 응용 1 크고 작은 도형의 개수 구하기

다음 도형에서 찾을 수 있는 크고 작은 직각삼각형은 모두 몇 개인지 구해 보세요.

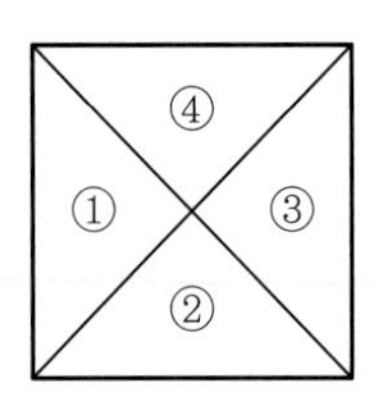

해결하기 직각삼각형 1개, 2개로 이루어진 경우로 나누어 찾습니다.

1단계 먼저 직각삼각형 1개로 이루어진 경우를 찾아 봅니다.
삼각형 ①, ②, ③, ④ 모두 직각삼각형이므로 모두 ☐개입니다.

2단계 직각삼각형 2개로 이루어진 경우를 찾아봅니다.

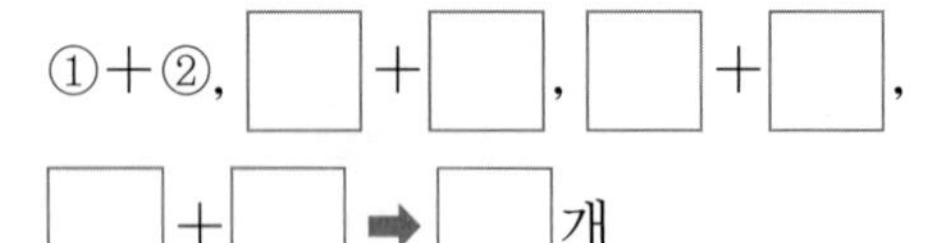

3단계 크고 작은 직각삼각형은 모두 ☐개입니다.

1-1

다음 도형에서 찾을 수 있는 크고 작은 직각삼각형은 모두 몇 개인지 구해 보세요.

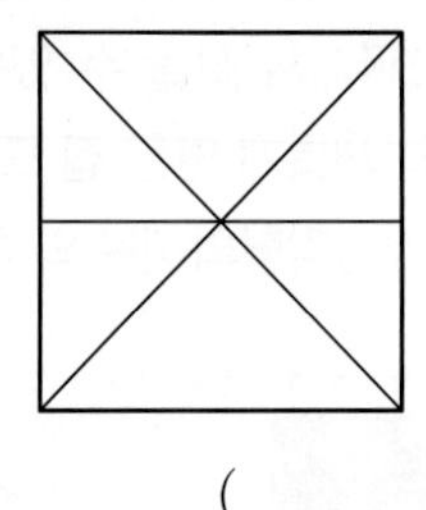

(　　　　　　　　　　)

1-2

크기가 같은 정사각형 9개를 겹치지 않게 붙여서 만든 도형입니다. 이 도형에서 찾을 수 있는 크고 작은 정사각형은 모두 몇 개인지 구해 보세요.

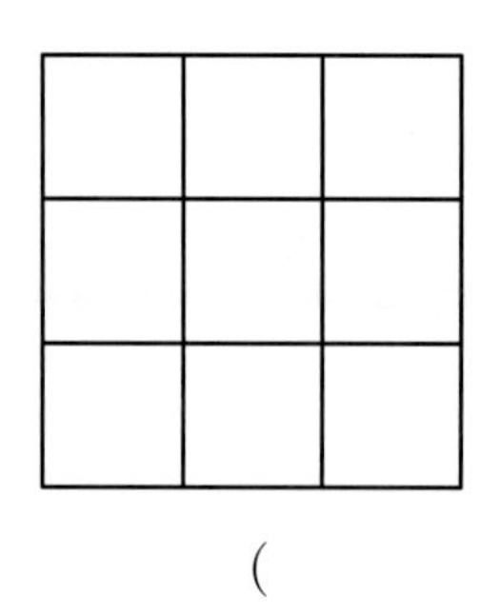

(　　　　　　　　　　)

1-3

크기가 같은 정사각형 7개를 겹치지 않게 붙여서 만든 도형입니다. 이 도형에서 찾을 수 있는 크고 작은 직사각형은 모두 몇 개인지 구해 보세요.

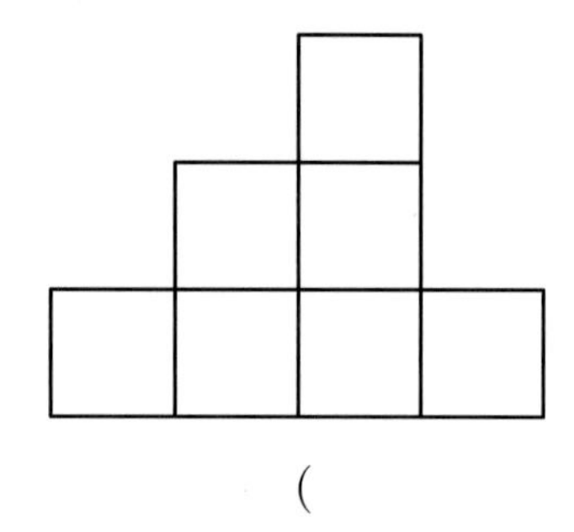

(　　　　　　　　　　)

1-4

다음 도형에서 찾을 수 있는 크고 작은 직각삼각형은 모두 몇 개인지 구해 보세요.

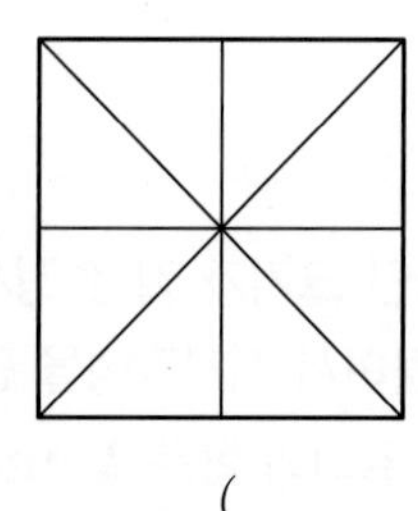

(　　　　　　　　　　)

대표 응용 **2**

정사각형의 성질을 이용한 길이 구하기

한 변이 2 cm인 정사각형 9개를 겹치지 않게 붙여서 만든 도형입니다. 빨간색 선의 길이는 몇 cm인지 구해 보세요.

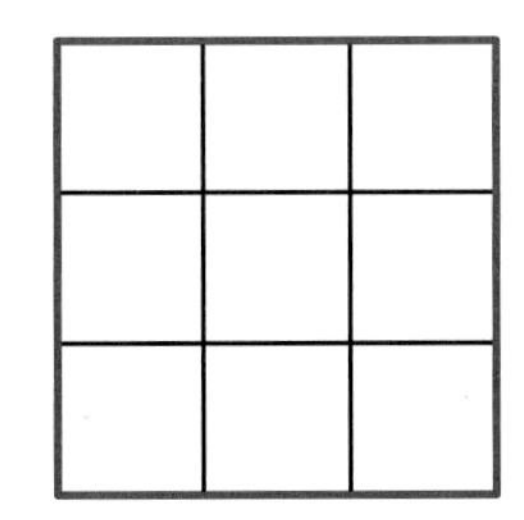

해결하기 정사각형은 네 변의 길이가 같음을 이용합니다.

1단계 작은 정사각형이 가로로 ☐개, 세로로 ☐개 있으므로 큰 정사각형이 만들어집니다.

2단계 작은 정사각형의 한 변이 2 cm이므로 큰 정사각형의 한 변은 ☐ cm입니다.

3단계 정사각형의 (네 변의 길이)=(한 변의 길이)×4이므로 빨간색 선의 길이는 ☐×4=☐에서 ☐ cm입니다.

2-1

한 변이 3 cm인 정사각형 6개를 겹치지 않게 붙여서 만든 도형입니다. 파란색 선의 길이는 몇 cm인지 구해 보세요.

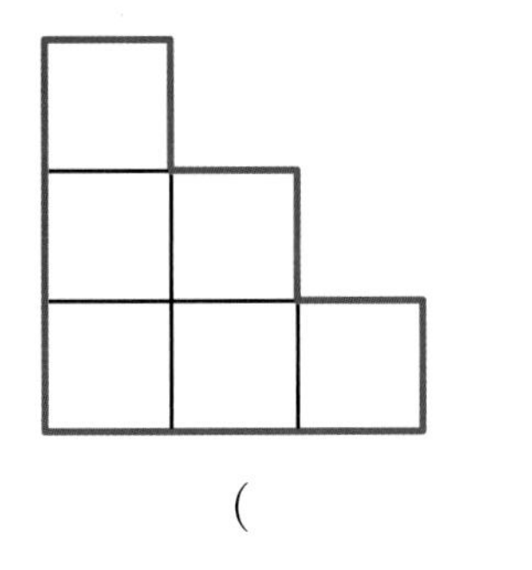

(　　　　　　　　)

2-2

한 변이 10 m인 정사각형 9개를 겹치지 않게 붙여서 만든 모양의 도로가 있습니다. 집에서 놀이터까지 빨간색 선을 따라서 간다고 할 때 이동한 거리는 몇 m인지 구해 보세요.

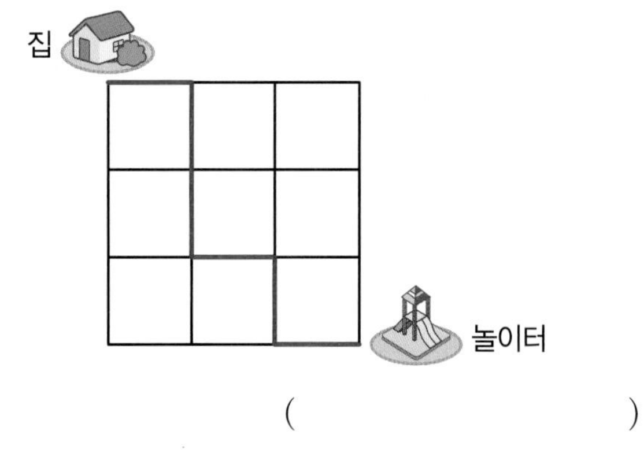

(　　　　　　　　)

2-3

한 변이 4 cm인 정사각형을 겹치지 않게 붙여서 다음과 같은 도형을 만들었습니다. 이 도형에서 찾을 수 있는 가장 큰 직사각형의 네 변의 길이의 합은 몇 cm인지 구해 보세요.

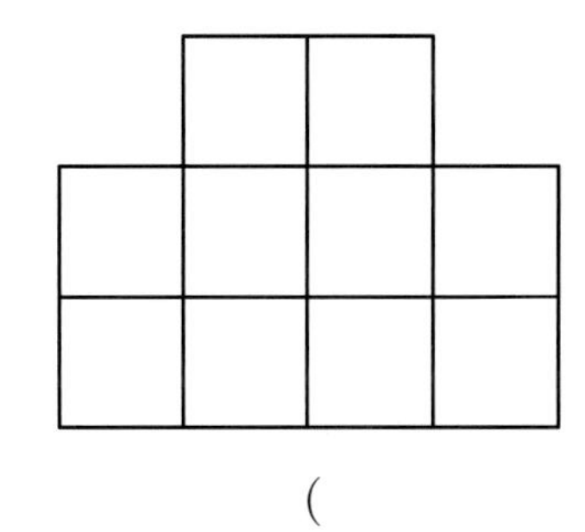

(　　　　　　　　)

2-4

한 변이 3 cm인 정사각형을 겹치지 않게 붙여서 다음과 같은 도형을 만들었습니다. 이 도형에서 찾을 수 있는 가장 큰 정사각형의 네 변의 길이의 합은 몇 cm인지 구해 보세요.

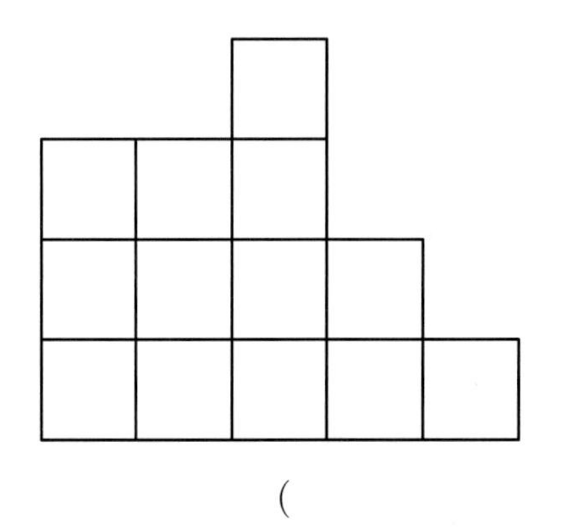

(　　　　　　　　)

각이 도형이라고?

앞서 각은 한 점에서 그은 두 개의 반직선으로 이루어진 도형이라고 배웠어요. 그런데 다른 사람들에게 "각이 도형인가요?" 라고 물어보면 확실하게 대답하지 못하는 사람들이 많을 거예요. 왜냐하면 도형을 생각하면 삼각형, 사각형 등과 같이 선분으로 둘러싸인 다각형이라고 알고 있기 때문이에요. 하지만 각은 도형이 맞아요. 그 이유를 한 번 알아볼까요?

먼저 도형의 뜻을 알아볼까요?
쉽게 설명해서 도형이란 점, 선, 면, 입체로 이루어진 것이라고 이야기할 수 있어요.
아래의 그림을 봅시다.

활동 1 **먼저 점을 하나 그렸어요. 이 점들을 간격을 매우 좁게 해서 옆으로 겹치도록 계속 그려 볼까요?**

점들이 모이니까 무엇이 되었나요? 맞아요. 선이 되었어요.

활동 2 **그러면 이번에는 선을 간격을 매우 좁게 해서 아래로 겹치도록 계속 그려 볼까요?**

선들이 모이니까 무엇이 되었나요? 이런 모양을 면이라고 해요. 여러분이 알고 있는 삼각형, 사각형 등은 이러한 면을 가지고 있답니다.
면이 쌓이면 입체가 되지만 이 부분은 우리가 배우는 평면도형은 아니니까 나중에 살펴보도록 해요.

이처럼 점, 선, 면 중 1개만 있어도 도형이라고 할 수 있답니다.

이제 처음으로 돌아가서 각이 도형인지에 대해서 다시 한 번 살펴볼까요?
 각은 한 꼭짓점에서 그은 두 개의 반직선으로 이루어졌다고 했어요. 꼭짓점은 점을 의미하고, 반직선은 선이 되니까 점과 선이 함께 있다고 이야기할 수 있겠네요. 그러면 점, 선, 면 중 1개만 있어도 도형이라고 할 수 있으니 각은 당연히 도형이랍니다.

활동 3 앞의 내용을 잘 이해했는지 ○, × 퀴즈로 풀어 봅시다.

1. 선분은 도형이다. (○ , ×)
2. 각은 도형이다. (○ , ×)
3. 삼각형, 사각형과 같이 선분으로 둘러싸여야만 도형이다. (○ , ×)
4. 원은 각이 없으므로 도형이 아니다. (○ , ×)

02 단원

길이와 시간

등장하는 주요 수학 어휘

1 mm, 1 km, 1초

1 1 mm와 1 km

개념 강화 | 학습 계획: 월 일

개념 1 1 cm보다 작은 단위 알아보기

개념 2 1 m보다 큰 단위 알아보기

2 길이와 거리 어림하기

연습 강화 | 학습 계획: 월 일

개념 1 길이를 어림하고 재어 보기

개념 2 거리 어림하기

3 1초와 시간의 덧셈, 뺄셈

학습 계획: 월 일

개념 1 1초와 60초 알아보기

개념 2 초 단위까지 시각 읽기

개념 3 받아올림이 없는 시간의 덧셈 알아보기

개념 4 받아올림이 있는 시간의 덧셈 알아보기

개념 5 받아내림이 없는 시간의 뺄셈 알아보기

개념 6 받아내림이 있는 시간의 뺄셈 알아보기

아빠 생신 선물로 어떤 걸 주문하면 좋을까?

다있어 쇼핑몰

이 목도리랑, 이 신발이 좋겠어요!

급한 전화가 왔네. 엄마 대신 주문서 좀 작성해줄래?

장바구니

270 mm

네, 알겠어요.

배달이요

엄마! 주문한 목도리와 신발이 왔어요.

그런데 상자가 왜 이렇게 크지? 어디 한번 열어보자!

아니, 이게 어떻게 된 일이지? 목도리의 길이가 이상해. 주문서를 보자.

앗! 죄송해요. 단위를 잘못 적었나 봐요.

270

주문서

목도리 1 km

신발 270 mm

이번 2단원에서는 1 mm, 1 km, 1초와 같은 길이와 시간의 단위를 알아보고, 시, 분, 초 단위의 시간을 덧셈, 뺄셈하는 방법에 대해 배울 거예요.

1. 1 mm와 1 km

개념 1 1 cm보다 작은 단위 알아보기

이미 배운 길이의 단위 (1 cm)

- 눈금의 1을 정확히 가리켜요.
- 콩의 길이는 1 cm예요.

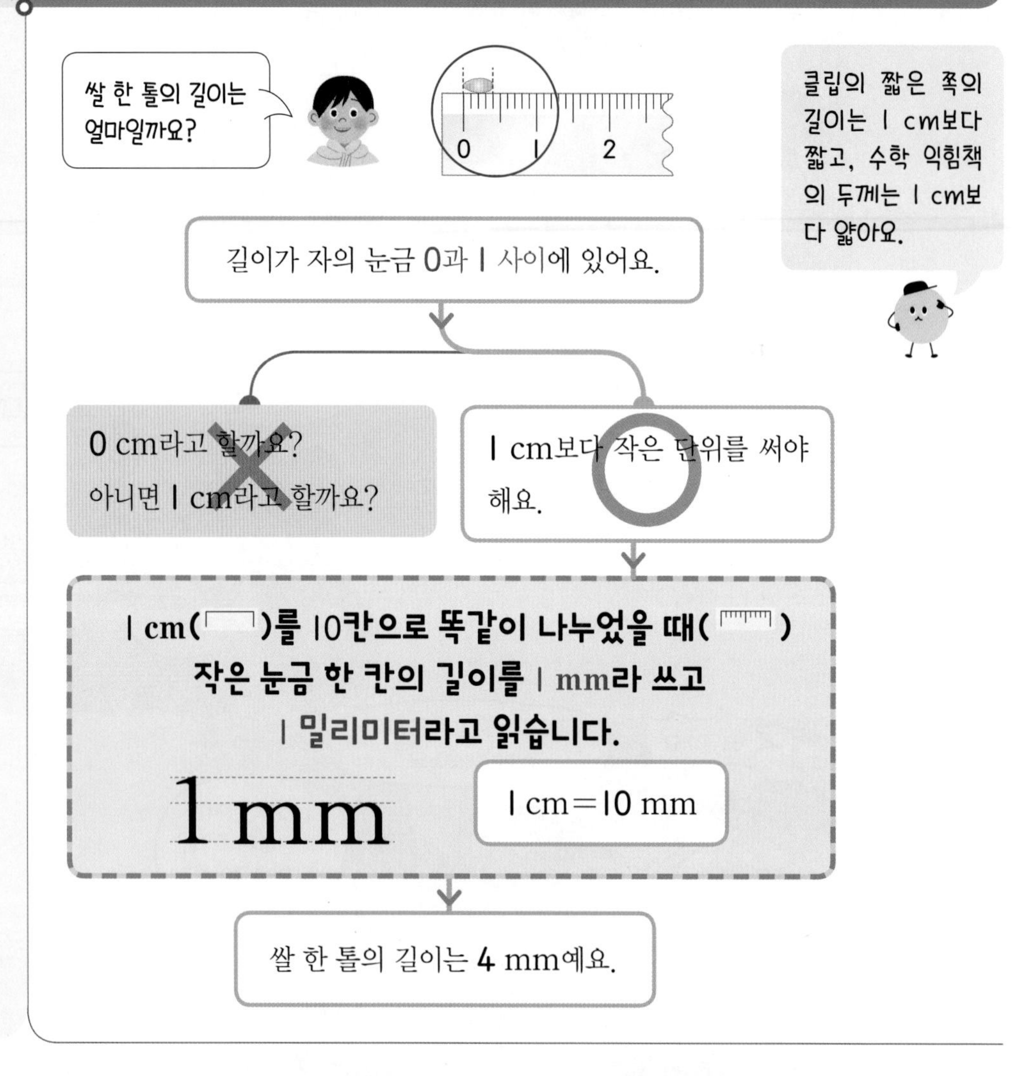

사물의 길이 재기 ➡ 길이가 1 cm보다 작을 때 ➡ mm 단위로 길이 재기

[몇 cm 몇 mm로 길이 나타내기]

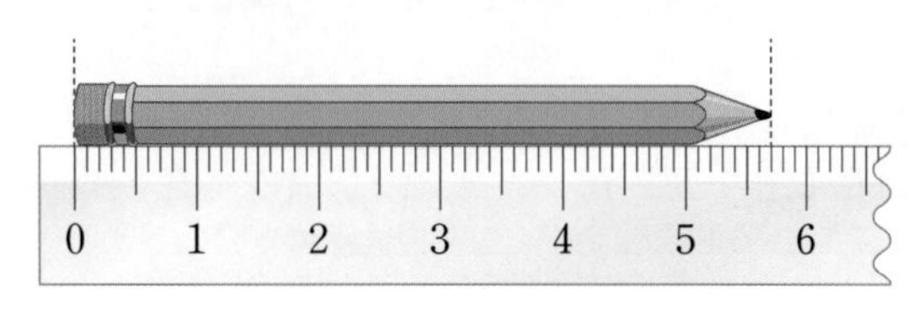

5 cm보다 7 mm 더 긴 것을
5 cm 7 mm라 쓰고
5 센티미터 7 밀리미터라고 읽습니다.
5 cm 7 mm는 57 mm입니다.

5 cm 7 mm=57 mm

길이를 재려면
① 물체의 한끝을 자의 한 눈금에 맞춰요.
② 그 눈금에서 다른 끝까지 1 cm가 몇 번 들어가는지, 1 mm가 몇 번 들어가는지 세어 보아요.

개념 2 1 m보다 큰 단위 알아보기

이미 배운 길이의 단위 (1 m)

• 펭수의 키는 몇 m 몇 cm일까요?

210 cm

1 m=100 cm이므로
210 cm는 2 m 10 cm예요.

• 운동장의 긴 쪽의 길이는 몇 m일까요?

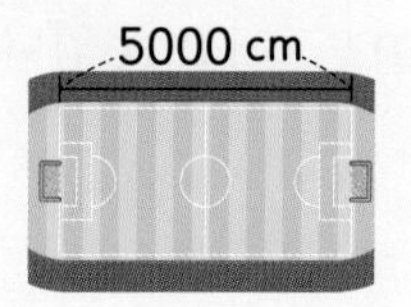

1 m=100 cm이므로
5000 cm는 50 m예요.

새로 배울 길이의 단위 (1 km)

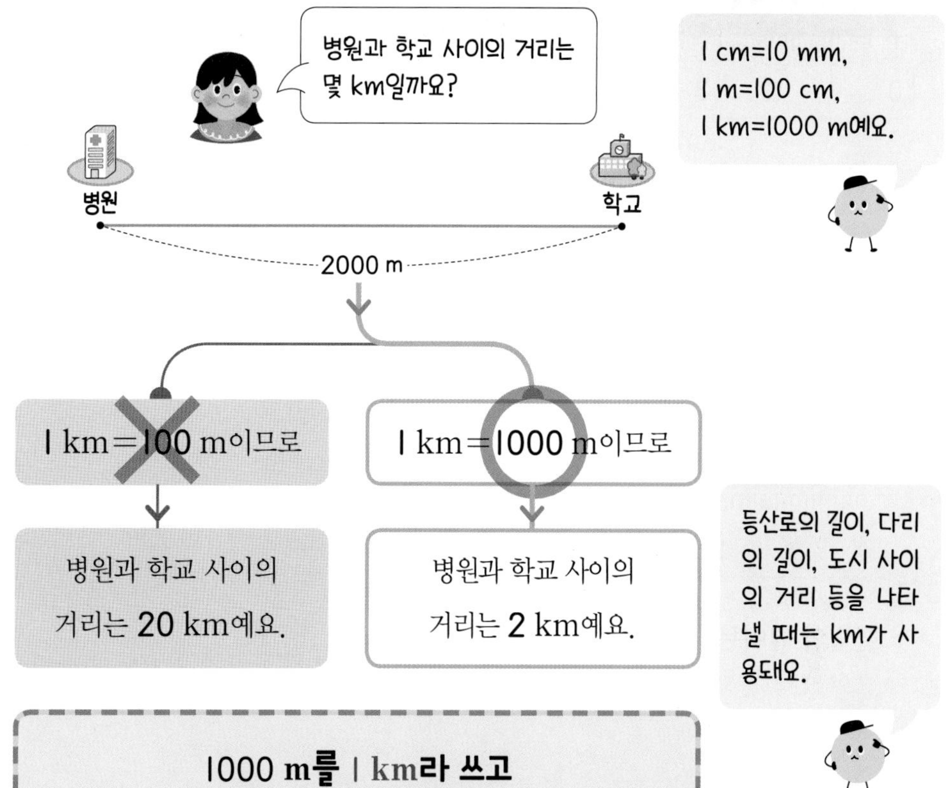

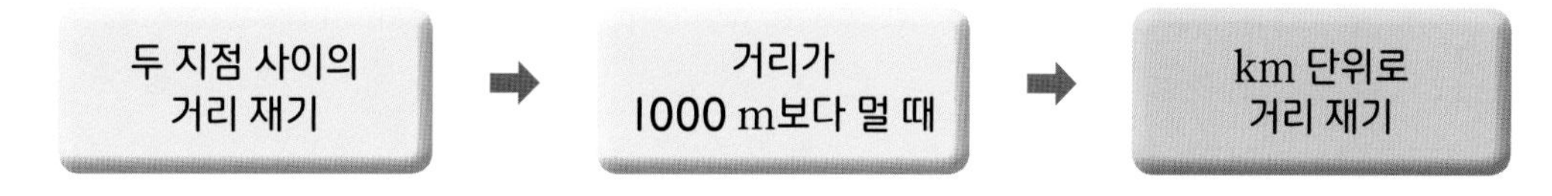

[km를 사용하여 길이 나타내기]

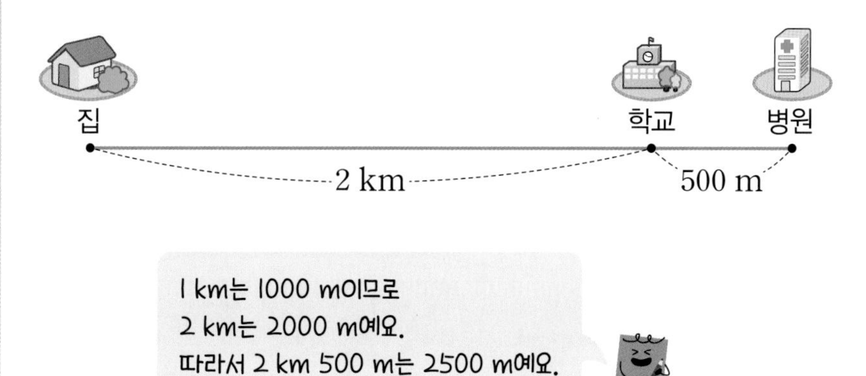

2 km보다 500 m 더 긴 것을
2 km 500 m라 쓰고
2 킬로미터 500 미터라고 읽습니다.
2 km 500 m는 2500 m입니다.

2 km 500 m=2500 m

수해력을 확인해요

• 길이 재기 – 0부터 재기 시작할 때

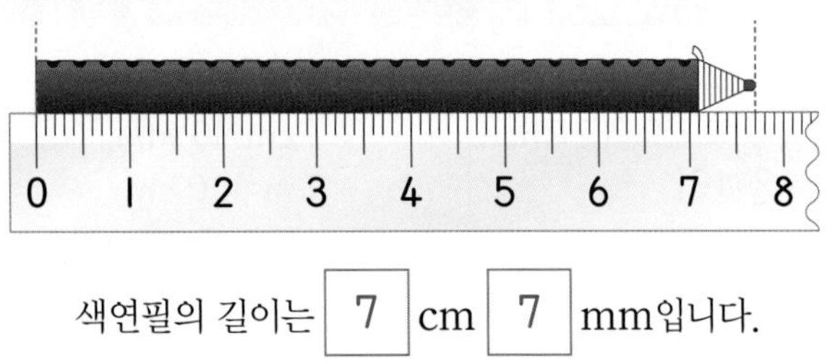

색연필의 길이는 7 cm 7 mm입니다.

• 길이 재기 – 중간부터 재기 시작할 때

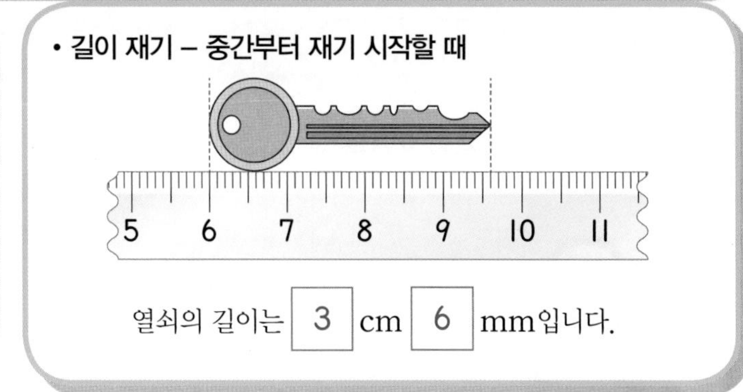

열쇠의 길이는 3 cm 6 mm입니다.

01~06 그림을 보고 물건의 길이를 써 보세요.

01

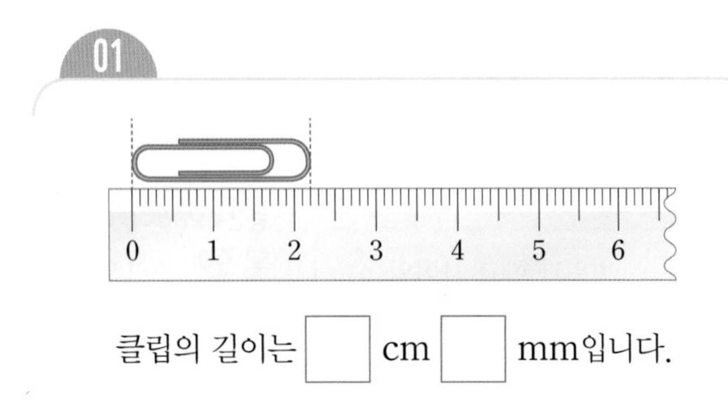

클립의 길이는 ☐ cm ☐ mm입니다.

04

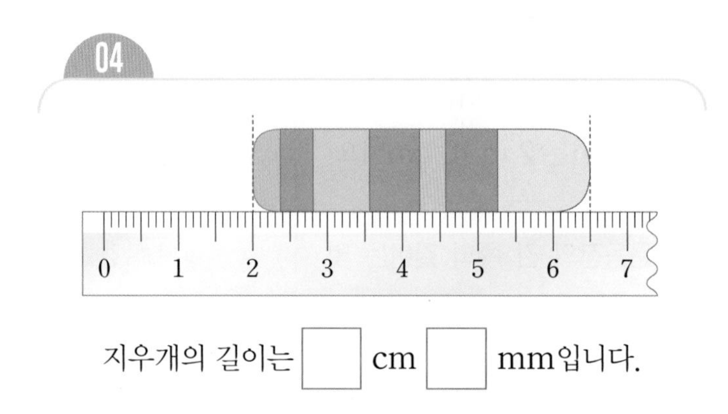

지우개의 길이는 ☐ cm ☐ mm입니다.

02

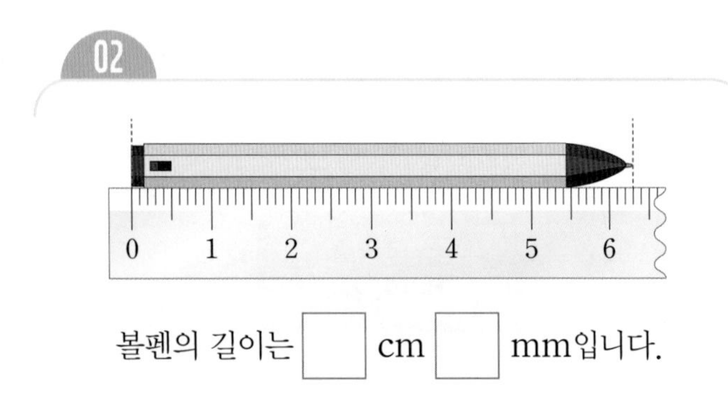

볼펜의 길이는 ☐ cm ☐ mm입니다.

05

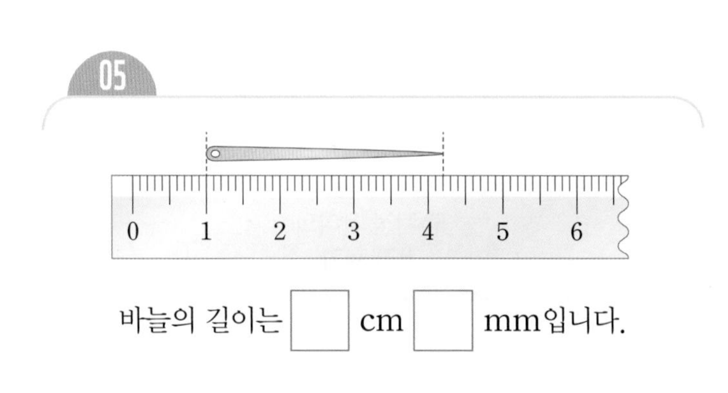

바늘의 길이는 ☐ cm ☐ mm입니다.

03

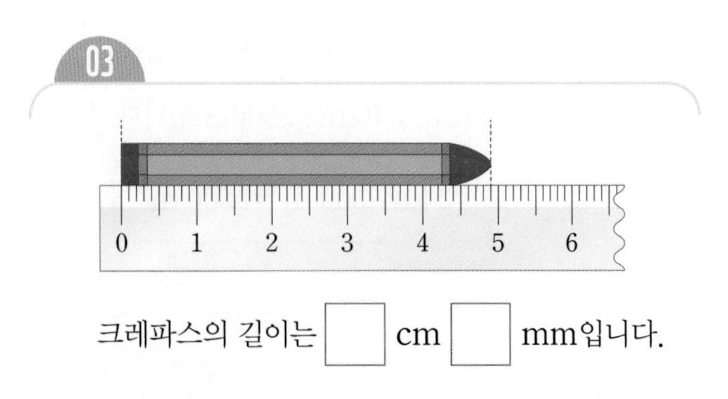

크레파스의 길이는 ☐ cm ☐ mm입니다.

06

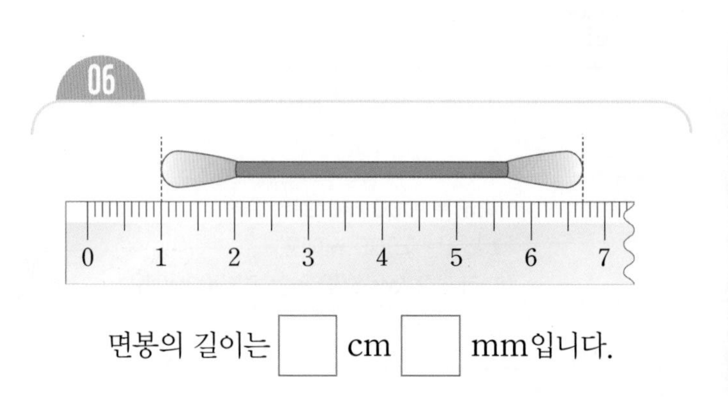

면봉의 길이는 ☐ cm ☐ mm입니다.

• 단위 바꾸기

(1) □ mm로 바꾸기
5 cm 9 mm
=50 mm+9 mm
= 59 mm

(2) □ cm □ mm로 바꾸기
59 mm
=50 mm+9 mm
= 5 cm 9 mm

(1) □ m로 바꾸기
9 km 230 m
=9000 m+230 m
= 9230 m

(2) □ km □ m로 바꾸기
9230 m
=9000 m+230 m
= 9 km 230 m

07~16 □ 안에 알맞은 수를 써넣으세요.

07

(1) 7 cm 2 mm
= □ mm

(2) 19 mm
= □ cm □ mm

08

(1) 2 cm 6 mm
= □ mm

(2) 43 mm
= □ cm □ mm

09

(1) 3 cm 9 mm
= □ mm

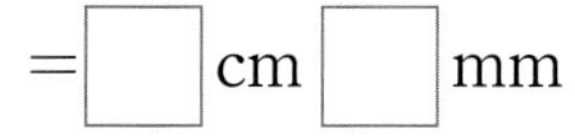

(2) 52 mm
= □ cm □ mm

10

(1) 18 cm 3 mm
= □ mm

(2) 167 mm
= □ cm □ mm

11

(1) 14 cm 8 mm
= □ mm

(2) 498 mm
= □ cm □ mm

12

(1) 2 km 360 m
= □ m

(2) 3468 m
= □ km □ m

13

(1) 7 km 537 m
= □ m

(2) 5892 m
= □ km □ m

14

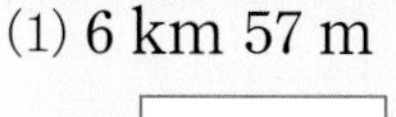

(1) 6 km 57 m
= □ m

(2) 2692 m
= □ km □ m

15

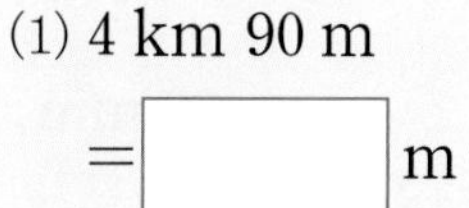

(1) 4 km 90 m
= □ m

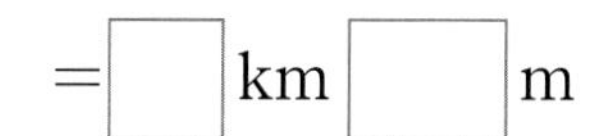

(2) 2084 m
= □ km □ m

16

(1) 5 km 2 m
= □ m

(2) 7009 m
= □ km □ m

수해력을 높여요

01 □ 안에 알맞게 써넣으세요.

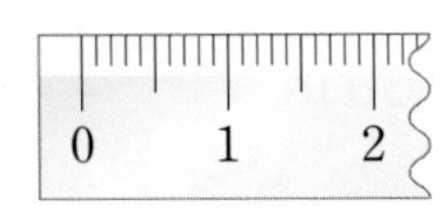

- 1 cm를 10칸으로 똑같이 나누었을 때 작은 눈금 한 칸의 길이는 □ 입니다.
- □ mm는 1 cm와 같습니다.

02 자를 사용하여 주어진 길이만큼 점선을 따라 선을 그어 보세요.

37 mm

03 같은 길이를 찾아 선으로 이어 보세요.

4 cm 3 mm •	• 18 mm
1 cm 8 mm •	• 43 mm
9 cm 5 mm •	• 95 mm

04 민호가 **A4** 용지의 긴 쪽의 길이를 재어 보았더니 **29 cm**보다 **7 mm** 더 길었습니다. **A4** 용지의 긴 쪽의 길이는 몇 **mm**인가요?

(　　　　　　　　)

05 두 길이를 비교하여 ○ 안에 >, =, <를 알맞게 써넣으세요.

1 cm 9 mm ○ 108 mm

06 색 테이프 두 개를 겹치지 않게 옆으로 길게 이어 붙였습니다. 이어 붙인 전체 길이는 몇 **cm** 몇 **mm**인가요?

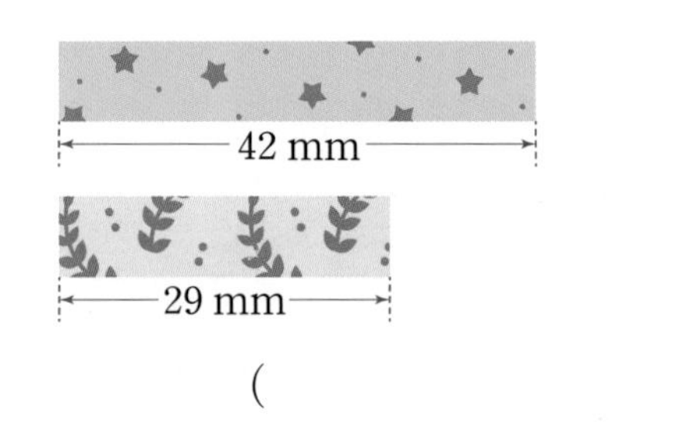

(　　　　　　　　)

07 ㉠, ㉡, ㉢ 중 가장 긴 테이프의 길이는 몇 **cm** 몇 **mm**인가요?

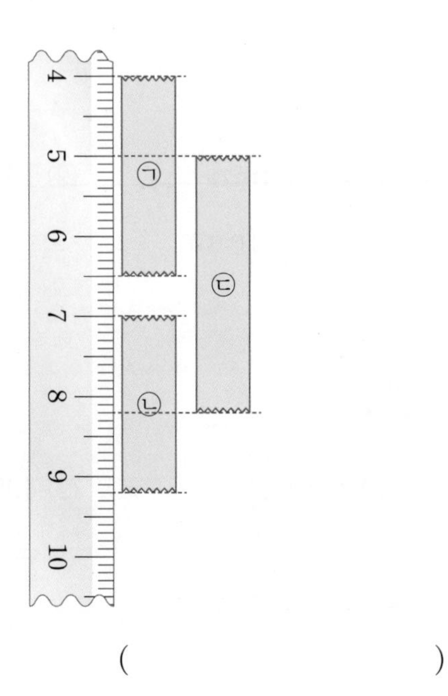

(　　　　　　　　)

정답과 풀이 8쪽

08 내비게이션 화면을 보고 □ 안에 알맞은 수를 써넣으세요.

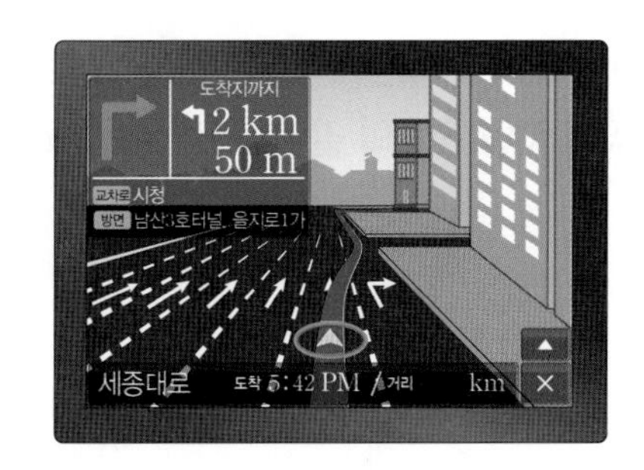

도착지는 2 km보다 50 m 더 먼 거리인 □ m에 있습니다.

09 시청, 은행, 도서관 중 학교에서 가장 먼 곳은 어디인가요?

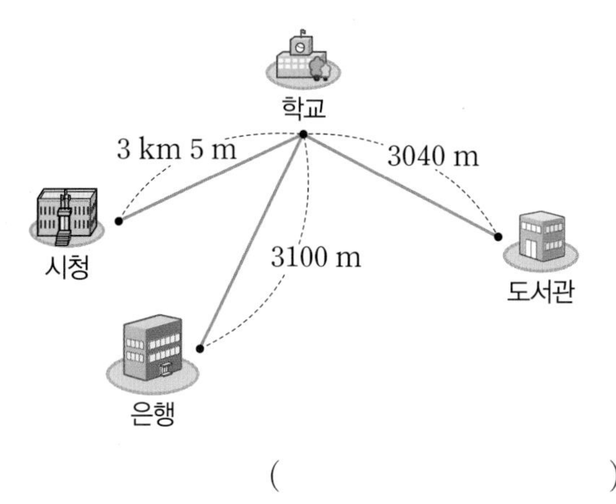

(　　　　　　　　)

10 대전에 사는 수영이는 서울에 사는 이모를 만나기 위해 지하철, 기차, 버스를 타고 다음과 같이 이동하였습니다. 수영이가 이동한 거리는 모두 몇 km 몇 m인가요?

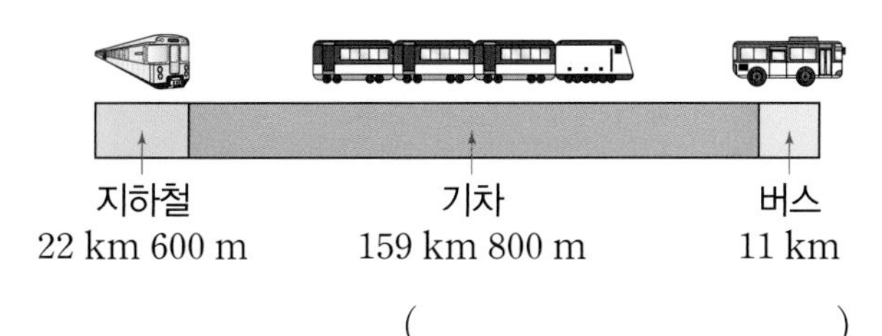

(　　　　　　　　)

11 실생활 활용

신문 기사를 읽고 제주 삼각봉에 내린 비의 양은 약 몇 cm 몇 mm인지 구해 보세요.

날씨 예보

한겨울 같지 않은 포근한 날씨가 이어지더니, 전국 곳곳에 많은 비가 내리고 있습니다.
오늘 하루 만에, 제주 삼각봉에 약 312 mm의 비가 내렸습니다.
이번 주말, 휴일까지도 강약을 반복하면서 지속적으로 비나 눈이 길게 이어지겠습니다.

(　　　　　　　　)

12 교과 융합

지구를 둘러싸고 있는 공기는 여러 층으로 나뉘어져 있습니다. 그중 오존층이 존재해 자외선을 차단해 주고 비행기들이 다니는 주된 항로로 사용되는 구간을 성층권이라고 합니다. 그림에 표시된 성층권의 범위는 몇 km인가요?

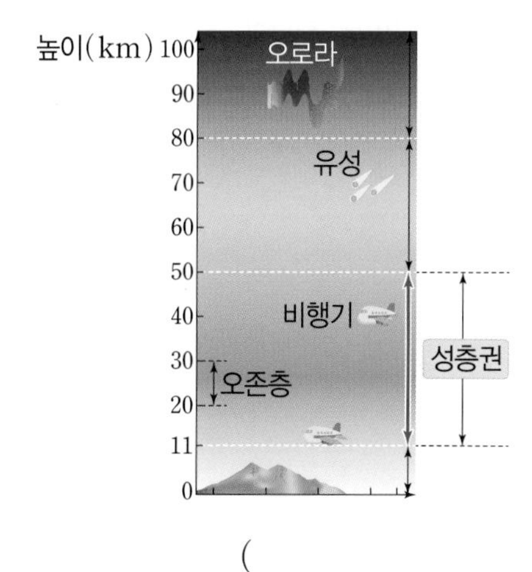

(　　　　　　　　)

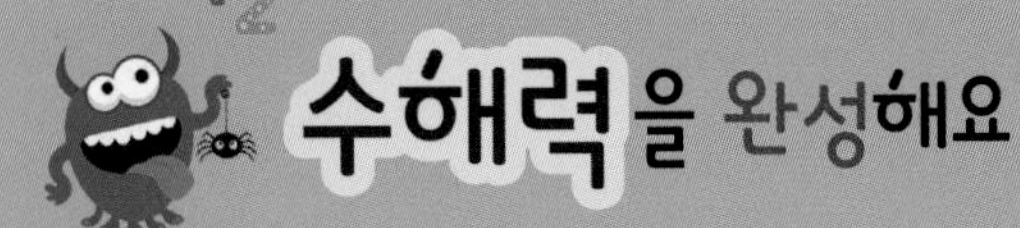

대표 응용 1 부분의 길이로 전체 길이 구하기

풀 전체의 길이는 풀 뚜껑 길이의 4배입니다. 풀 전체의 길이는 몇 cm 몇 mm인가요?

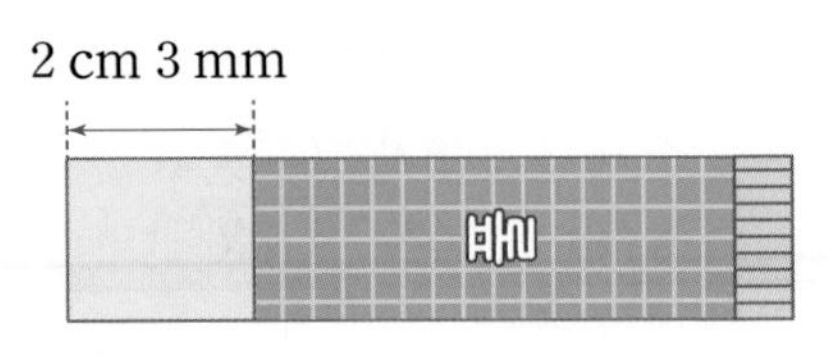

해결하기

1단계 풀 뚜껑의 길이는 2 cm 3 mm이고 풀 전체의 길이는 풀 뚜껑 길이의 4배이므로

(풀 전체의 길이)

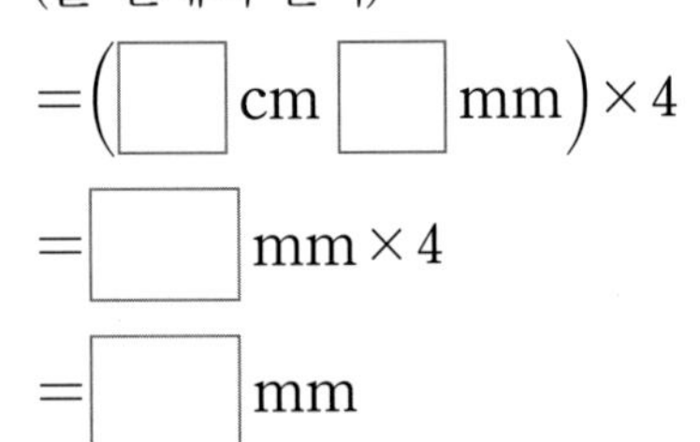

$=(\square\text{ cm }\square\text{ mm})\times 4$

$=\square\text{ mm}\times 4$

$=\square\text{ mm}$

2단계 10 mm는 1 cm이므로 풀 전체의 길이는

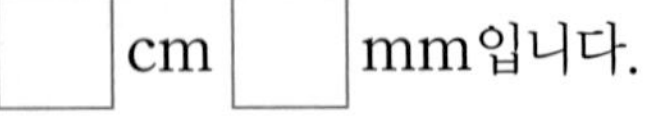

$\square$ cm $\square$ mm입니다.

1-1

연필 전체의 길이는 지우개 길이의 7배입니다. 연필 전체의 길이는 몇 cm 몇 mm인가요?

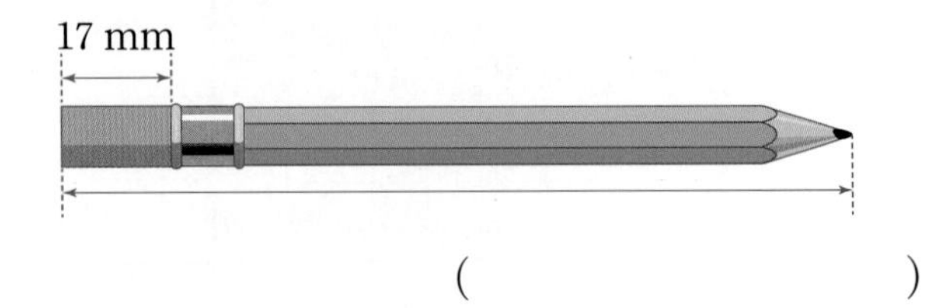

( )

1-2

막대 사탕 전체의 길이는 사탕알 길이의 2배보다 3 mm 더 깁니다. 막대 사탕 전체의 길이는 몇 cm 몇 mm인가요?

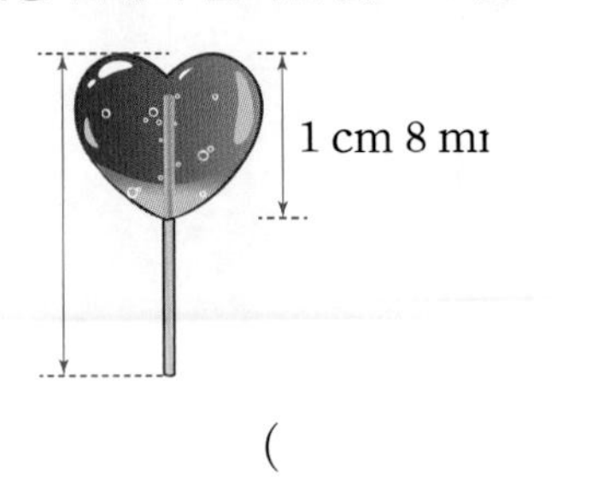

( )

1-3

면봉 전체의 길이는 양쪽 면봉 솜 길이의 합보다 4 cm 7 mm 더 깁니다. 면봉 전체 길이는 몇 mm인가요?

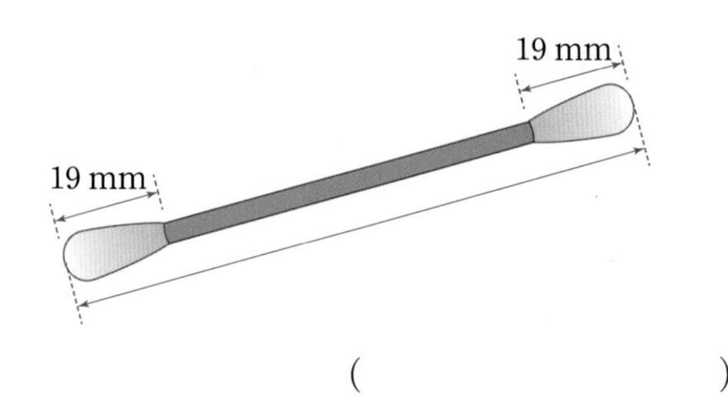

( )

1-4

빨대 전체의 길이는 컵 길이의 2배보다 2 mm 더 깁니다. 빨대 전체의 길이는 몇 cm인가요?

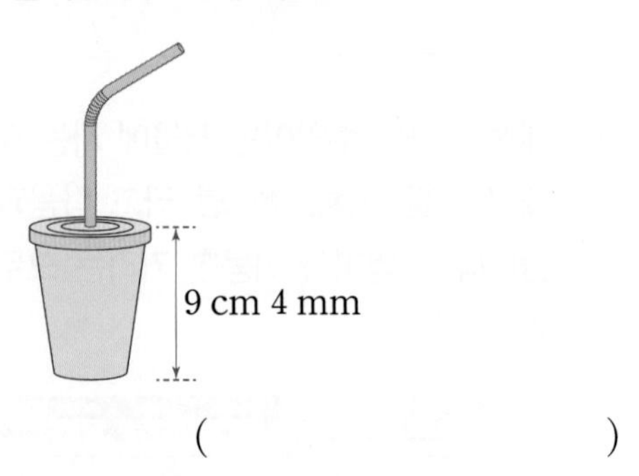

( )

대표 응용 **2**

두 지점 사이의 거리 구하기

㉠에서 ㉡까지의 거리는 몇 m인가요?

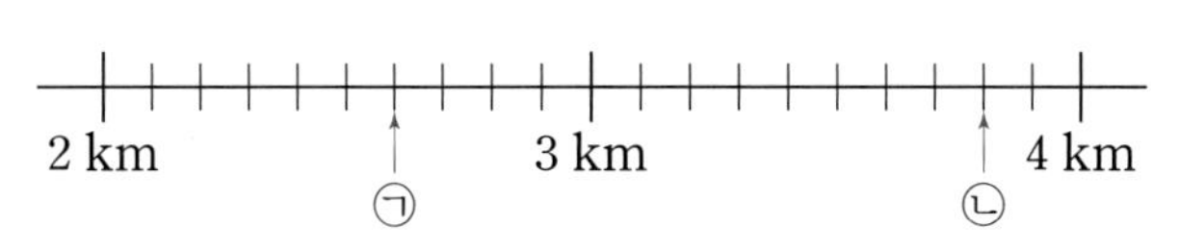

해결하기

1단계 수직선의 작은 눈금 한 칸의 크기를 계산합니다. 수직선의 작은 눈금 한 칸은 1 km를 똑같이 ☐ 으로 나눈 것 중의 한 칸이므로 ☐ m를 나타냅니다.

2단계 두 지점 사이는 작은 눈금 ☐ 칸이므로 ㉠에서 ㉡까지의 거리는 ☐ m입니다.

2-1

㉠에서 ㉡까지의 거리는 몇 m인가요?

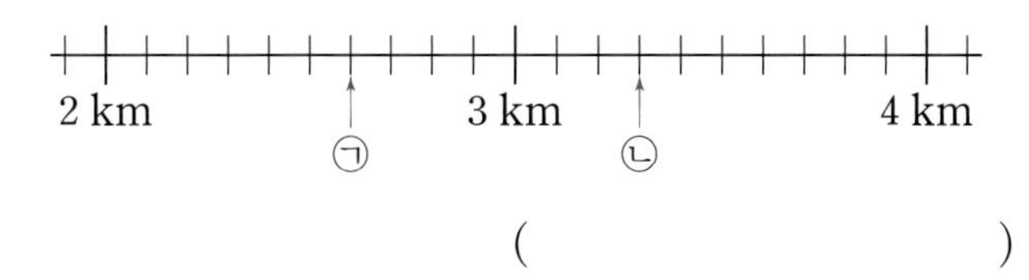

( )

2-2

㉠에서 ㉡까지의 거리는 몇 km 몇 m인가요?

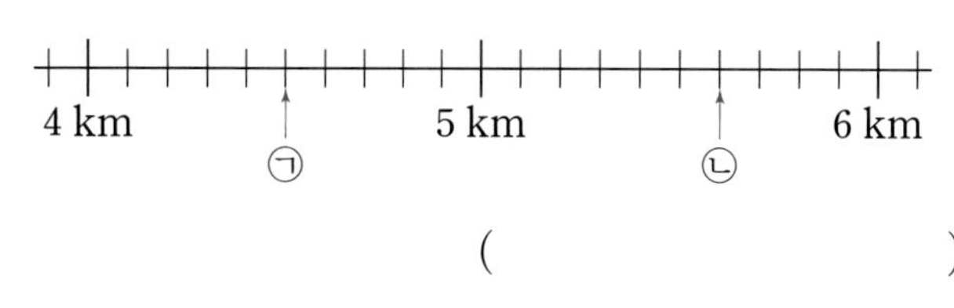

( )

2-3

㉠에서 ㉡까지의 거리는 몇 km인가요?

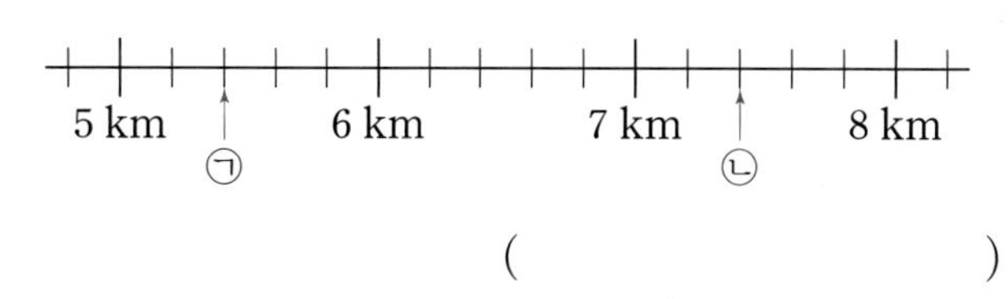

( )

2-4

㉠에서 ㉡까지의 거리는 몇 km인가요?

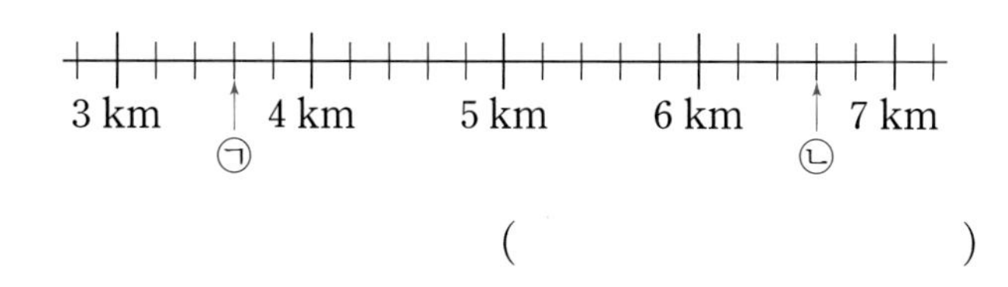

( )

개념 1 길이를 어림하고 재어 보기

이미 배운
길이 어림하기(약 □ cm)

• 길이가 숫자가 적힌 눈금 사이에 있을 때는 가까이에 있는 쪽의 숫자를 읽으며, 숫자 앞에 '약'을 붙여서 말해요.

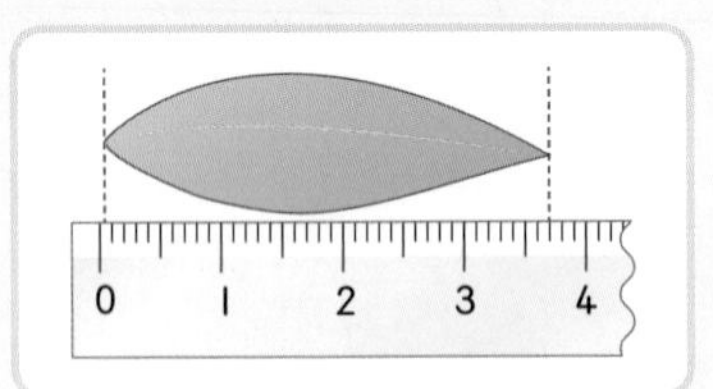

나뭇잎의 길이는 4 cm에 더 가까우므로 약 4 cm라고 해요.

• 엄지손톱의 폭은 약 1 cm이므로 손톱의 폭으로 어림할 수 있어요.

새로 배울 길이를 어림하고 재어 보기 (□ cm □ mm)

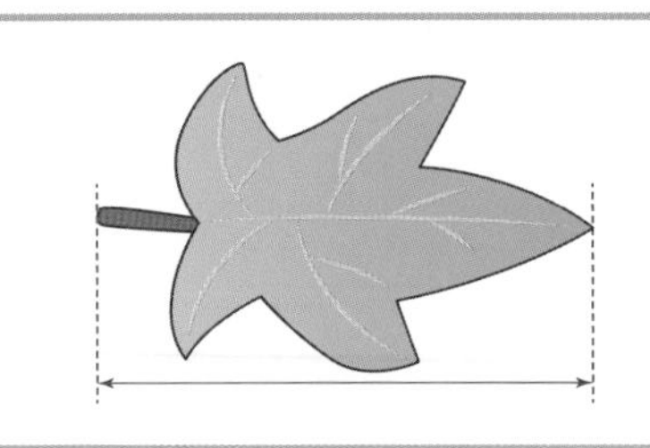

나뭇잎의 길이는 몇 mm일까요?

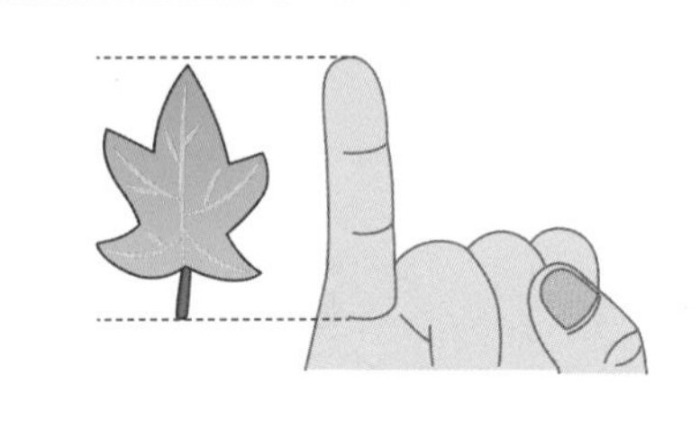

새끼손가락의 길이가 약 4 cm이므로 나뭇잎의 길이는 약 40 mm로 어림할 수 있어요.

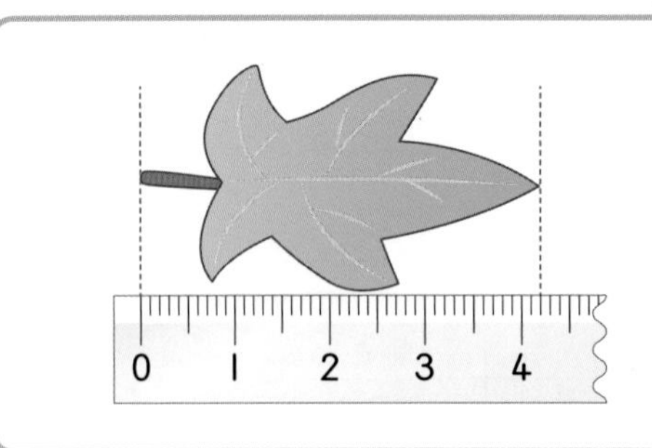

나뭇잎의 길이를 자로 재어 보면 4 cm 2 mm이므로 42 mm예요.

물건	➡	어림한 길이	➡	자로 잰 길이
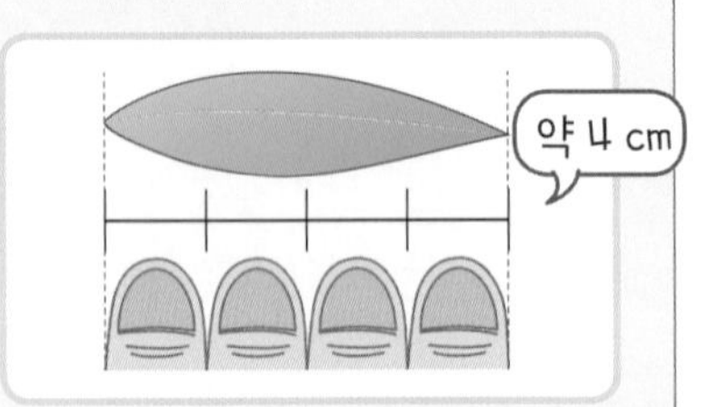		약 90 mm		10 cm 2 mm

💡 어림한 길이와 자로 잰 길이를 비교함으로써 실제에 가깝게 어림하는 연습을 해 보세요.

[알맞은 길이 단위 선택하기]

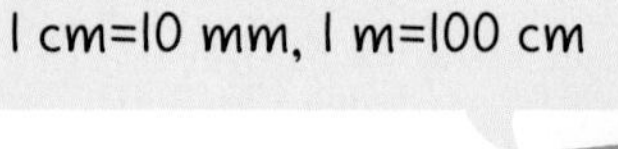

• 버스의 길이는 약 12 (mm , cm , (m))입니다.

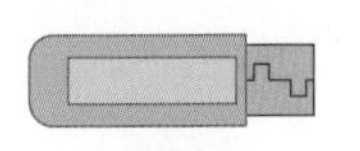

• USB의 긴 쪽의 길이는 약 42 ((mm) , cm , m)입니다.

• 세탁기의 높이는 약 90 (mm , (cm) , m)입니다.

한 뼘, 양팔 간격, 키 등의 신체 길이와 주어진 대상의 길이를 비교하여 어림할 수 있어요.

개념 2 거리 어림하기

이미 배운 거리 어림하기

• 양팔로 책상 사이의 거리 어림하기

한 책상에서 다른 책상까지의 거리는 양팔간격이니까 약 2 m예요.

줄자로 거리를 재면 두 책상 사이의 거리는 1 m 90 cm 예요.

새로 배울 지도에서 거리 어림하기

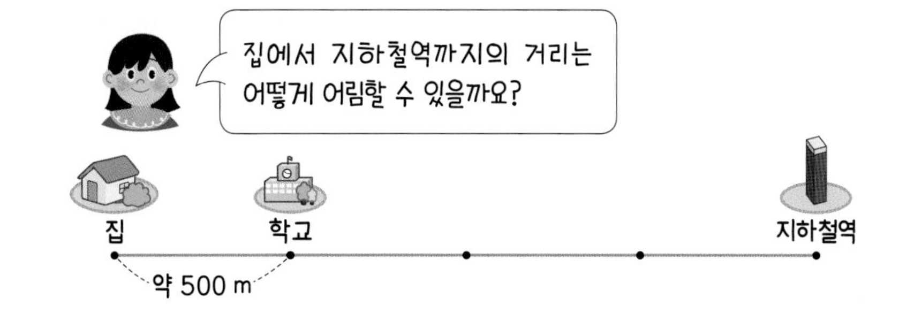

집에서 학교까지의 거리는 약 500 m이고
집에서 지하철역까지의 거리는
집에서 학교까지의 거리의 4배입니다.
(집에서 지하철역까지의 거리)
=500 m+500 m+500 m+500 m
=2000 m=2 km

↓

집에서 지하철역까지의 거리는 약 2 km예요.

기준이 되는 거리를 정하면 거리를 쉽게 어림할 수 있어요.

1000 m=1 km

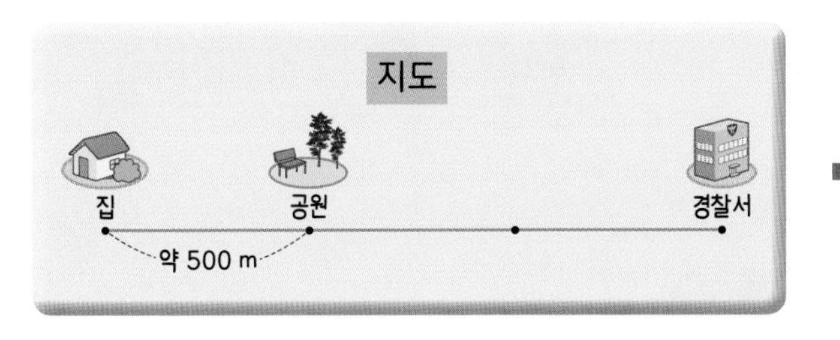

➡ 집에서 공원까지의 거리가 약 500 m이므로 집에서 경찰서까지의 거리는 약 1500 m또는 약 1 km 500 m 라고 어림할 수 있어요.

구하고자 하는 거리에서 기준이 되는 거리가 몇 번 들어가는지 세어 거리를 어림해 보세요.

[알맞은 거리 단위 선택하기]

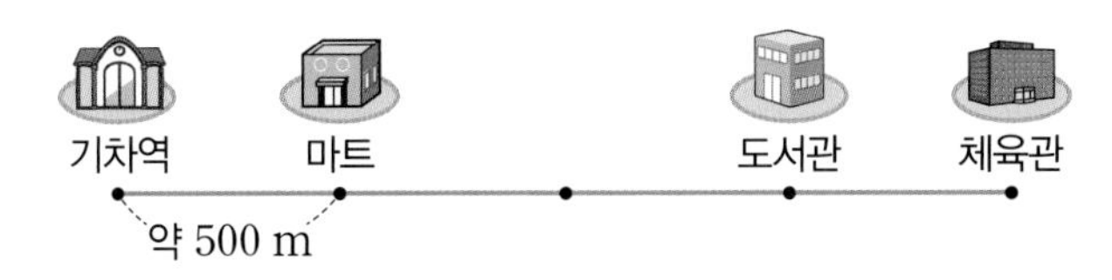

• 기차역에서 마트까지의 거리는 약 500 (cm , (m), km)입니다.
• 기차역에서 도서관까지의 거리는 약 1500 (cm , (m) , km)입니다.
• 기차역에서 체육관까지의 거리는 약 2 (cm, m , (km))입니다.

길이 단위 사이의 관계를 생각하여 알맞은 단위를 고를 수 있어요.

수해력을 확인해요

• 길이를 어림하고 자로 재어 보기

어림한 길이: 약 5 cm

자로 잰 길이: 5 cm 4 mm

• 알맞은 길이 단위 고르기

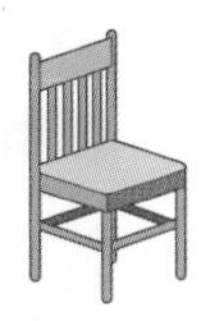

의자의 높이는 약 68 ☐ 입니다.

mm	(cm)	m	km

01~03 길이를 어림하고 자로 재어 보세요.

01

어림한 길이: 약 ☐ cm

자로 잰 길이: ☐ cm ☐ mm

02

어림한 길이: 약 ☐ cm

자로 잰 길이: ☐ cm ☐ mm

03

어림한 길이: 약 ☐ cm

자로 잰 길이: ☐ cm ☐ mm

04~07 ☐ 안에 알맞은 단위를 찾아 ○표 하세요.

04

털실의 두께는 약 4 ☐ 입니다.

mm	cm	m	km

05

기린의 키는 약 5 ☐ 입니다.

mm	cm	m	km

06

운동화의 길이는 약 230 ☐ 입니다.

mm	cm	m	km

07

한라산의 높이는 약 2 ☐ 입니다.

mm	cm	m	km

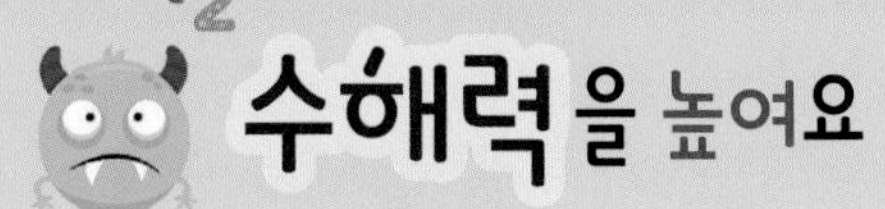

01 수해력 문제집의 긴 쪽의 길이를 어림하고 자로 재어 확인해 보세요.

	어림한 길이	자로 잰 길이
긴 쪽		

02 놀이 기구 탑승 키 제한에 대한 안내문입니다. □ 안에 들어갈 알맞은 단위를 써 보세요.

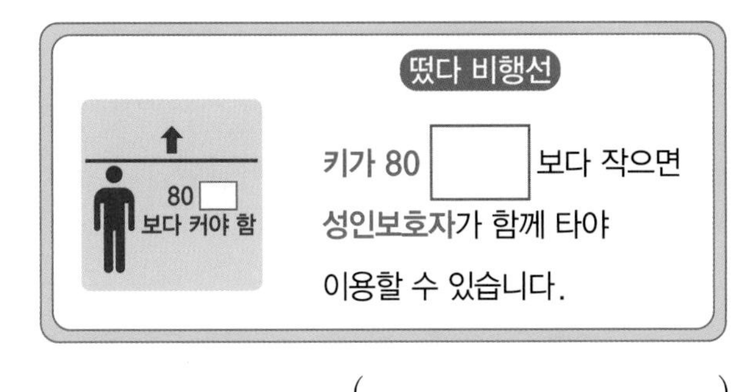

(　　　　　　　　)

03 보기 에서 알맞은 길이를 골라 문장을 완성해 보세요.

보기

약 5000 m, 약 140 km, 약 200 cm

(1) 줄넘기의 길이는 □ 입니다.

(2) 서울과 대전 사이의 거리는 □ 입니다.

04 고속도로 안내판을 보고 □ 안에 공통으로 들어갈 알맞은 길이 단위를 써 보세요.

(　　　　　　　　)

05 다음 중 길이를 나타낸 단위가 잘못된 것을 찾아 기호를 써 보세요.

㉠ 세면대의 높이는 약 750 cm입니다.
㉡ 공원의 산책로의 길이는 약 4 km입니다.
㉢ 눈썰매장의 길이는 약 130 m입니다.

(　　　　　　　　)

06 집에서 약 1 km 떨어진 곳에 있는 장소는 어느 곳인가요?

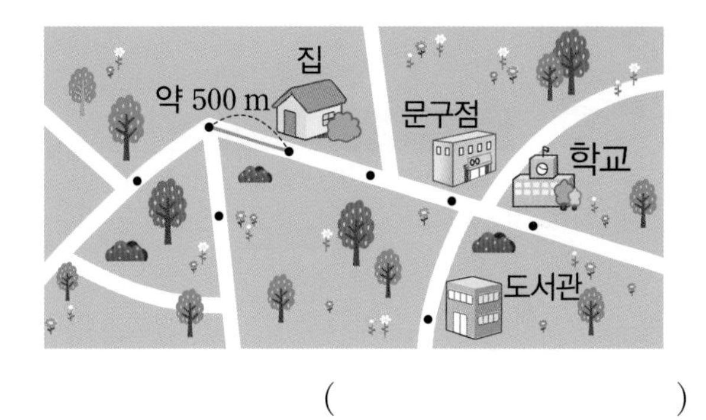

(　　　　　　　　)

07 교과 융합

다음은 우리나라의 대표적인 민요인 경기도 아리랑의 가사 중 일부입니다.

아리랑 아리랑 아라리요
아리랑 고개로 넘어간다
나를 버리고 가시는 님은
십리도 못가서 발병난다

노래 가사에 등장하는 '리'는 아주 오랜 옛날부터 쓰인 거리의 단위입니다. 조선시대에 1리는 약 400 m였습니다. 이때를 기준으로 3리는 약 몇 km 몇 m인가요?

약 (　　　　　　　　)

수해력을 완성해요

대표 응용 1 길이를 어림하고 재어 보기

연수와 현규가 색연필의 길이를 어림했습니다. 자로 색연필의 실제 길이를 재어 보고 누가 더 잘 어림했는지 써 보세요.

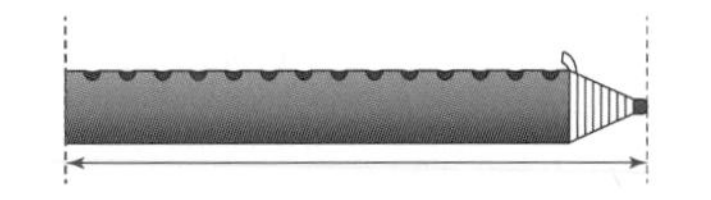

연수가 어림한 길이: 약 3 cm
현규가 어림한 길이: 약 6 cm

해결하기

1단계

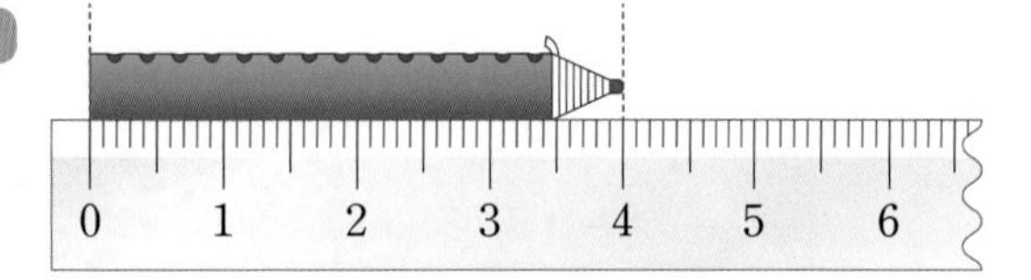

색연필의 길이를 자로 재면 ☐ cm입니다.

2단계 색연필의 실제 길이는 3 cm와 6 cm 중 ☐ cm에 더 가까우므로 (연수 , 현규)가 더 잘 어림했습니다.

1-1

지성이와 우빈이가 색연필의 길이를 어림했습니다. 자로 색연필의 실제 길이를 재어 보고 누가 더 잘 어림했는지 써 보세요.

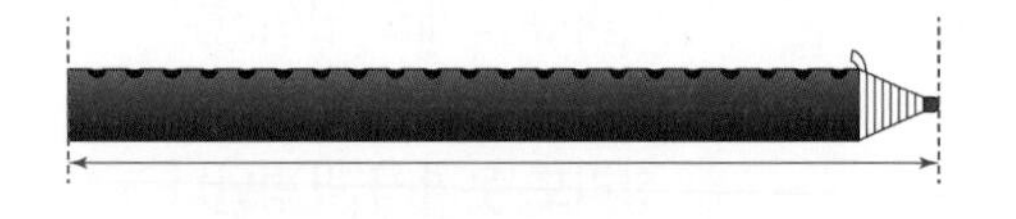

지성이가 어림한 길이: 약 3 cm
우빈이가 어림한 길이: 약 5 cm

색연필의 실제 길이는 ☐ cm이므로 (지성 , 우빈)이가 더 잘 어림했습니다.

1-2

지연이와 태현이가 사탕의 길이를 어림했습니다. 자로 사탕의 실제 길이를 재어 보고 누가 더 잘 어림했는지 써 보세요.

지연이가 어림한 길이: 약 6 cm
태현이가 어림한 길이: 약 4 cm 9 mm

사탕의 실제 길이는 ☐ cm ☐ mm이므로 (지연 , 태현)이가 더 잘 어림했습니다.

1-3

민호와 수호가 머리핀의 길이를 어림했습니다. 자로 머리핀의 실제 길이를 재어 보고 누가 더 잘 어림했는지 써 보세요.

민호가 어림한 길이: 약 2 cm
수호가 어림한 길이: 약 3 cm

머리핀의 실제 길이는 ☐ cm ☐ mm이므로 (민호 , 수호)가 더 잘 어림했습니다.

대표 응용 **2**

거리 구하기

다음은 지하철 노선도입니다. ㉠역에서 ㉢역까지의 거리가 1 km일 때 지하철을 타고 ㉤역에서 ㉨역까지 이동하는 거리는 몇 km인가요? (단, 이웃하는 두 역 사이의 거리는 모두 같습니다.)

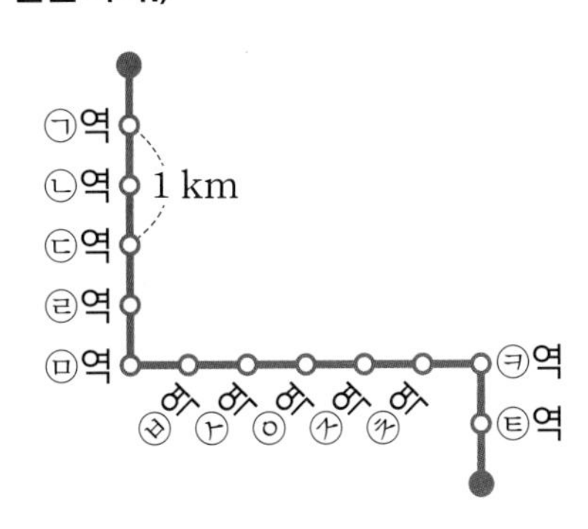

해결하기

1단계 ㉠역에서 ㉢역까지의 거리는 1 km이고 ☐개의 역을 가야 합니다.

2단계 ㉤역에서 ㉨역까지 ☐개의 역을 가야 하므로 두 역 사이의 거리는 ☐km입니다.

2-1

다음은 지하철 노선도입니다. ㉠역에서 ㉢역까지의 거리가 1 km일 때 지하철을 타고 ㉡역에서 ㉧역까지 이동하는 거리는 몇 km인가요? (단, 이웃하는 두 역 사이의 거리는 모두 같습니다.)

(　　　　　　　　)

2-2

다음은 지하철 노선도입니다. ㉠역에서 ㉢역까지의 거리가 2 km일 때 지하철을 타고 A역에서 ㉦역까지 이동하는 거리는 몇 km인가요? (단, 이웃하는 두 역 사이의 거리는 모두 같습니다.)

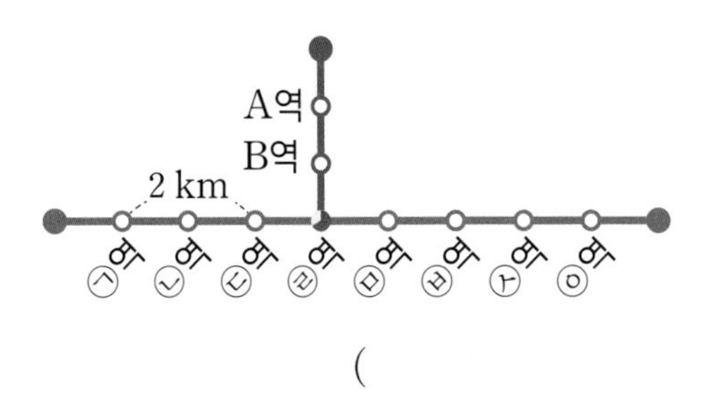

(　　　　　　　　)

2-3

다음은 지하철 노선도입니다. C역에서 E역까지의 거리가 1 km일 때 지하철을 타고 ㉠역에서 ㉥역까지 이동하는 거리는 몇 km 몇 m인가요? (단, 이웃하는 두 역 사이의 거리는 모두 같습니다.)

(　　　　　　　　)

2-4

다음은 지하철 노선도입니다. ㉠역에서 ㉢역까지의 거리가 1 km일 때 지하철을 타고 ㉢역에서 ㉩역까지 이동하는 거리는 몇 km 몇 m인가요? (단, 이웃하는 두 역 사이의 거리는 모두 같습니다.)

(　　　　　　　　)

3. 1초와 시간의 덧셈, 뺄셈

개념 1 1초와 60초 알아보기

이미 배운 시간의 단위(□분)

짧은바늘, 긴바늘이 있어요.

긴바늘이 가리키는 작은 눈금 한 칸은 1분을 나타내요.

시계가 나타내는 시각은 9시 12분이에요.

새로 배울 시간의 단위 (□초)

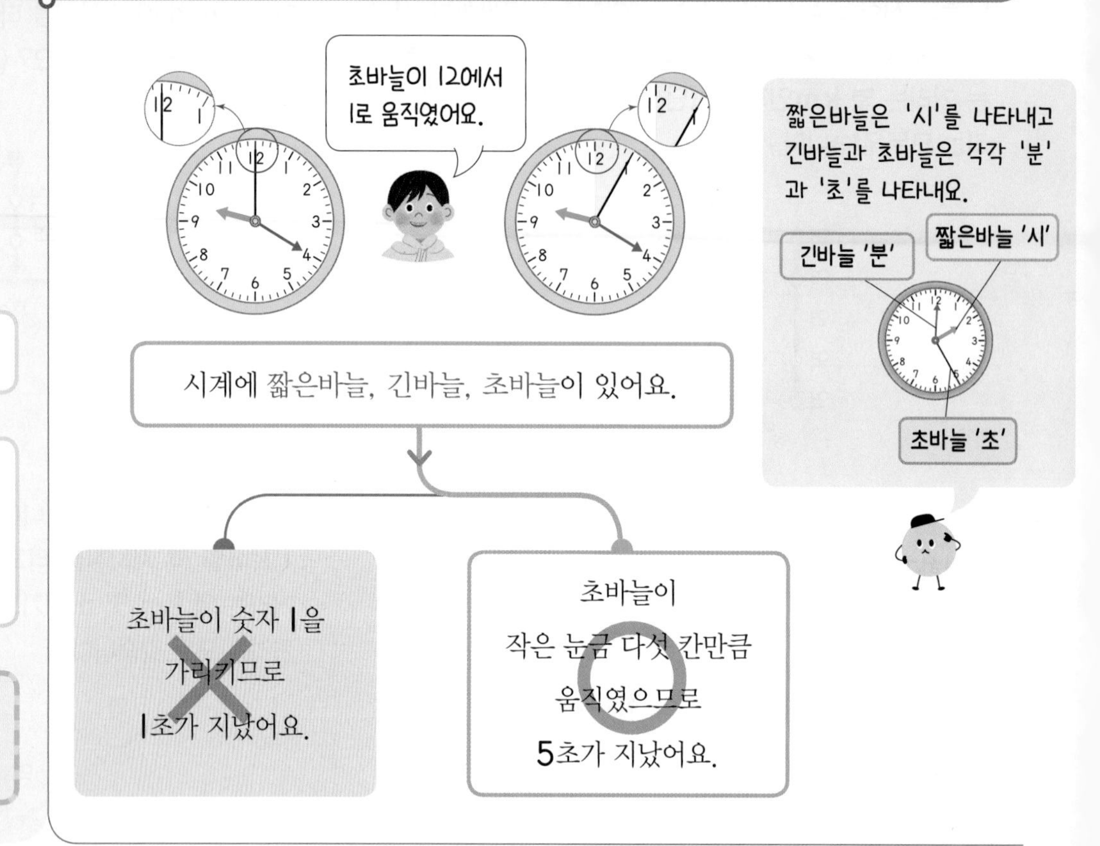

시계에 짧은바늘, 긴바늘, 초바늘이 있어요.

초바늘이 숫자 1을 가리키므로 1초가 지났어요. (×)

초바늘이 작은 눈금 다섯 칸만큼 움직였으므로 5초가 지났어요. (○)

작은 눈금 1칸=1초

초바늘이 작은 눈금 한 칸을 가는 동안 걸리는 시간을 1초라고 해요.

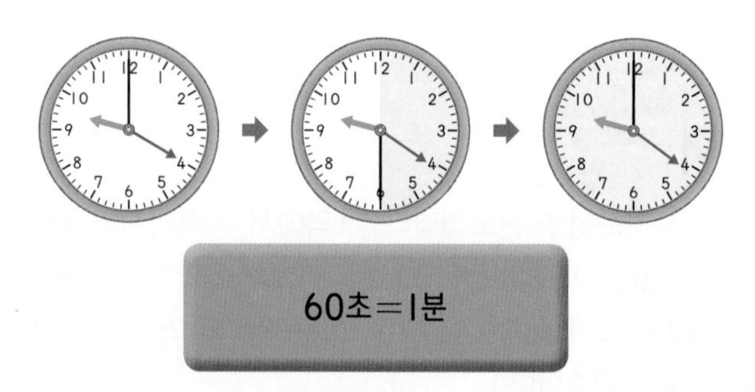

60초=1분

초바늘이 시계를 한 바퀴 도는 데 걸리는 시간은 60초예요.

[초 단위의 시간 어림하기]

"똑딱"이라고 말하는 데는 약 1초가 걸려요.

횡단보도를 건널 때 신호등에 30초 동안 초록색 불이 들어와요.

전자레인지에 삼각김밥을 데우는 데 20초가 걸려요.

개념 2 초 단위까지 시각 읽기

이미 배운 시각 읽기

짧은바늘, 긴바늘이 있어요.

↓

짧은바늘이 5와 6 사이에 있으므로 5시예요.

↓

긴바늘이 7을 가리키므로 35분이에요.

↓

시계가 나타내는 시각은 5시 35분이에요.

새로 배울 초 단위까지 시각 읽기

시계의 초바늘이 가리키는 숫자가 1씩 커짐에 따라 나타내는 초는 5초씩 커져요.

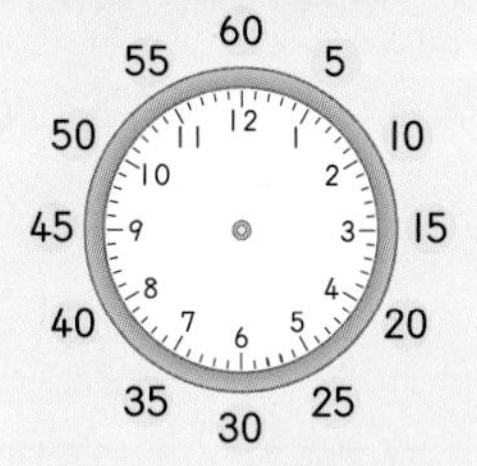

시각을 읽을 때는 시, 분, 초의 순서로 읽어요.

시계가 나타내는 시각은 4시 5분 50초예요. ✗

짧은바늘은 숫자 4와 5 사이에 있으므로 4시예요.

긴바늘은 숫자 10을 지났으므로 50분이에요.

초바늘은 숫자 1을 가리키므로 5초예요.

4시 50분 5초예요. ○

5의 단 곱셈구구를 통해 몇 초인지 빠르게 읽을 수 있어요.

1 ×5 → 5초
2 ×5 → 10초
3 ×5 → 15초
4 ×5 → 20초

↑ 초바늘이 가리키는 숫자

짧은바늘이 8과 9 사이에 있으므로 8시 → 긴바늘이 숫자 2를 지나 작은 눈금 3칸 더 간 곳에 있으므로 13분 → 초바늘이 숫자 4를 가리키므로 20초 → 시, 분, 초를 순서대로 읽으면 8시 13분 20초

시각을 읽을 때는 시 → 분 → 초 순서로 읽어요.

[시간을 분과 초로 나타내기]

(1) 90초를 □분 □초로 나타내기

60초=1분

90초=60초+30초

=1분 30초

(2) 2분을 □초로 나타내기

1분=60초

2분=60초+60초

=120초

□분과 △초의 크기를 비교할 때 시간 단위를 분 또는 초로 통일하여 비교해요.

예 4분과 200초의 비교

4분(=240초)>200초

개념 3 받아올림이 없는 시간의 덧셈 알아보기

이미 배운 시간의 덧셈

• 11시 10분에서 1시간 40분 후의 시각 구하기

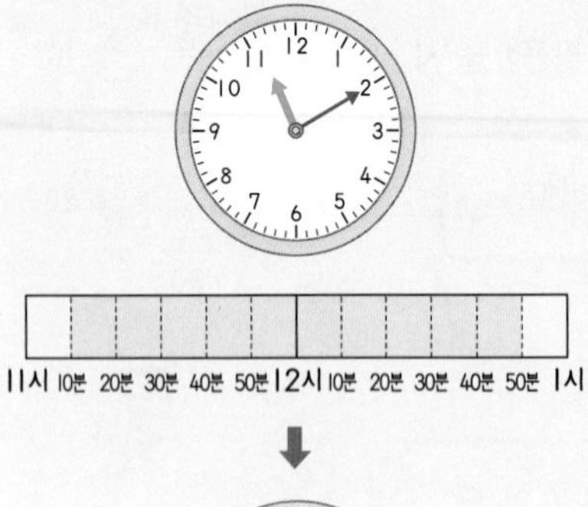

12시 50분이에요.

새로 배울 시간의 덧셈

8분 25초+1시간 10분

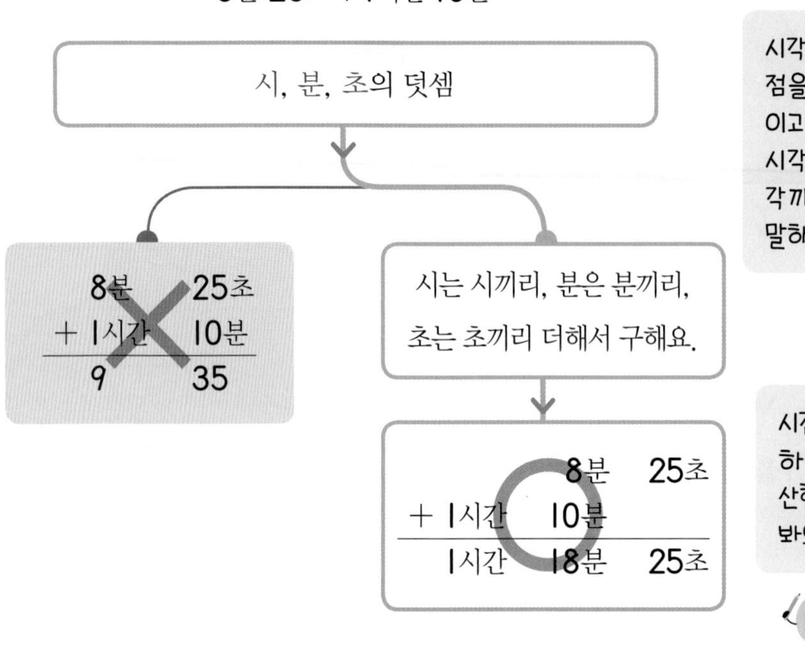

시각은 어느 한 시점을 나타내는 것이고, 시간은 어떤 시각에서 어떤 시각까지의 사이를 말해요.

시간의 합을 어림하여 바르게 계산했는지 확인해 봐요.

1시간 23분 2초 후

2시	25분	52초
+ 1시간	23분	2초
3시	48분	54초

시간을 더할 때에는 초 단위부터 같은 단위끼리 순서대로 더해요.

[받아올림이 없는 시간의 덧셈]

(1) 11시 20분에서 2분 20초 후의 시각 구하기

11시	20분	
+	2분	20초
11시	22분	20초

~후의 시각은 시간의 덧셈으로 계산해요.
(시각)+(시간)=(시각)이에요.

(2) 1시간 5분 30초가 지나고 4시간 40분 25초가 더 지났을 때의 시간 구하기

1시간	5분	30초
+ 4시간	40분	25초
5시간	45분	55초

(시간)+(시간)=(시간)이에요.

개념 4 받아올림이 있는 시간의 덧셈 알아보기

이미 배운 시간의 덧셈

- 7시 50분에서 10분 후의 시각 구하기

긴바늘이 가리키는 숫자를 이용해 5분씩 뛰어 세어요.

5분 5분

8시예요.

새로 배울 시간의 덧셈

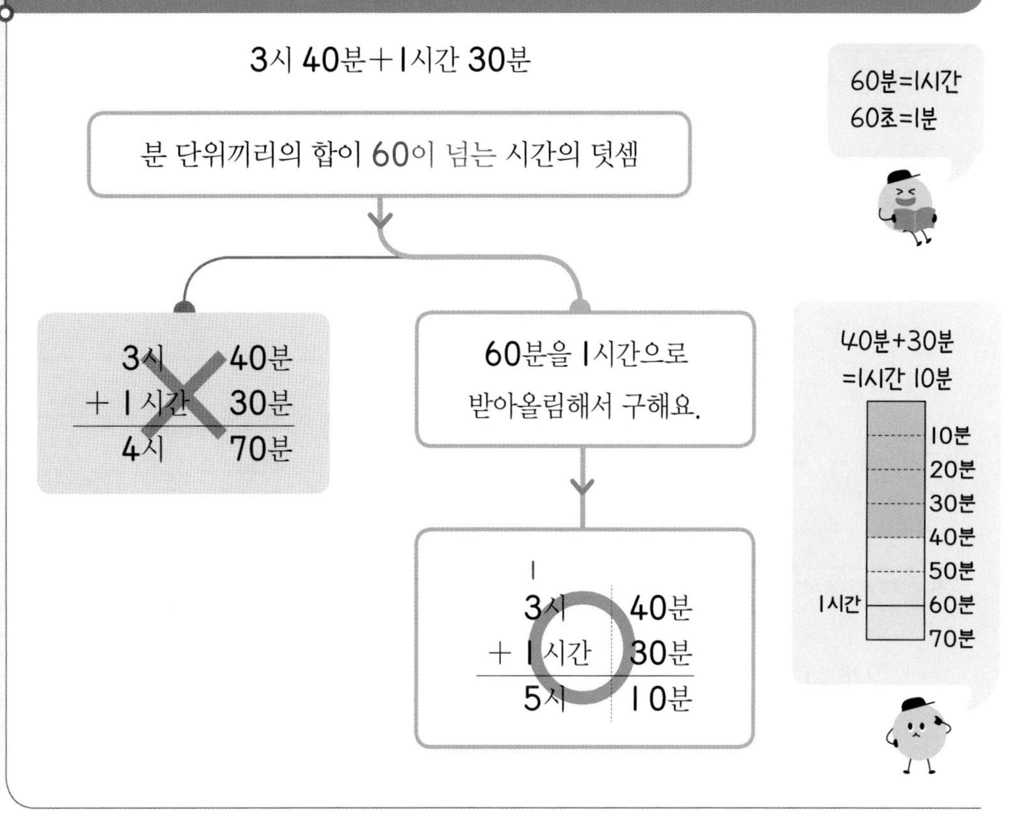

➡

➡

	1	1	
	2시	25분	55초
+	1시간	40분	50초
	4시	6분	45초

초 단위나 분 단위끼리의 합이 60이거나 60보다 크면 60초를 1분, 60분을 1시간으로 받아올림해요.

[받아올림이 있는 시간의 덧셈]

(1) 10시 45분에서 30분 5초 후의 시각 구하기

	1		
	10시	45분	
+		30분	5초
	11시	15분	5초

(2) 8시간 7분 30초와 6시간 20분 50초의 전체 시간 구하기

		1	
	8시간	7분	30초
+	6시간	20분	50초
	14시간	28분	20초

개념 5 받아내림이 없는 시간의 뺄셈 알아보기

이미 배운 시간의 뺄셈

• 4시에서 1시간 20분 전의 시각 구하기

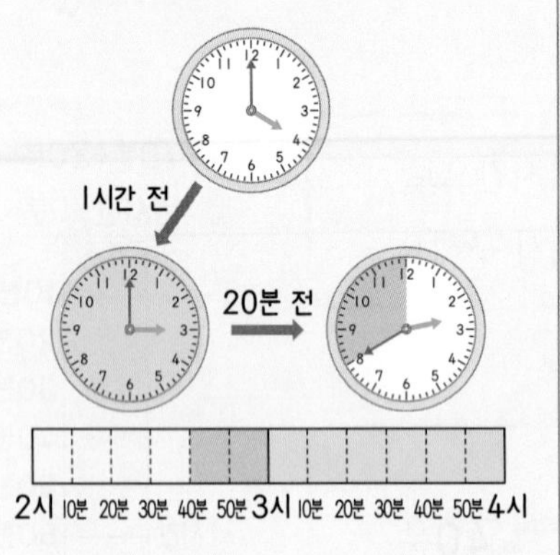

2시 40분이에요.

새로 배울 시간의 뺄셈

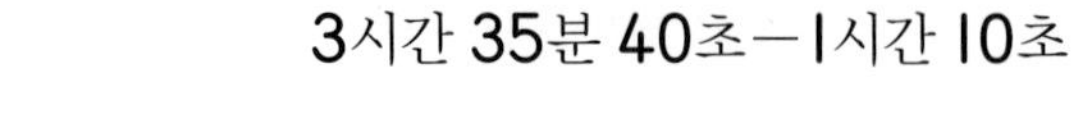

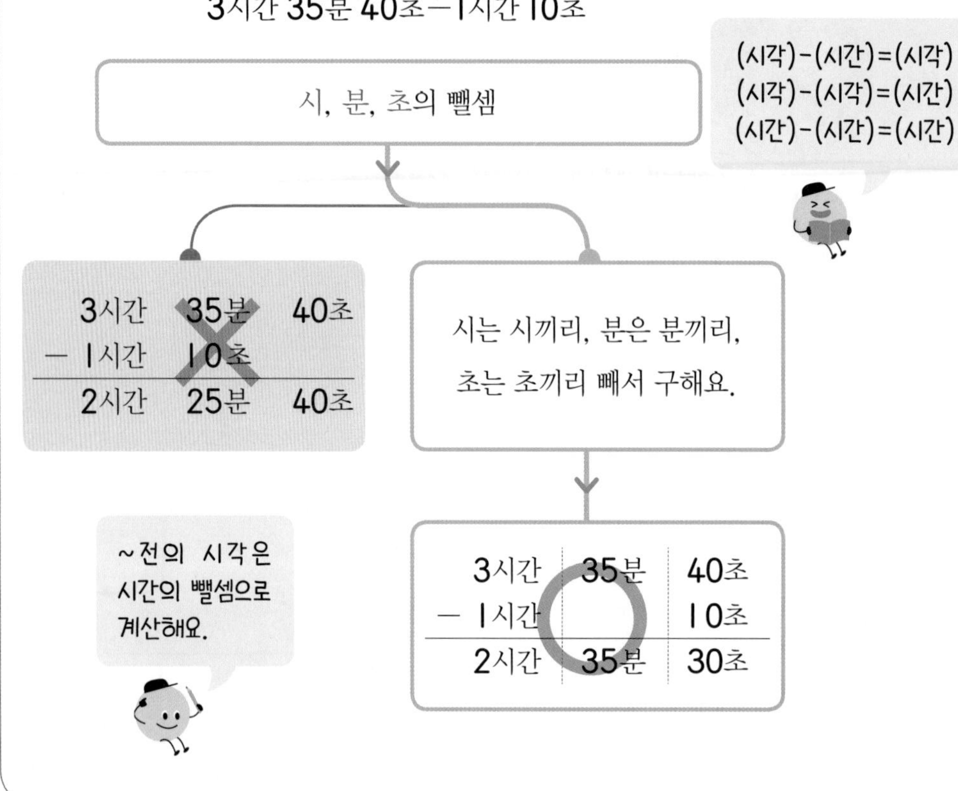

4시	46분	37초
－ 1시간	15분	22초
3시	31분	15초

시간을 뺄 때에는 초 단위부터 같은 단위끼리 순서대로 빼요.

[받아내림이 없는 시간의 뺄셈]

(1) 7시 15분 27초에서 2분 18초 전의 시각 구하기

7시	15분	27초
－	2분	18초
7시	13분	9초

(2) 18시 41분 40초에서 6시간 3분 전의 시각 구하기

18시	41분	40초
－ 6시간	3분	
12시	38분	40초

하루는 24시간이므로 밤 12시는 자정인 0시이고, 정오인 낮 12시 이후인 오후 1시는 13시, 오후 2시는 14시, 오후 3시는 15시, …예요

개념 6 받아내림이 있는 시간의 뺄셈 알아보기

이미 배운 시간의 뺄셈

• 3시 10분에서 25분 전의 시각 구하기

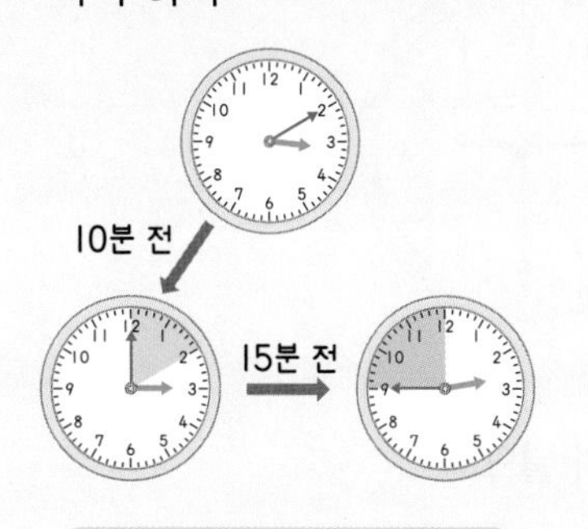

2시 45분이에요.

새로 배울 시간의 뺄셈

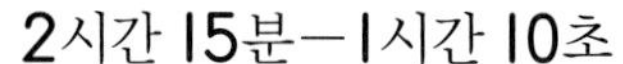

2시간 15분－1시간 10초

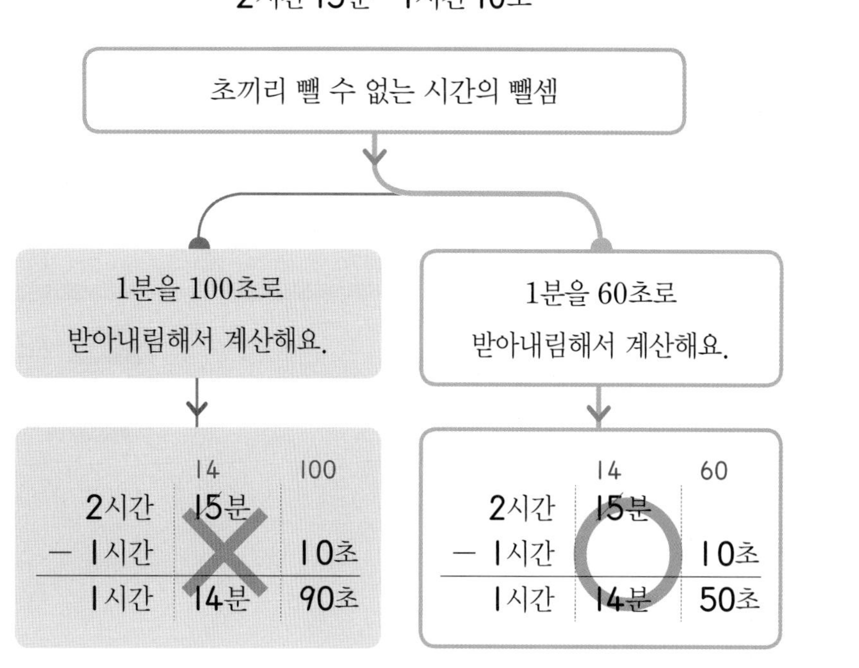

1시간 40분 20초 전

	24	60
7시	25분	15초
－ 1시간	40분	20초
		55초

➡

6	84	60
7시	25분	15초
－ 1시간	40분	20초
	44분	55초

➡

6	84	60
7시	25분	15초
－ 1시간	40분	20초
5시	44분	55초

초 단위끼리 뺄 수 없으면 1분을 60초로, 분 단위끼리 뺄 수 없으면 1시간을 60분으로 받아내림하여 계산해요.

[받아내림이 있는 시간의 뺄셈]

(1) 6시 58분 25초에서
2시간 46분 41초 전의 시각 구하기

	57	60
6시	58분	25초
－ 2시간	46분	41초
4시	11분	44초

(2) 4시 35분 20초에서
1시간 46분 30초 전의 시각 구하기

3	94	60
4시	35분	20초
－ 1시간	46분	30초
2시	48분	50초

수해력을 확인해요

• 시계의 시각 읽어 보기

5 시 50 분 40 초

• 시각에 맞게 시곗바늘 그려 넣기

2시 45분 30초

01~03 시각을 읽어 보세요.

01

□시 □분 □초

02

□시 □분 □초

03

□시 □분 □초

04~06 시곗바늘을 그려 넣으세요.

04

3시 10분 45초

05

7시 30분 15초

06

9시 55분 20초

• 시간의 덧셈하기

	1	1	
	3시간	36분	55초
+	1시간	30분	30초
	5시간	7분	25초

• 시간의 뺄셈하기

	4	60	
	~~5~~시간	25분	26초
−	2시간	40분	17초
	2시간	45분	9초

07 ~ 14 □ 안에 알맞은 수를 써넣으세요.

07

	3 시간	14 분	52 초
+	5 시간	41 분	47 초
	□시간	□분	□초

11

	2 시간	36 분	45 초
−	1 시간	11 분	27 초
	□시간	□분	□초

08

	7 시간	32 분	39 초
+	8 시간	21 분	24 초
	□시간	□분	□초

12

	7 시간	21 분	5 초
−	5 시간	35 분	13 초
	□시간	□분	□초

09

	3 시간	18 분	32 초
+	2 시간	59 분	42 초
	□시간	□분	□초

13

	9 시간	7 분	48 초
−	2 시간	12 분	26 초
	□시간	□분	□초

10

	8 시간	14 분	27 초
+	3 시간	13 분	23 초
	□시간	□분	□초

14

	9 시간	15 분	9 초
−	6 시간	34 분	26 초
	□시간	□분	□초

수해력을 높여요

01 다음과 같이 초바늘이 작은 눈금 다섯 칸을 지나는 데 걸리는 시간을 써 보세요.

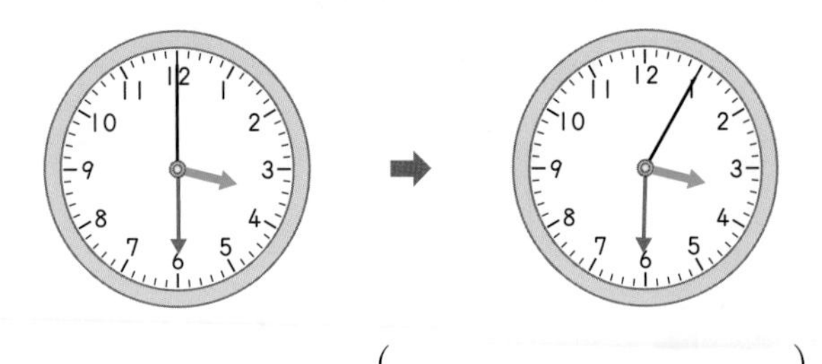

( )

02 시계의 초바늘은 10분 동안 시계를 몇 바퀴 도는지 써 보세요.

( )

03 1초 동안 할 수 있는 일을 모두 찾아 기호를 써 보세요.

㉠ '네'라고 말하기
㉡ 양치질하기
㉢ 문제집 한 권 풀기
㉣ 손뼉 한 번 치기

( )

04 다음은 호영이와 친구들의 100 m 수영 기록입니다. 기록이 가장 빠른 친구의 이름을 써 보세요.

호영	민수	수아
105초	1분 10초	115초

( )

05 일정한 빠르기로 달리는 기차가 있습니다. 이 기차가 1 km를 달리는 데 20초가 걸린다면 5 km를 가는 데 몇 분 몇 초가 걸리는지 구해 보세요.

( )

06 빈 곳에 알맞은 시각을 써넣으세요.

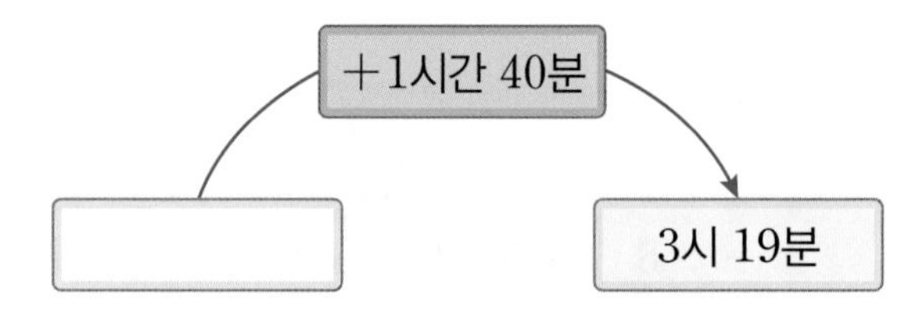

07 수빈이는 영화관에서 2시 30분부터 1시간 45분 동안 상영하는 영화를 보았습니다. 영화가 끝난 시각을 시계에 나타내 보세요.

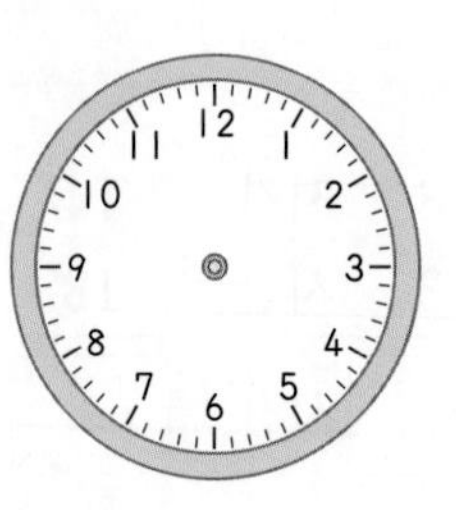

08 태호는 버스를 타고 대전에서 광주로 갔습니다. 대전에서 출발한 시각과 광주에 도착한 시각을 보고 대전에서 광주까지 가는 데 걸린 시간은 몇 시간 몇 분인지 구해 보세요.

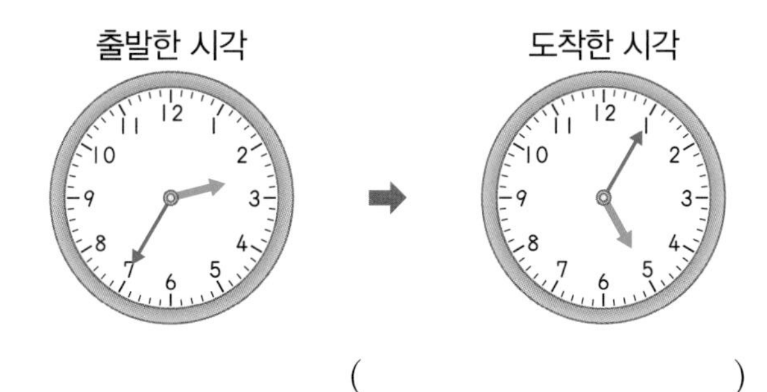

( )

09 마라톤 대회에 참가한 수정이가 결승점에 도착하여 시계를 보니 다음과 같았습니다. 마라톤을 시작하여 결승점까지 뛰는 데 1시간 20분 55초가 걸렸다면 마라톤을 시작한 시각은 몇 시 몇 분 몇 초인가요?

( )

10 다음은 희진이의 공부 계획표입니다. 희진이는 오전 11시 55분부터 시작하여 국어와 수학을 쉬는 시간 없이 차례로 공부하였습니다. 희진이가 공부를 마친 시각을 시계에 나타내 보세요.

과목	공부한 시간
국어	1시간 30분
수학	1시간 25분

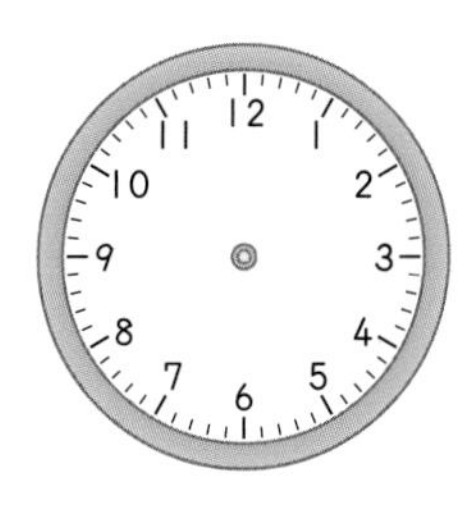

11 실생활 활용

천안 터미널에서 서울남부 터미널로 가는 시외버스 시간표입니다. 천안 터미널에서 오전 11시 50분에 출발하는 버스를 탄다면 서울남부 터미널에는 오후 몇 시에 도착하는지 구해 보세요.

출발지 천안	도착지 서울남부		2023-00-00
출발시각	소요 시간	버스 등급	요금
10:50	1시간 10분	우등	8,500원
11:50	1시간 10분	우등	8,500원
12:50	1시간 10분	우등	8,500원

( )

12 교과 융합

조선시대에는 하루를 12시진으로 나누어 시간을 표현했습니다. 1시진은 지금의 2시간과 같습니다. 또한 '분'을 읽을 때는 '각'을 사용했습니다. 1각은 지금의 15분쯤 됩니다.

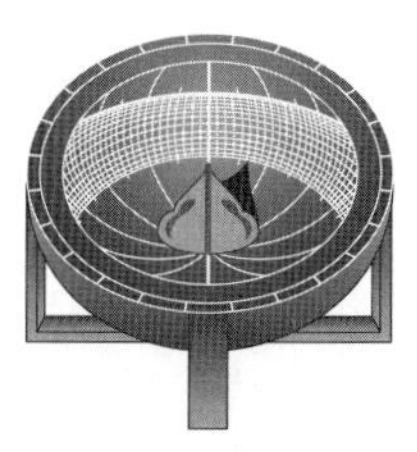

앙부일부는 조선 세종대왕이 시진과 각을 고려하여 선을 그어 만든 해시계입니다. 이때 2시진 2각은 약 몇 시간 몇 분인가요?

약 ( )

수해력을 완성해요

대표 응용 **1**

걸린 시간 구하기

버스 승차권을 보고 새샘 마을에서 한뜰 마을로 가는 데 걸리는 시간은 몇 분인지 구해 보세요.

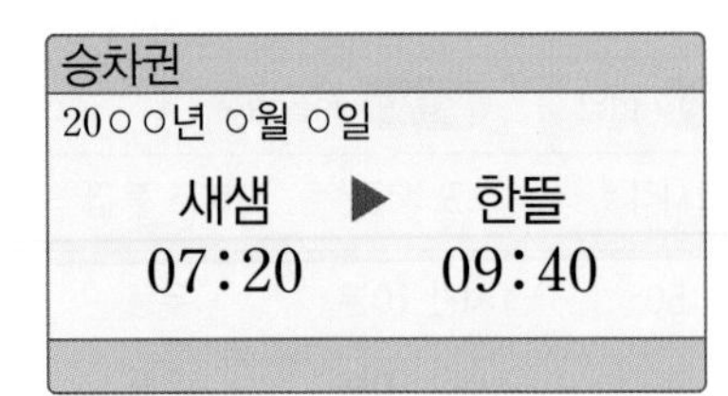

해결하기

1단계 (걸리는 시간)=(도착 시각)−(출발 시각)
=9시 40분−7시 20분
=□시간 □분

2단계 1시간은 60분이므로 □시간 □분은 □분과 같습니다. 따라서 새샘 마을에서 한뜰 마을로 가는 데 걸리는 시간은 □분입니다.

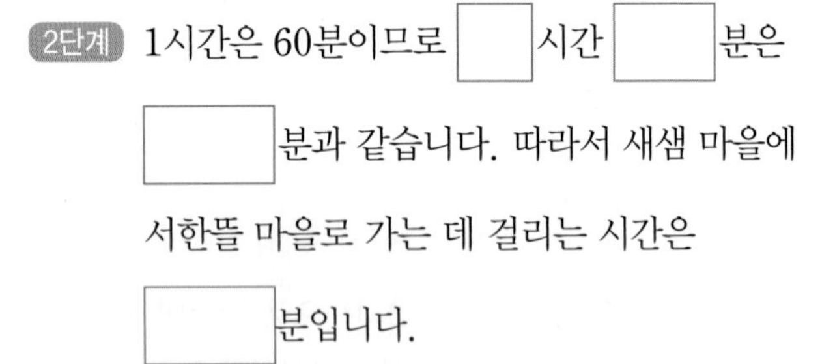

1-1

버스 승차권을 보고 한별 마을에서 해들 마을로 가는 데 걸리는 시간은 몇 분인지 구해 보세요.

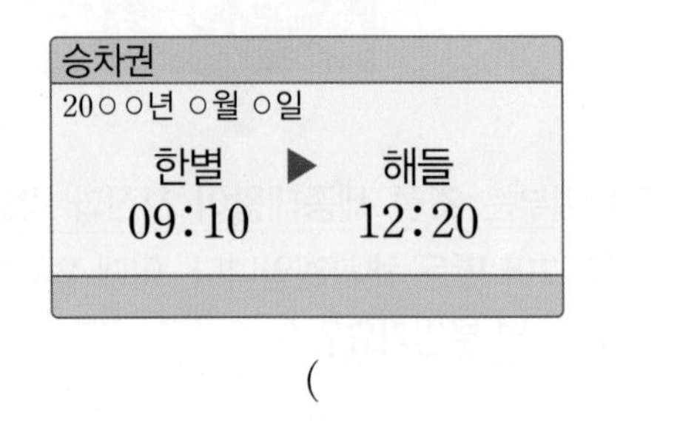

(　　　　　　　　)

1-2

버스 승차권을 보고 소담 마을에서 누리 마을로 가는 데 걸리는 시간은 몇 분인지 구해 보세요.

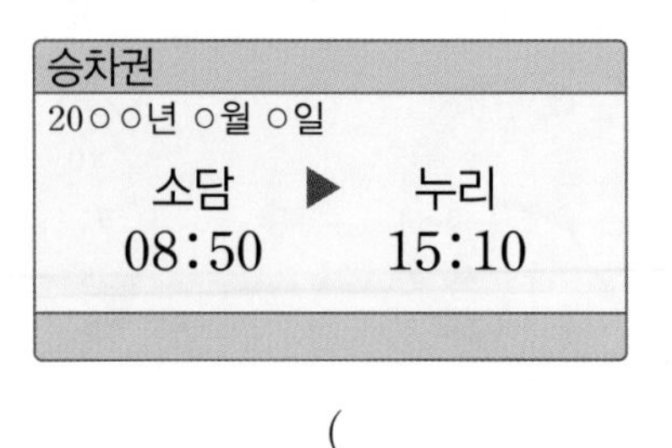

(　　　　　　　　)

1-3

버스 승차권을 보고 파리에서 브뤼셀로 가는 데 걸리는 시간은 몇 시간 몇 분인지 구해 보세요.

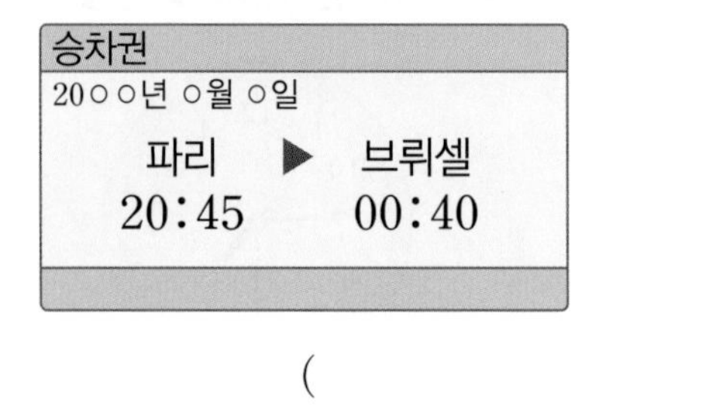

(　　　　　　　　)

1-4

버스 승차권을 보고 베를린에서 뮌헨으로 가는 데 걸리는 시간은 몇 시간 몇 분인지 구해 보세요.

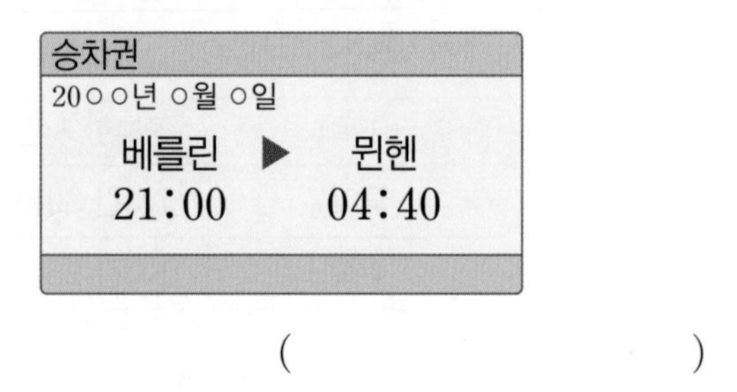

(　　　　　　　　)

대표 응용 2

밤의 길이 구하기

어느 날 해가 진 시각은 오후 6시 23분이고 다음 날 해가 뜬 시각은 오전 5시 52분입니다. 이날 밤의 길이는 몇 시간 몇 분인지 구해 보세요.

해결하기

1단계 밤의 길이는 해가 진 시각부터 밤 12시까지의 시간과 밤 12시부터 해가 뜬 시각까지의 시간을 더해서 구합니다.

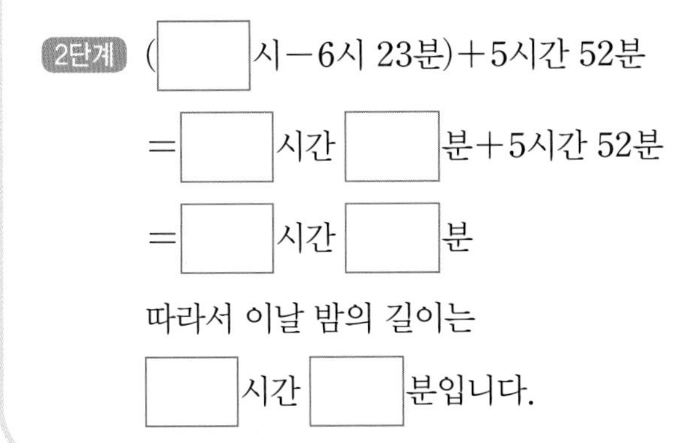

2단계 (□시−6시 23분)+5시간 52분

=□시간 □분+5시간 52분

=□시간 □분

따라서 이날 밤의 길이는

□시간 □분입니다.

2-1

어느 날 해가 진 시각은 오후 7시 5분이고 다음 날 해가 뜬 시각은 오전 6시 12분입니다. 이날 밤의 길이는 몇 시간 몇 분인지 구해 보세요.

(　　　　　　　　)

2-2

어느 날 해가 진 시각은 오후 6시 58분 45초이고 다음 날 해가 뜬 시각은 오전 6시 26분 32초입니다. 이날 밤의 길이는 몇 시간 몇 분 몇 초인지 구해 보세요.

(　　　　　　　　)

2-3

어느 날 해가 뜬 시각이 오전 5시 59분이고, 전날 밤의 길이는 10시간 15분이었습니다. 전날 해가 진 시각은 오후 몇 시 몇 분인지 구해 보세요.

(　　　　　　　　)

2-4

어느 날 해가 뜬 시각이 오전 7시 10분 12초이고, 전날 밤의 길이는 11시간 32분 17초였습니다. 전날 해가 진 시각은 오후 몇 시 몇 분 몇 초인지 구해 보세요.

(　　　　　　　　)

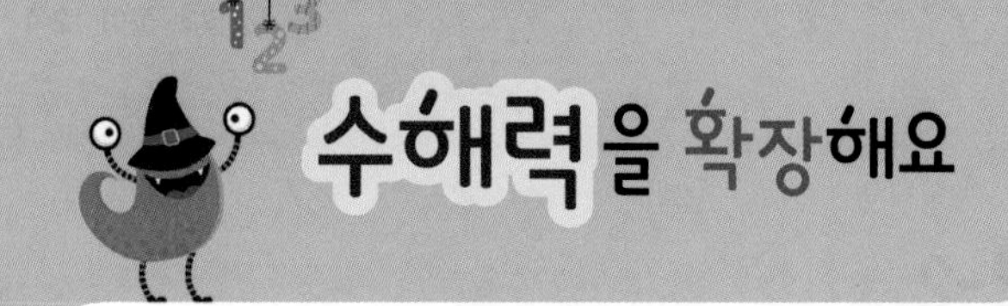

세계의 시각

선영이는 비행기를 타고 호주 시드니에 사는 이모를 만나러 가는 중이에요.
기내에서는 다음과 같은 방송이 흘러나왔어요.
"우리 비행기는 호주 시드니로 가고 있습니다.
현지 시각은 오전 11시, 우리나라 시각으로는 오전 9시입니다."

활동 1 **시드니 현지 시각은 오전 11시이지만 우리나라는 오전 9시예요. 따라서 두 나라의 시각의 차는 □ 시간이에요.**

11시 − □ 시간 = 9시

나라마다 시각이 다를 수밖에 없는 건 지구가 둥글기 때문이에요. 지구가 평평했다면 전 세계에 해가 동시에 떠올라서 시차가 없었을지도 몰라요.

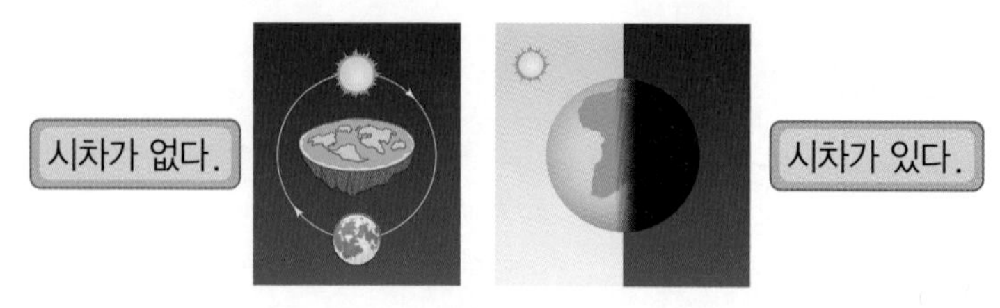

본초자오선은 영국 그리니치 천문대를 지나는 남북 방향의 상상의 선으로써 시간대의 기준이 돼요. 이 본초자오선을 기준으로 동쪽으로 갈수록 시각이 빨라지고 서쪽으로 갈수록 시각이 느려지죠. 우리나라는 중국보다 1시간, 영국보다 8시간 빠르고, 호주 시드니보다 2시간 느려요.

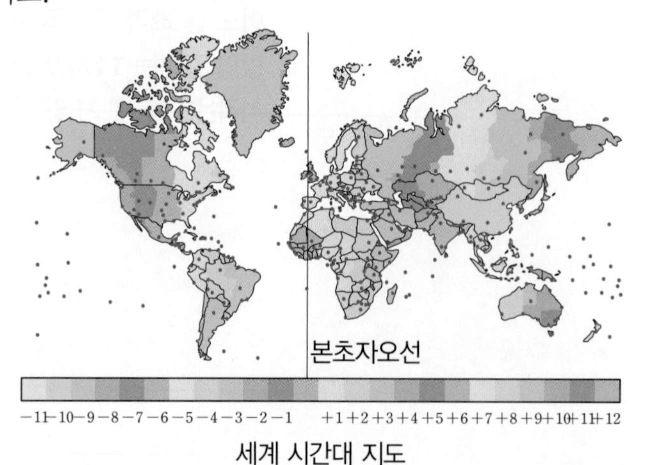

세계 시간대 지도

활동 2 대부분의 나라는 표준시끼리의 차가 서로 한 시간이 되도록 정해 놓았어요. 그래야 시차를 계산하기 편하고, 다른 나라와 교류하기도 수월해질 테니까요. 하지만 인도, 미얀마, 이란과 같이 표준시끼리의 차가 30분이 되도록 정한 나라도 있어요. 인도와 우리나라의 시차는 3시간 30분이기 때문에 인도에서 오전 8시라면 우리나라 시각으로는 3시간 30분을 더한 오전 ☐시 ☐분이 되는 거예요.

8시+3시간 30분=☐시 ☐분

활동 3 선영이는 이륙 전 모니터에 뜬 비행정보를 확인했어요.

거리	출발 시각	도착 예정 시각	비행 시간
8329 km	23일 오전 8시	23일 오후 ☐시	10시간

도착 예정 시각은 출발 시각에 비행 시간 10시간과 시차 2시간을 더해 구할 수 있어요.
도착 예정 시각은 8시+10시간+2시간=☐시예요. 즉, 오후 ☐시인 셈이죠.

활동 4 비행기에서 내린 선영이는 이모를 만났어요. 이모는 선영이에게 시드니의 여러 관광지를 보여 주겠다고 했어요. 우선 시드니 공원과 뉴사우스웨일스 대학 중 공항과 더 가까운 곳에 가기로 했어요. 선영이는 이모와 함께 즐거운 여행 계획을 세웠어요.

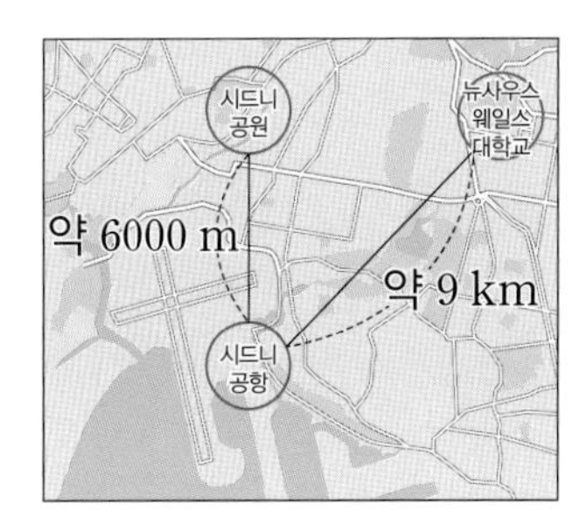

- 시드니 공항 ~ 시드니 공원: 약 6000 m
- 시드니 공항 ~ 뉴사우스웨일스 대학: 약 9 km
- 시드니 공원과 뉴사우스웨일스 대학 중 공항과 더 가까운 곳: ☐

이렇듯 시간 및 거리 계산은 전 세계 어디에서나 유용하게 쓰이고 있답니다.

03 단원

원

등장하는 주요 **수학 어휘**

원의 중심, **반지름**, **지름**

1 원 알아보기

개념 강화 학습 계획: 월 일

- **개념 1** 원의 중심 알아보기
- **개념 2** 원의 반지름 알아보기
- **개념 3** 원의 지름 알아보기
- **개념 4** 반지름과 지름의 관계 알아보기

2 원 그리기

학습 계획: 월 일

- **개념 1** 컴퍼스로 원 그리기
- **개념 2** 원으로 이루어진 모양에서 규칙 찾기

너희는 어떤 모양을 그릴 거야?

원으로 디자인 하기!

핫도그

솜사탕

나는 재미있는 모양의 안경을 그리고 싶어. 동글동글한 안경알은 이 종이컵을 본떠서 그릴 거야!

이번 3단원에서는 원과 원을 그리는 방법에 대해 배울 거예요.
이전에 배운 원을 본 떠 그리는 방법과 어떻게 다른지 생각해 보아요.

개념 1 원의 중심 알아보기

이미 배운 원을 그리는 방법

방법 ①

컵과 같은 원 모양 물건을 따라 본을 뜨면 원을 그릴 수 있어요.

방법 ②

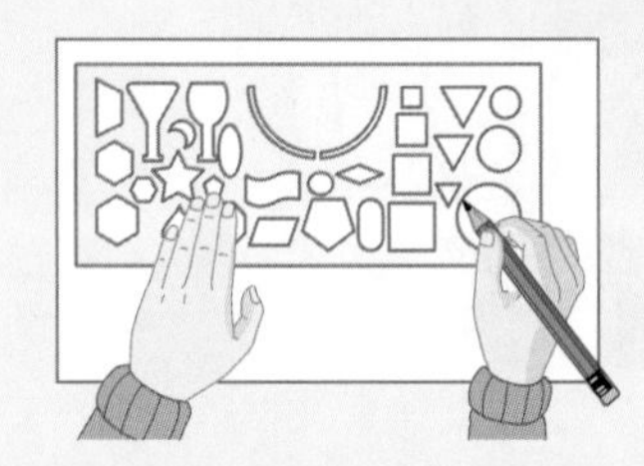

모양자에 있는 원 모양을 따라 본을 뜨면 원을 그릴 수 있어요.

새로 배울 원을 그리는 방법과 원의 중심

여러 가지 방법으로 원을 만들어 보고 원 그리기

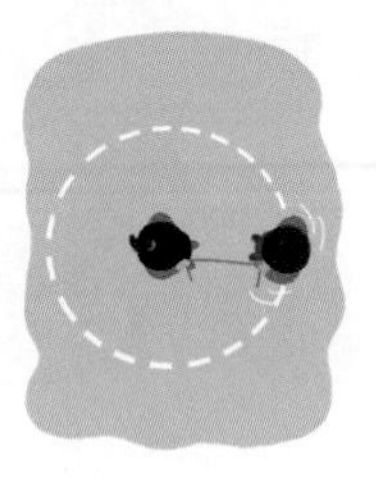

동전, 훌라후프에서 찾을 수 있는 모양을 원이라고 해요.

- 실에 단추를 매달고 빙빙 돌리면 원을 만들 수 있어요.
- 두 사람 중 한 명은 줄의 한쪽 끝을 잡고 서 있고, 다른 한 명은 반대쪽의 줄을 잡고 움직이면 원을 만들 수 있어요.

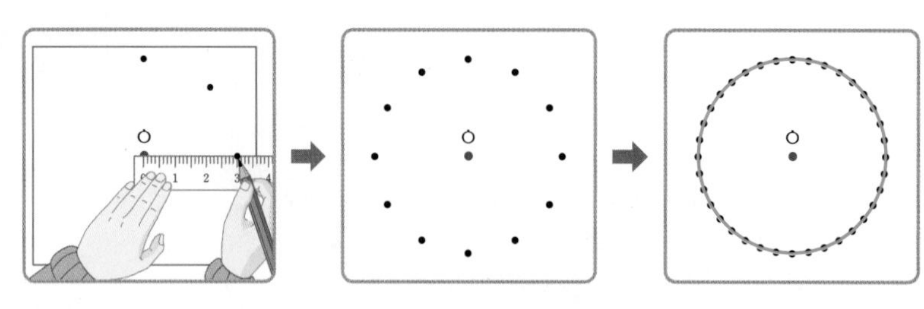

- 자를 이용하여 점 ㅇ에서 3 cm 만큼 떨어진 곳에 여러 개의 점을 찍어요.
- 같은 거리만큼 떨어진 곳에 점을 무수히 많이 찍을수록 원을 정확히 그릴 수 있어요.

원을 그릴 때에 원의 한가운데에 있는 점 ㅇ을 원의 중심이라고 합니다.

줄이나 자를 사용하여 원 그리기 ➡ 원의 한가운데 움직이지 않는 한 점 ➡ 원의 중심

[여러 가지 물건에서 원의 중심 찾기]

개념 2 원의 반지름 알아보기

이미 배운 원의 중심

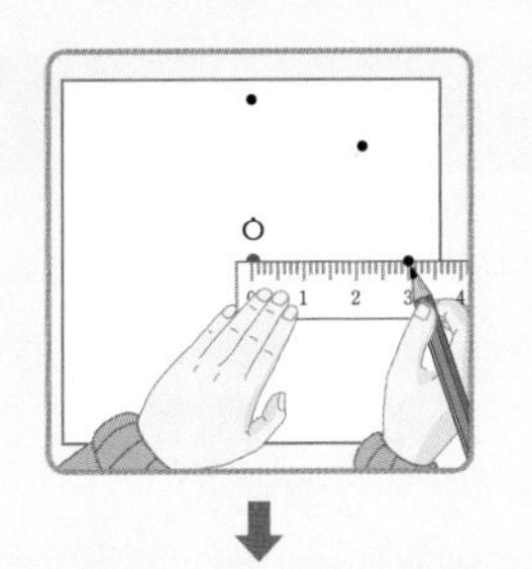

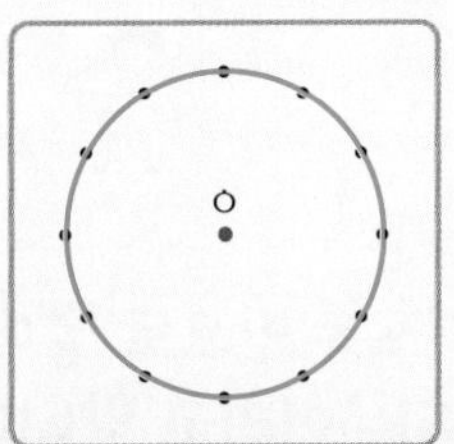

종이 한가운데 있는 빨간색 점 ㅇ은 원의 중심이에요.

새로 배울 원의 요소

• 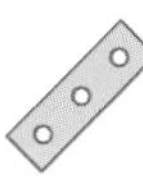 누름 못과  띠 종이를 이용하여 원을 그릴 수 있어요.

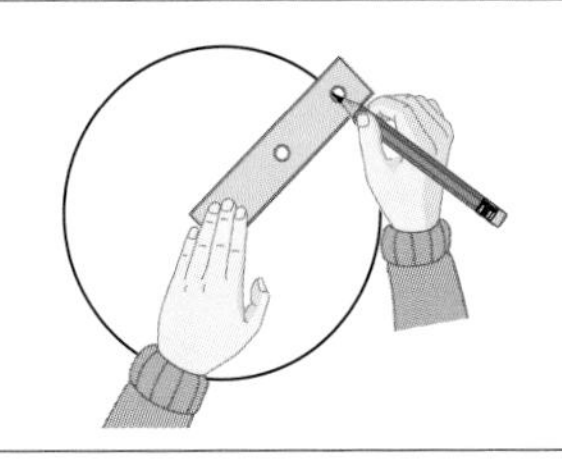	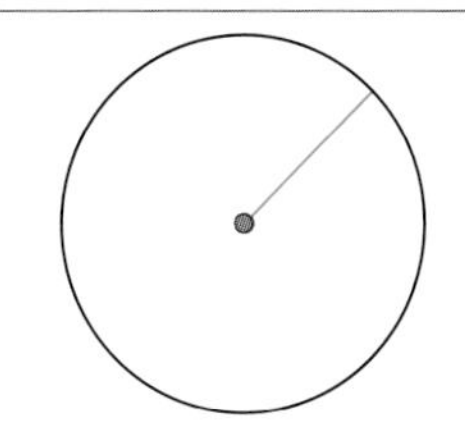	
안쪽 구멍에 연필을 넣고 돌리면 작은 원을 그릴 수 있어요.	바깥쪽 구멍에 연필을 넣고 돌리면 큰 원을 그릴 수 있어요.	원의 중심과 원 위의 한 점 사이의 거리가 멀어질수록 더 큰 원이 만들어져요.

누름 못과 연필을 끼워 넣은 두 구멍 사이의 거리에 따라 원의 크기가 달라져요.

누름 못이 꽂혔던 자리는 원의 중심이에요.

원의 중심 ㅇ과 원 위의 한 점을 이은 선분을 원의 반지름이라고 합니다.

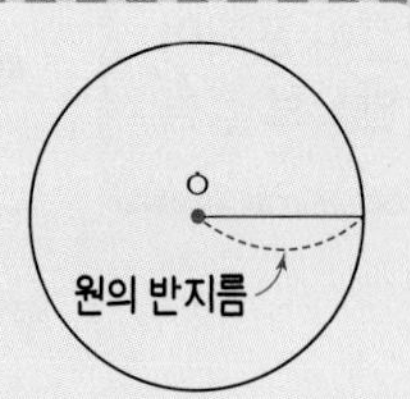

누름 못과 연필 사이의 거리 → 원의 반지름

원의 중심과 원 위의 한 점 사이의 거리 → 원의 반지름

[원의 반지름의 성질]

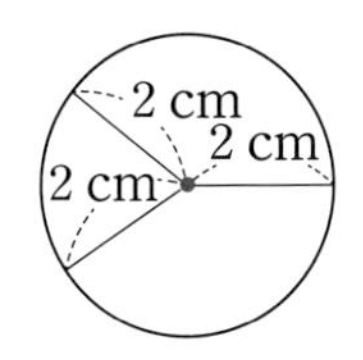

반지름을 자로 재어 봤더니 모두 2 cm예요.

한 원에서 반지름의 길이는 모두 같아요.

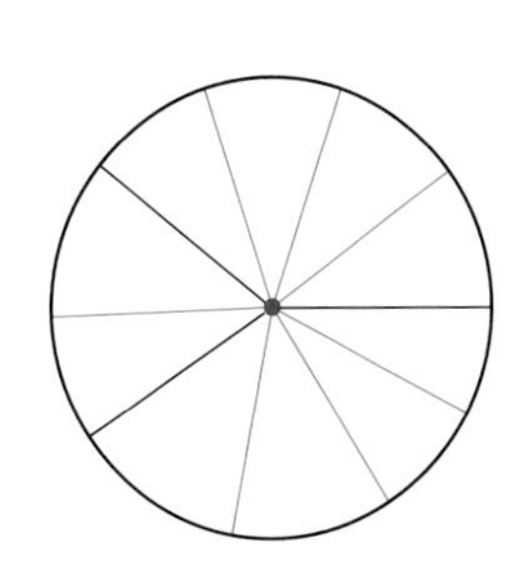

한 원에서 반지름을 10개보다 더 많이 그을 수 있어요.

한 원에서 반지름은 무수히 많이 그을 수 있어요.

개념 3 원의 지름 알아보기

이미 배운 원의 구성 요소

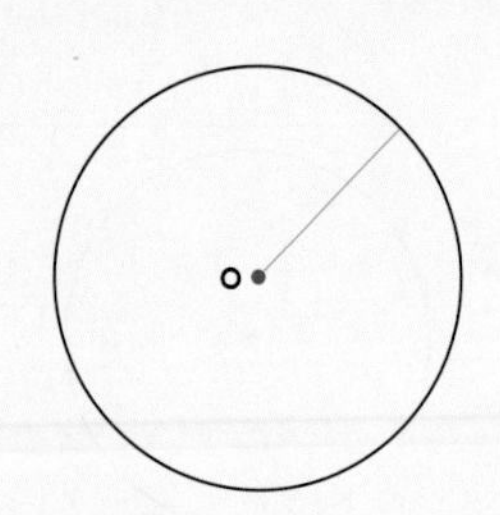

원의 한가운데에 있는 점 ㅇ은 원의 중심이고, 원의 중심 ㅇ과 원 위의 한 점을 이은 선분은 원의 반지름이에요.

새로 배울 원의 지름

• 원 모양의 종이를 여러 방향으로 반으로 접어 보세요.

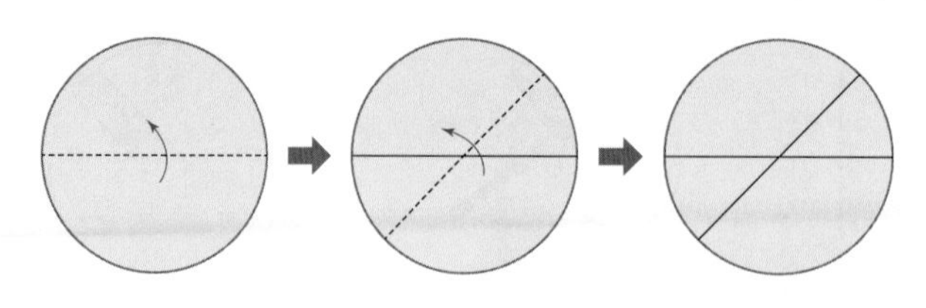

두 선분이 만나는 점이 원의 중심이에요.

원 모양의 종이를 반으로 접었더니 원의 중심을 지나는 선분이 생겼어요.

원을 완전히 포개어지도록 반으로 접어서 생기는 선분을 원의 지름이라고 합니다.

원을 완전히 포개어지도록 반으로 접음 ➡ 접었을 때 생기는 선분들이 한 점에서 만남 ➡ 원의 중심을 지나는 선분 ➡ 원의 지름

원의 지름은 원의 중심을 지나도록 원 위의 두 점을 이은 선분이에요.

[원의 지름의 성질]

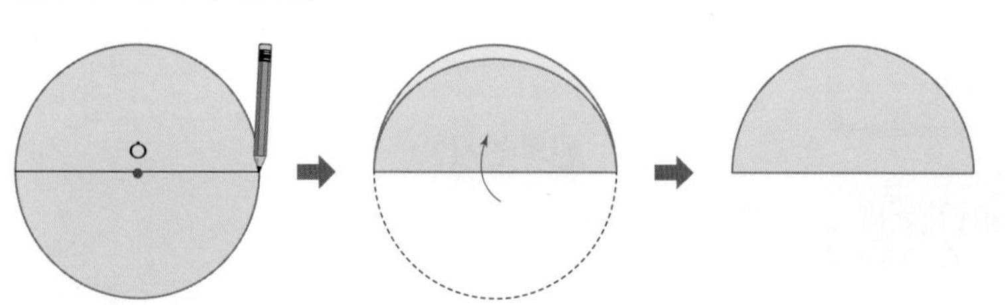

원 모양의 종이를 지름을 따라 접으면 완전히 포개어져요.

원의 지름은 원을 둘로 똑같이 나누어요.

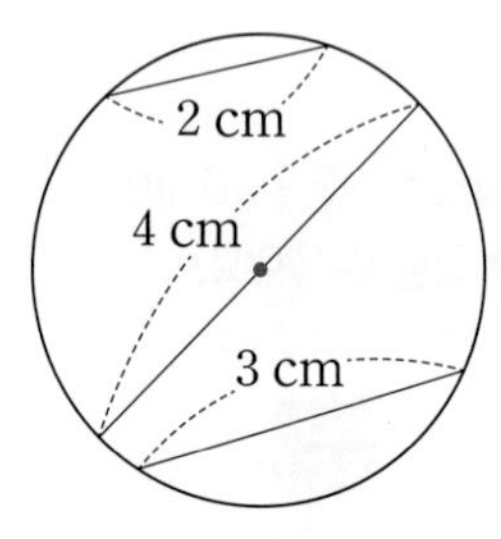

원 위의 두 점을 이은 선분의 길이를 재어 봤어요.

원의 지름은 원 위의 두 점을 이은 선분 중 길이가 가장 길어요.

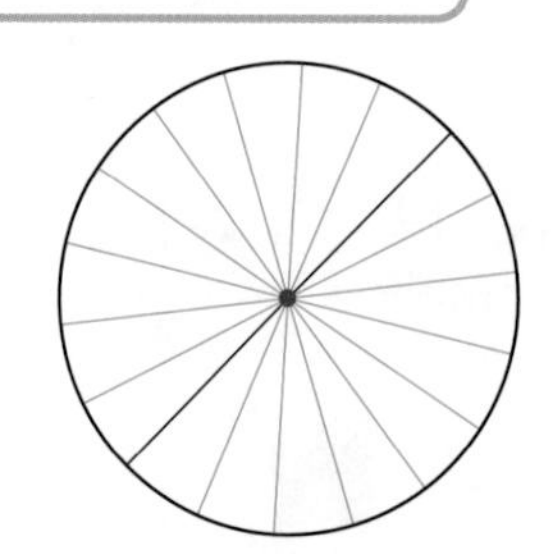

한 원에서 지름을 10개보다 더 많이 그을 수 있어요.

한 원에서 지름은 무수히 많이 그을 수 있어요.

개념 4 반지름과 지름의 관계 알아보기

이미 배운 반지름과 지름

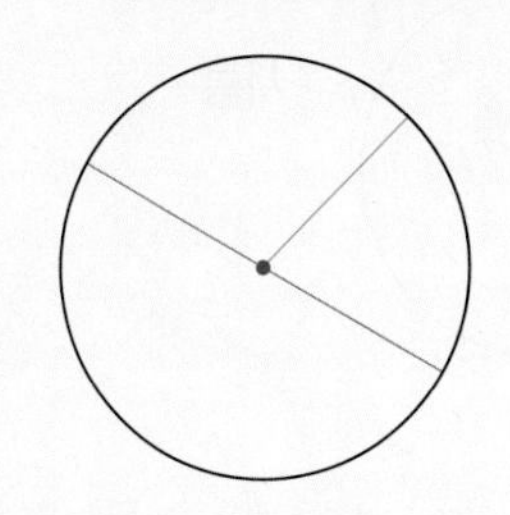

원의 중심과 원 위의 한 점을 이은 선분은 원의 반지름이고, 원 위의 두 점을 이은 선분 중 원의 중심을 지나는 선분은 원의 지름이에요.

새로 배울 반지름과 지름의 관계

• 원의 반대편으로 반지름을 늘여 보세요.

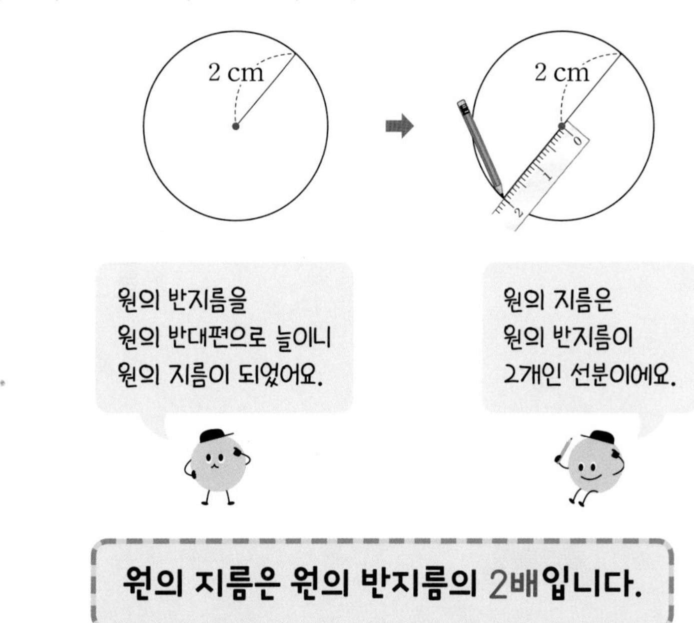

원의 지름은 원의 반지름의 2배입니다.

한 원에서 반지름을 원의 반대편으로 늘이기 ➡ 반지름 2개 ➡ 지름 ➡ 지름=반지름×2배

[지름을 알 때 반지름 구하기]

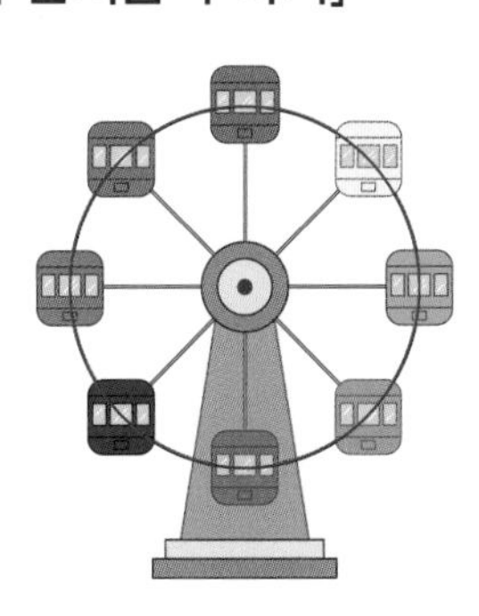

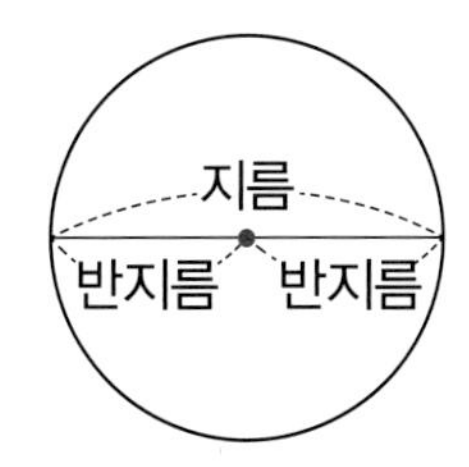

(지름)=(반지름)×2

⬇

(반지름)=(지름)÷2

지름이 10 m인 대관람차의 반지름은 몇 m일까요?

원의 반지름은 원의 지름의 절반이므로 10÷2=5에서 5 m예요.

수해력을 확인해요

• 원의 중심 찾기

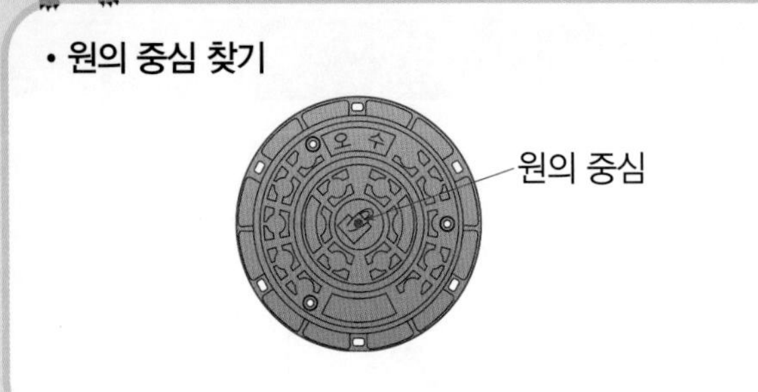

• 원의 반지름과 지름 찾기

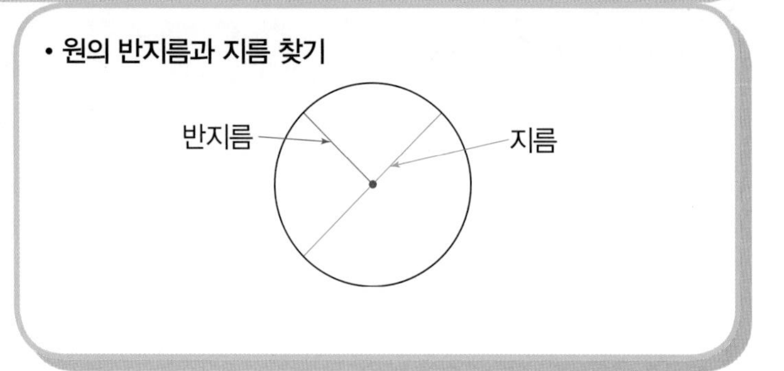

01~03 원의 중심을 찾아 표시해 보세요.

01

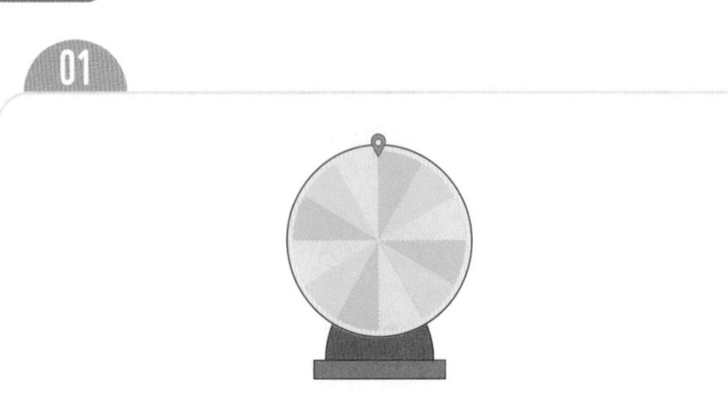

02

03

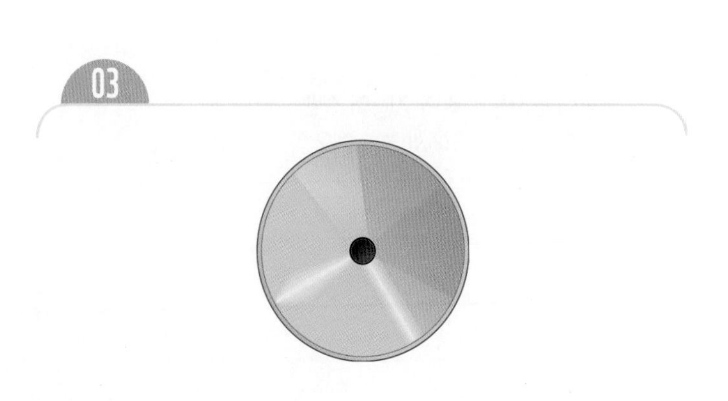

04~06 원의 반지름은 빨간색 선으로, 지름은 파란색 선으로 그어 보세요.

04

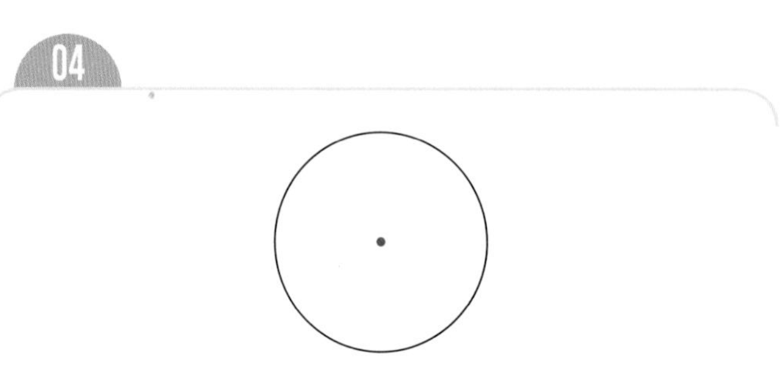

05

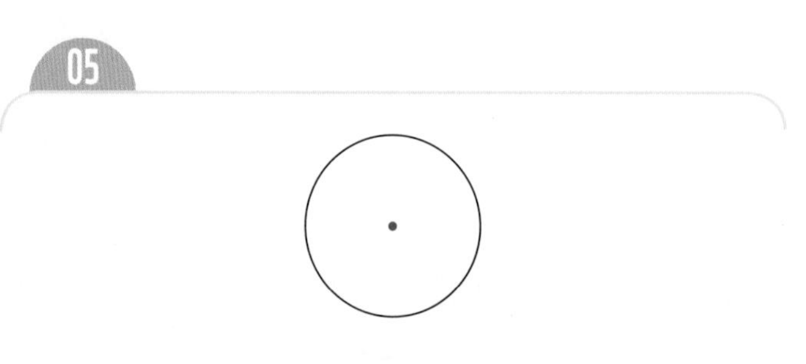

06

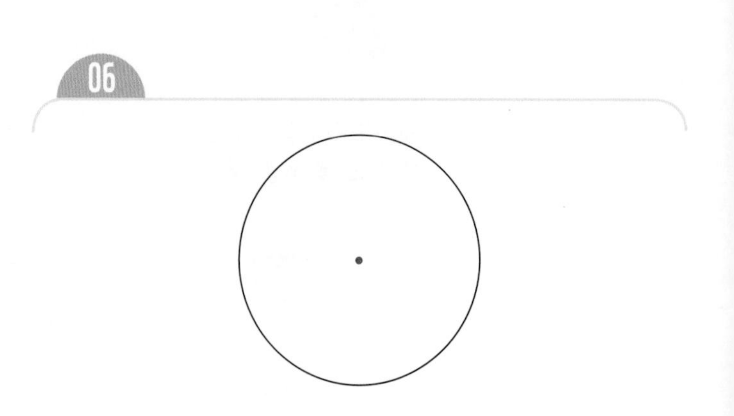

• 반지름을 알 때 지름 구하기

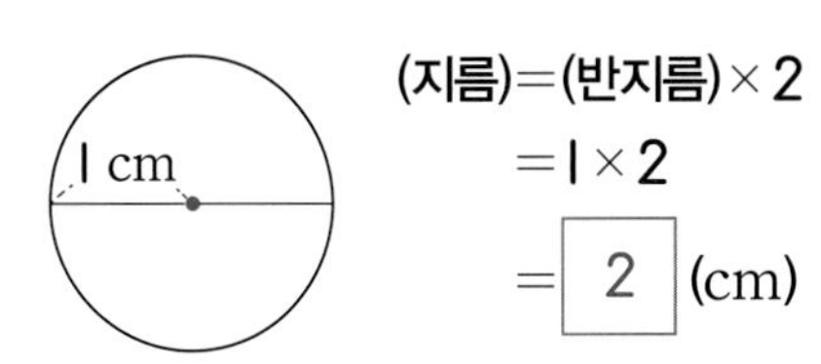

• 지름을 알 때 반지름 구하기

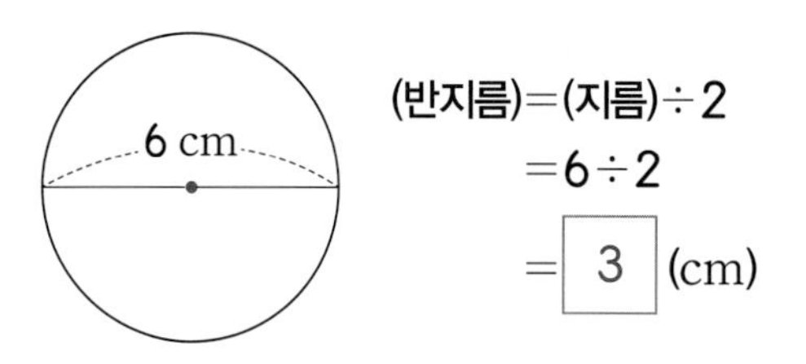

07~09 지름을 구해 보세요.

07

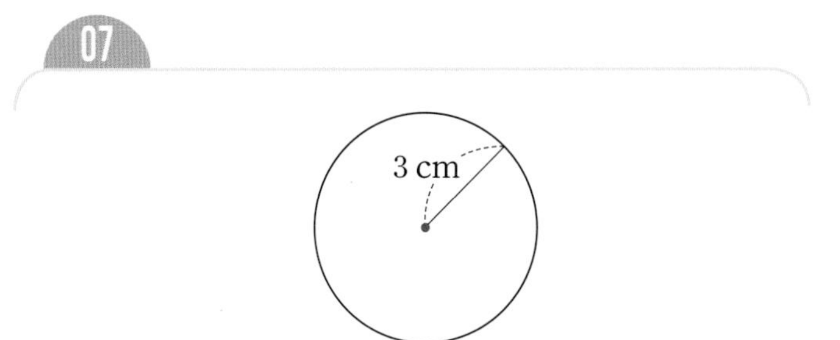

(　　　　　　　　)

08

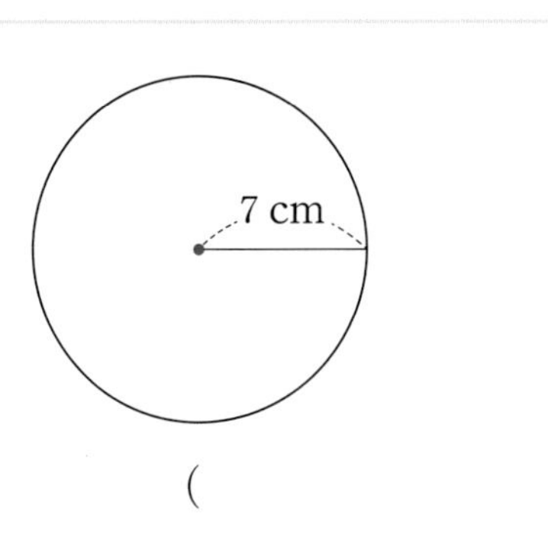

(　　　　　　　　)

09

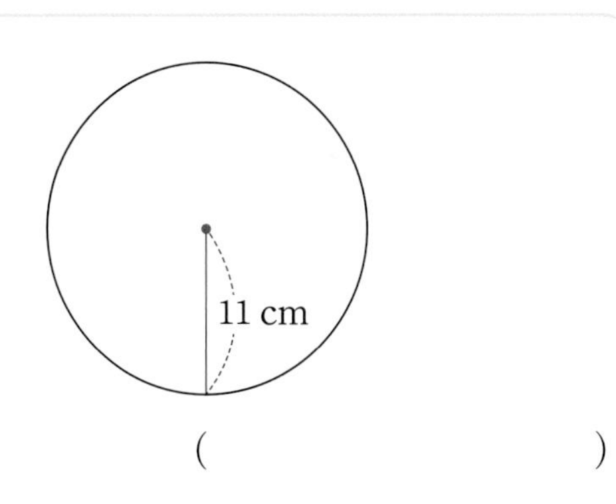

(　　　　　　　　)

10~12 반지름을 구해 보세요.

10

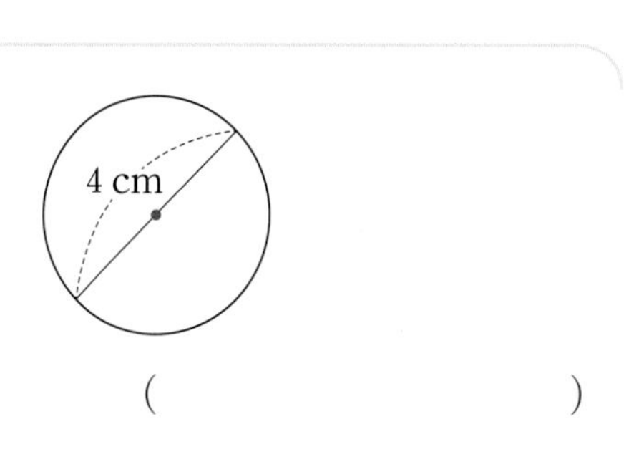

(　　　　　　　　)

11

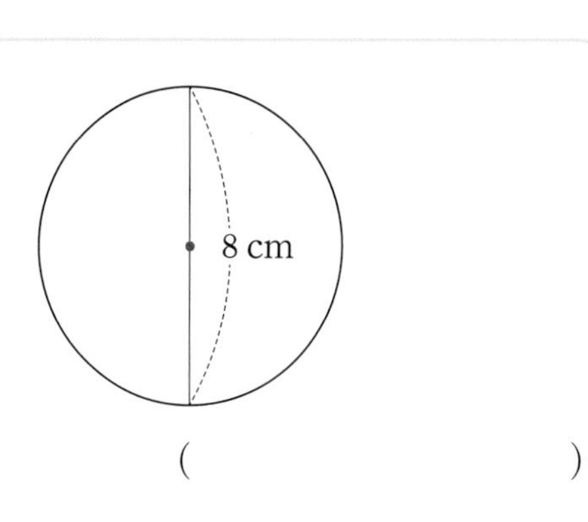

(　　　　　　　　)

12

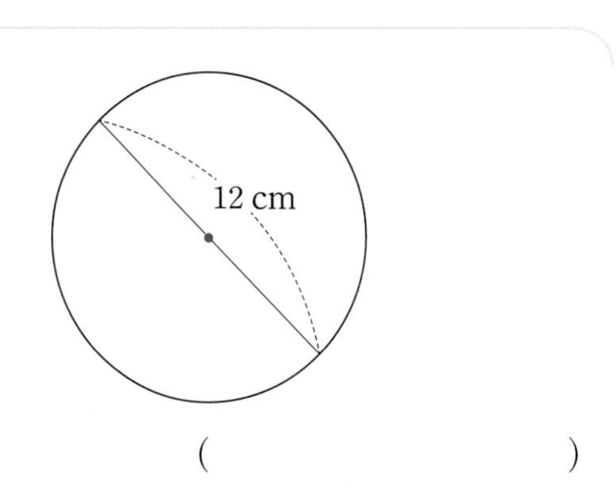

(　　　　　　　　)

수해력을 높여요

01 원의 중심을 찾아 기호를 써 보세요.

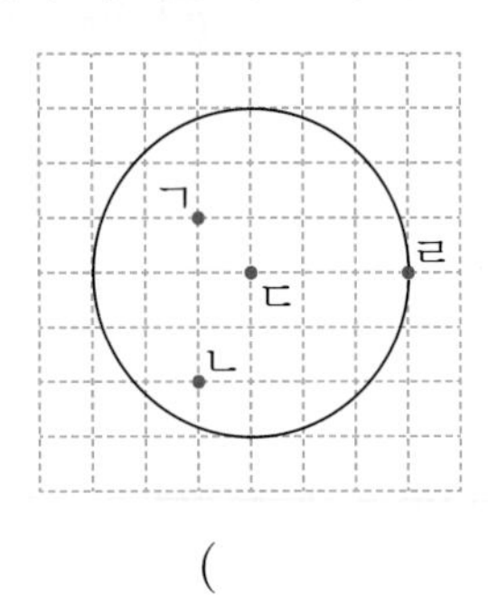

( )

02 누름 못과 띠 종이를 이용하여 원을 그렸습니다. 원을 더 작게 그리려면 어느 곳에 연필심을 꽂아야 하는지 기호를 써 보세요.

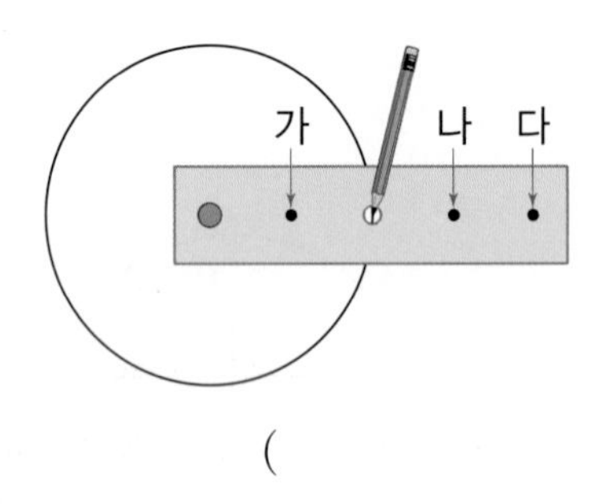

( )

03 그림을 보고 □ 안에 알맞은 말을 써넣으세요.

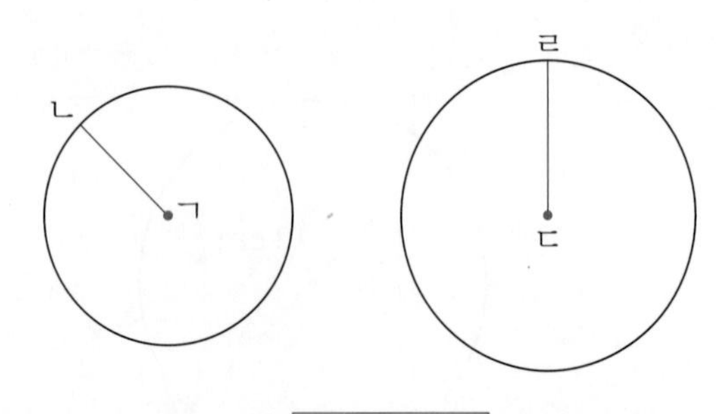

(1) 점 ㄱ과 점 ㄷ을 □(이)라고 합니다.

(2) 선분 ㄱㄴ과 선분 ㄷㄹ을 원의 □(이)라고 합니다.

04 원의 반지름을 찾아 기호를 써 보세요.

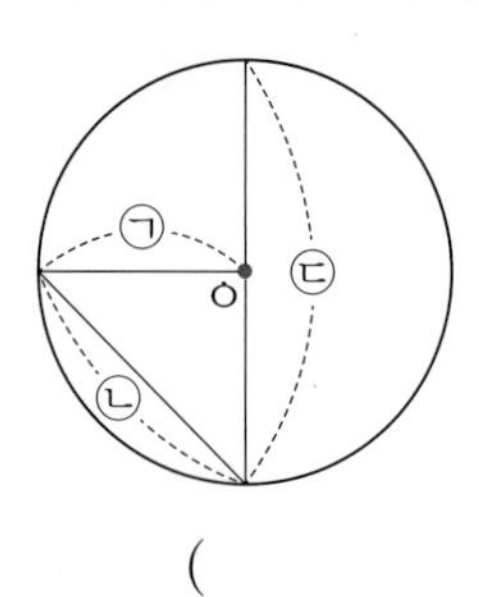

( )

05 □ 안에 알맞은 수를 써넣으세요.

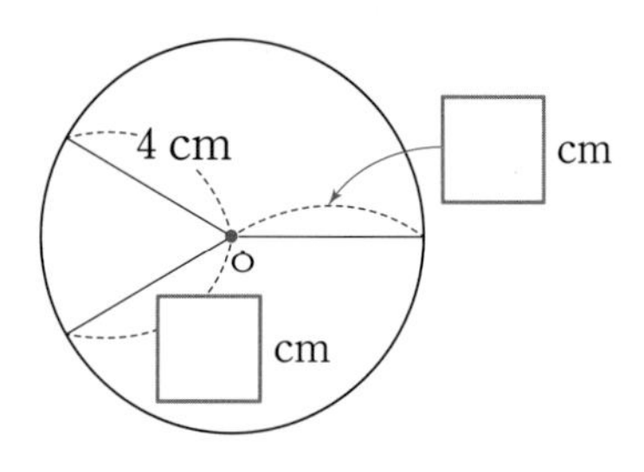

06 원의 중심과 반지름에 대해 옳게 설명한 친구의 이름을 써 보세요.

선미: 한 원에 반지름은 3개만 그을 수 있어.
윤아: 한 원에서 반지름은 길이가 모두 같아.
승민: 한 원에는 중심이 2개야.

( )

07 원의 지름을 나타내는 선분을 찾아 기호를 써 보세요.

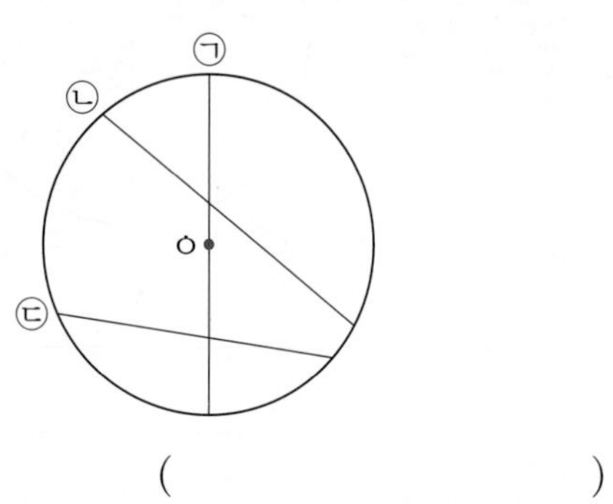

( )

08 □ 안에 알맞은 수를 써넣으세요.

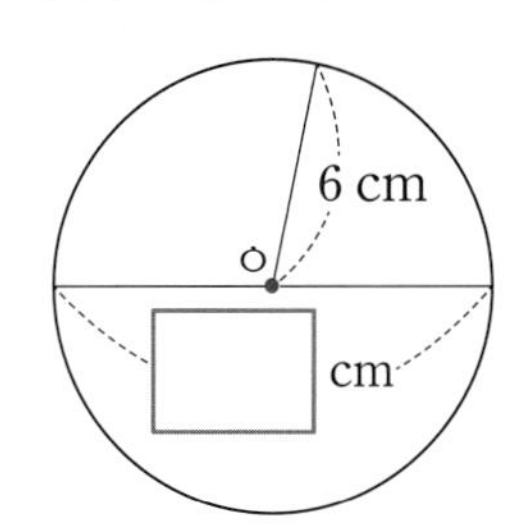

09 지름에 대한 설명으로 옳지 않은 것을 찾아 기호를 써 보세요.

㉠ 지름은 원을 둘로 똑같이 나눕니다.
㉡ 지름은 반지름의 2배입니다.
㉢ 지름은 원 위의 두 점을 이은 선분 중에서 가장 짧습니다.

(　　　　　　　　)

10 다음은 원의 지름을 잘못 그은 것입니다. 그 이유를 써 보세요.

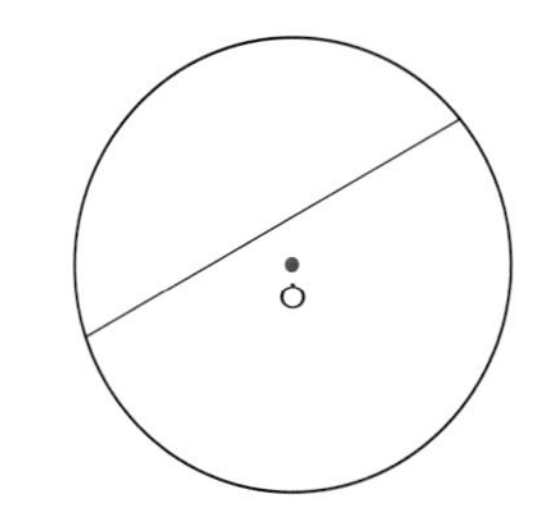

이유 ______________________

____

11 실생활 활용

다음 그림을 보고 민지가 설명하는 장소를 찾아 써 보세요.

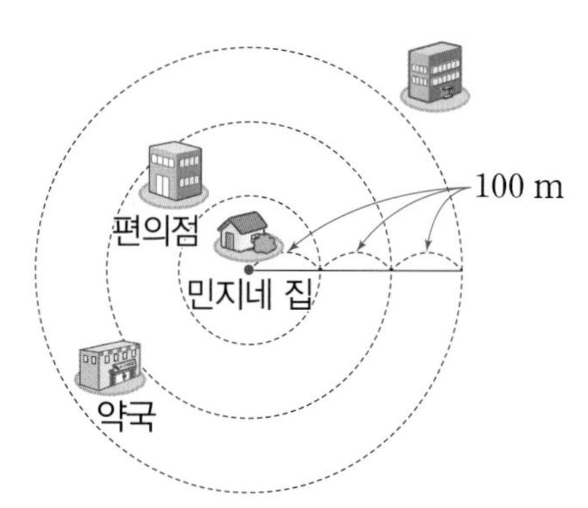

그곳은 우리 집에서 200 m보다 멀고 300 m보다 가까워!

(　　　　　　　　)

12 교과 융합

정월 대보름은 우리나라의 전통 명절로 음력 1월 15일입니다. 정월 대보름에는 보름달을 보고 소원을 빌고, 쥐불놀이를 합니다. 쥐불놀이는 들판에 나가 작은 구멍을 여러 개 뚫어 놓은 깡통에 짚단을 넣고 불을 붙여 빙빙 돌리는 놀이입니다. 깡통에 매단 끈의 길이가 60 cm라면 이 깡통을 돌려서 만들어지는 원의 지름은 몇 m 몇 cm인가요?

(　　　　　　　　)

수해력을 완성해요

대표 응용 1 반지름을 이용하여 선분의 길이 구하기

점 ㄱ과 점 ㄴ은 각각 두 원의 중심입니다. 선분 ㄱㄴ의 길이를 구해 보세요.

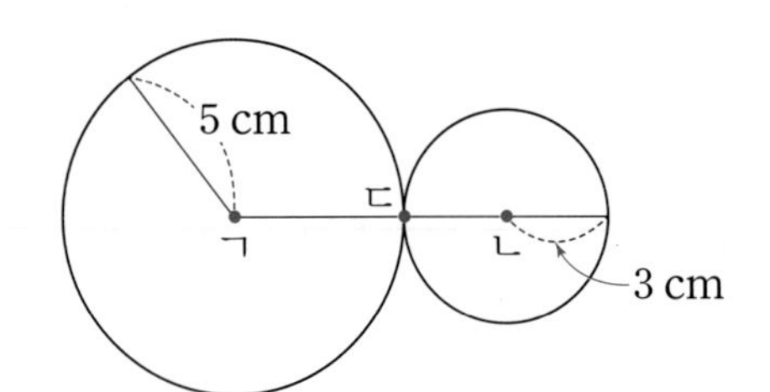

해결하기

1단계 선분 ㄱㄷ은 왼쪽 원의 반지름이므로 ☐ cm이고, 선분 ㄷㄴ은 오른쪽 원의 반지름이므로 ☐ cm입니다.

2단계 (선분 ㄱㄴ)=(선분 ㄱㄷ)+(선분 ㄷㄴ)이므로 선분 ㄱㄴ은 ☐ cm입니다.

대표 응용 2 다양한 원의 지름과 반지름 구하기

큰 원의 지름이 8 cm일 때, 작은 원의 반지름을 구해 보세요.

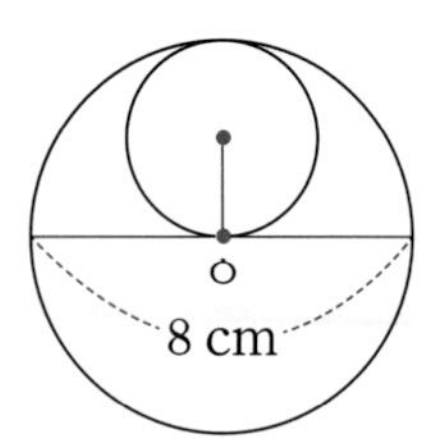

해결하기

1단계 작은 원의 지름은 큰 원의 (지름 , 반지름)과 같습니다.

2단계 큰 원의 반지름이 $8 \div 2=$ ☐ (cm)이므로 작은 원의 지름은 ☐ cm입니다.

3단계 (반지름)=(지름)÷2이므로 작은 원의 반지름은 ☐ $\div 2=$ ☐ (cm)입니다.

1-1

선분 ㄱㄴ의 길이를 구해 보세요.

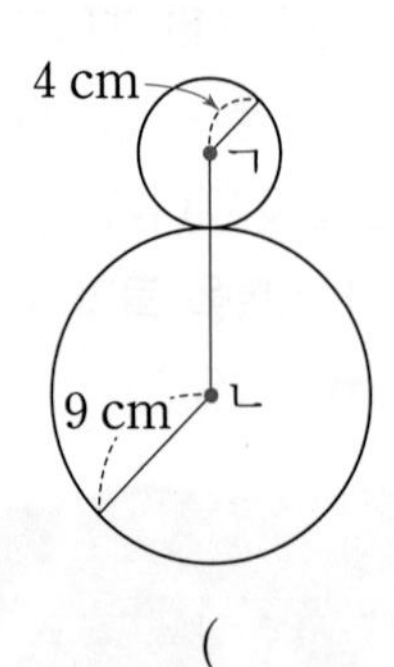

(　　　　　　　　　　)

1-2

선분 ㄱㄴ의 길이를 구해 보세요.

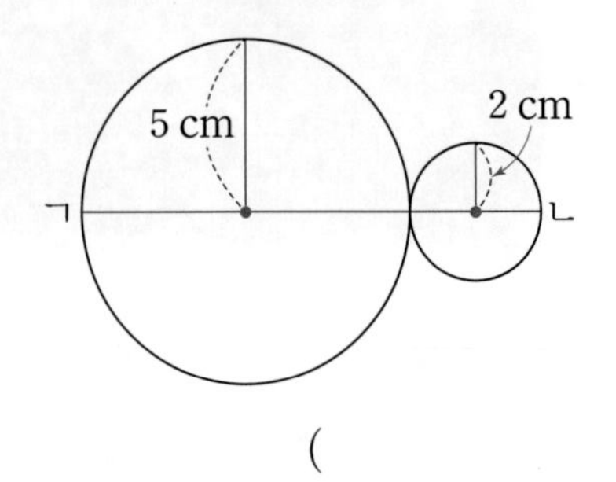

(　　　　　　　　　　)

2-1

작은 원의 반지름을 구해 보세요.

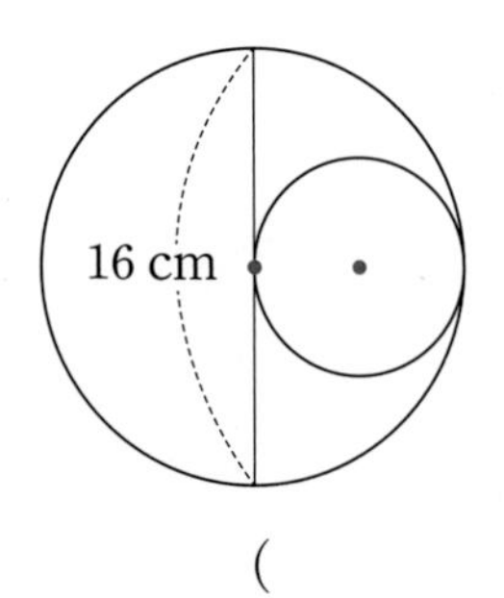

(　　　　　　　　　　)

2-2

가장 큰 원의 지름을 구해 보세요.

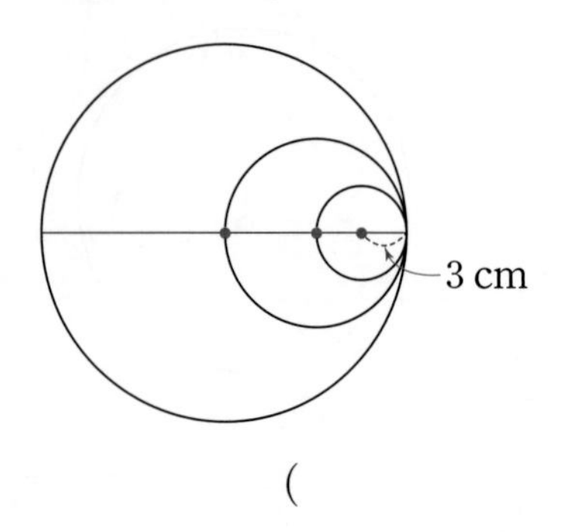

(　　　　　　　　　　)

대표 응용 3

원을 이용하여 도형의 변의 길이 구하기

직사각형 안에 크기가 같은 원 2개를 그림과 같이 맞닿게 그렸습니다. ㉠과 ㉡의 길이를 각각 구해 보세요.

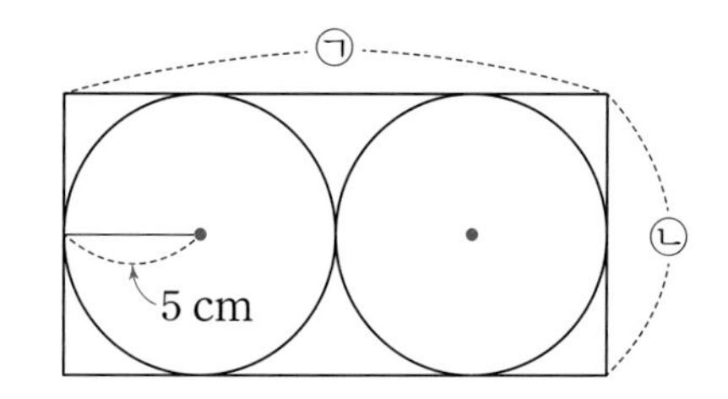

해결하기

1단계 한 원의 반지름이 5 cm이므로 지름은

$5\times2=$ □(cm)입니다.

2단계 ㉠은 두 원의 지름의 합과 같으므로 ㉠의 길이는

□+□=□(cm)입니다.

3단계 ㉡은 한 원의 지름과 같으므로 ㉡의 길이는

□cm입니다.

3-1

직사각형 안에 크기가 같은 원 3개를 그림과 같이 맞닿게 그렸습니다. □ 안에 알맞은 수를 써넣으세요.

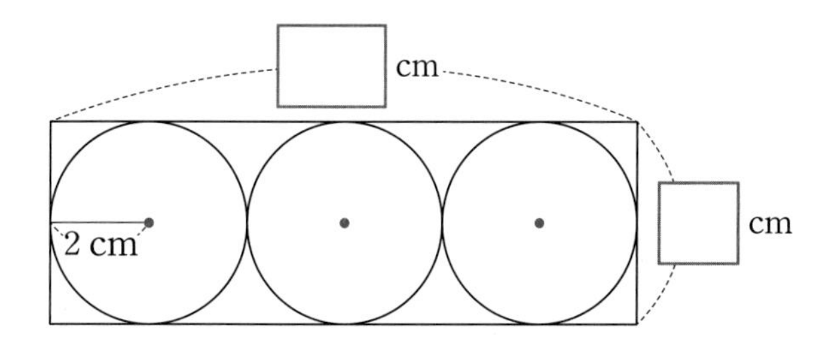

3-2

정사각형 안에 크기가 같은 원 4개를 그림과 같이 맞닿게 그렸습니다. 정사각형의 네 변의 길이의 합을 구해 보세요.

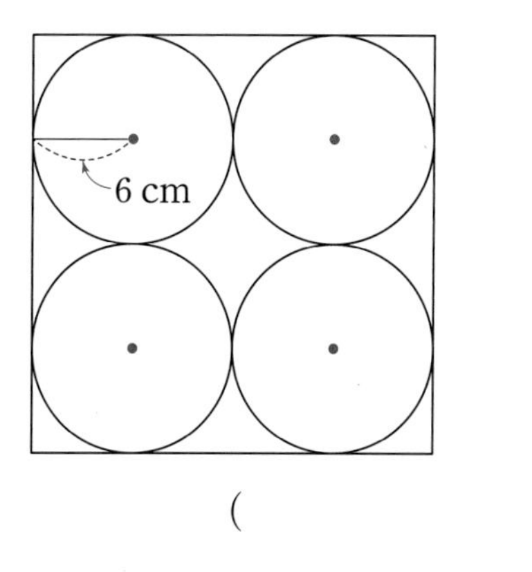

(　　　　　　　　)

3-3

크기가 같은 원 3개를 그림과 같이 맞닿게 그렸습니다. 세 원의 중심을 이어 만든 삼각형 ㄱㄴㄷ의 세 변의 길이의 합을 구해 보세요.

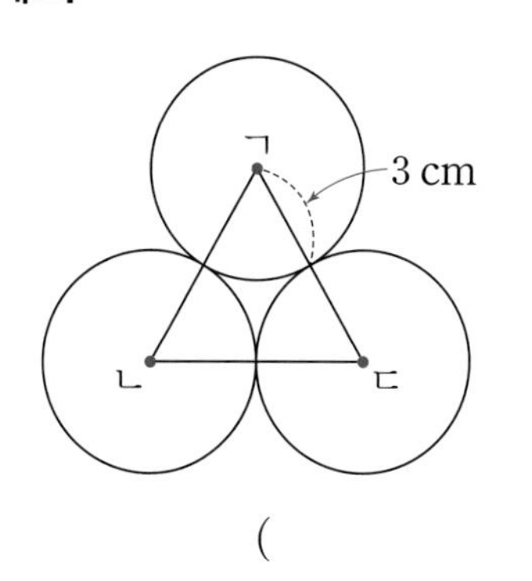

(　　　　　　　　)

개념 1 컴퍼스로 원 그리기

이미 배운 원을 그리는 방법

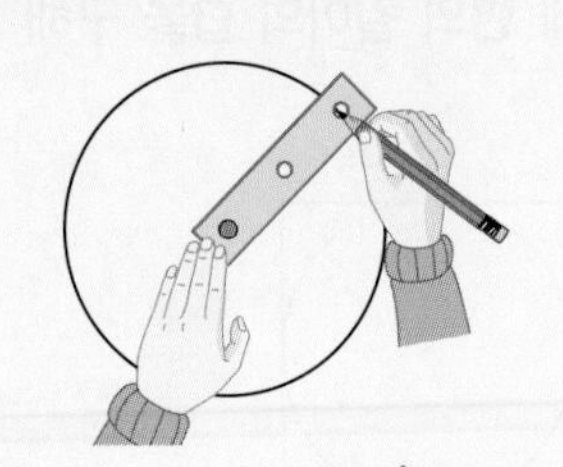

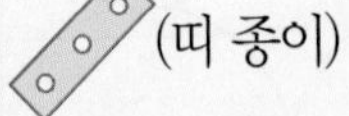

(누름 못)과 (띠 종이)를 이용하여 원을 그릴 수 있어요.

새로 배울 원을 그리는 방법

오른쪽 원과 크기가 같은 원은 어떻게 그릴까요?

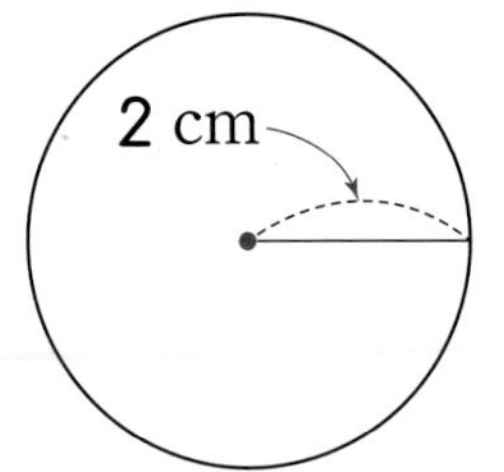

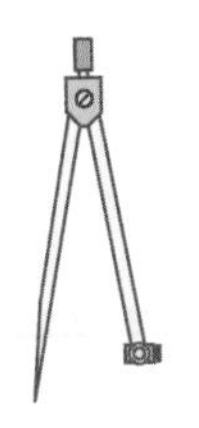

짜잔! 컴퍼스를 이용하여 그리면 돼요.

컴퍼스를 이용하여 원 그리는 방법

❶ 원의 중심이 되는 점 ㅇ을 정해요.	❷ 컴퍼스를 원의 반지름만큼 벌려요.	❸ 컴퍼스의 침을 점 ㅇ에 꽂고 원을 그려요.
ㅇ	0 1 2	ㅇ

크기가 같은 원을 그리는 방법 ➡ 컴퍼스를 이용하여 원 그리기 ➡ • 컴퍼스의 침: 원의 중심
• 컴퍼스를 벌린 거리: 원의 반지름

[반지름을 모르는 똑같은 원 그리기]

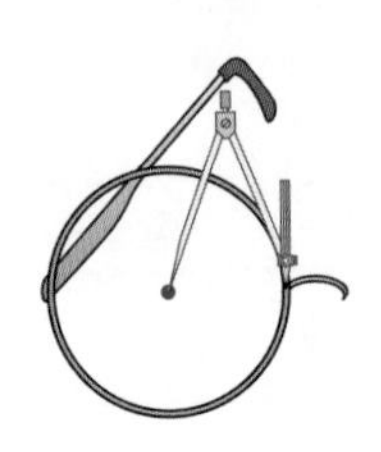

컴퍼스를 주어진 원의 반지름만큼 벌리고, 그대로 오른쪽으로 옮겨서 그리면 돼요.

개념 2 원으로 이루어진 모양에서 규칙 찾기

이미 배운 원

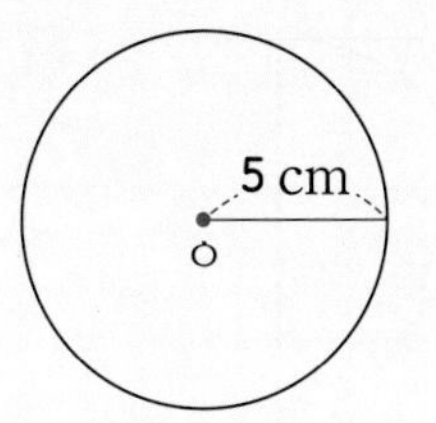

그림에서 원의 중심은 점 ㅇ이고, 원의 반지름은 5 cm예요.

새로 배울 원으로 이루어진 모양에서 규칙 찾기

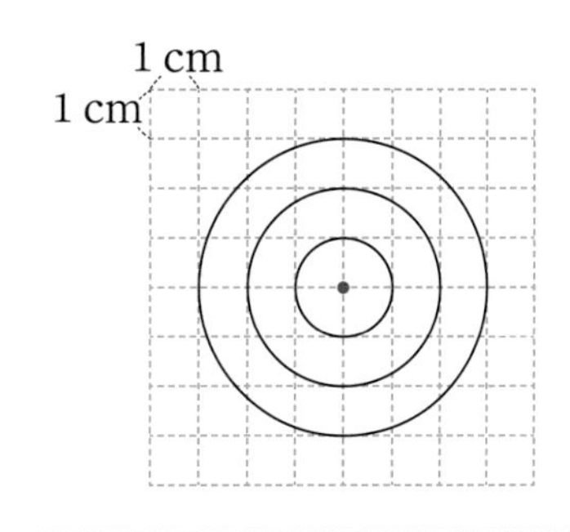

- 원이 3개입니다.
- 세 원의 중심이 같습니다.
- 원의 반지름은 1 cm씩, 원의 지름은 2 cm씩 일정하게 늘어나는 규칙이 있습니다.

원으로 이루어진 모양에서 규칙 찾기  원의 중심과 반지름 살펴보기

[주어진 모양에서 규칙을 찾아 원 그리기]

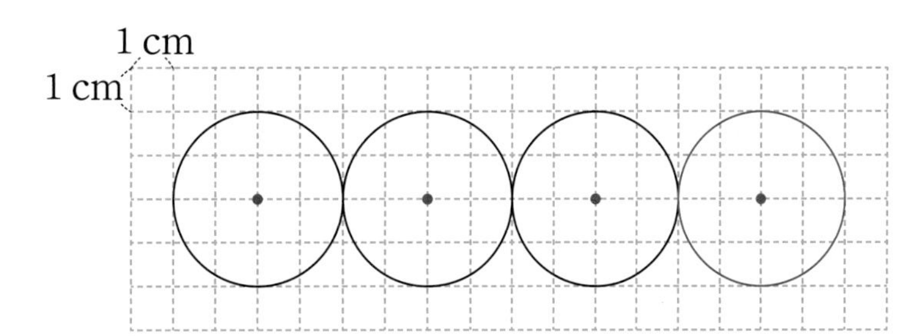

수해력을 확인해요

• 컴퍼스를 이용하여 원을 그리는 방법

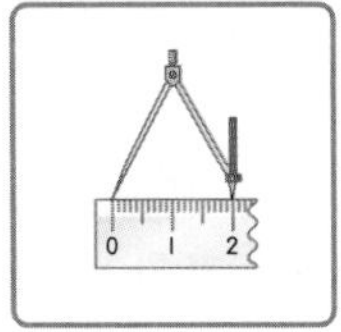

원의 중심이 되는 점 ㅇ을 정하기

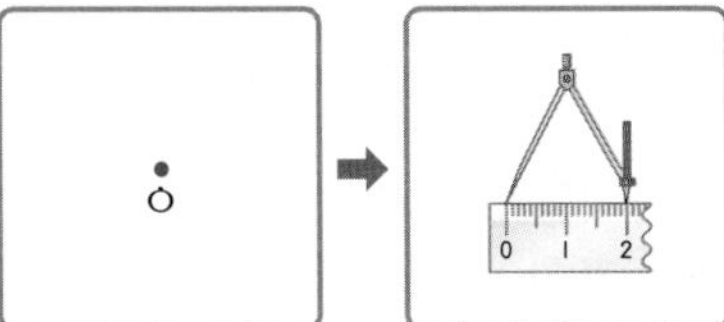

컴퍼스를 원의 반지름만큼 벌리기

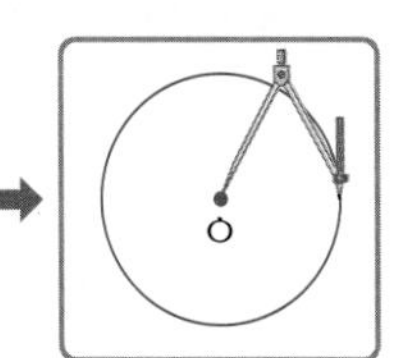

컴퍼스의 침을 점 ㅇ에 꽂고 원 그리기

• 컴퍼스의 침을 꽂아야 할 곳 찾기

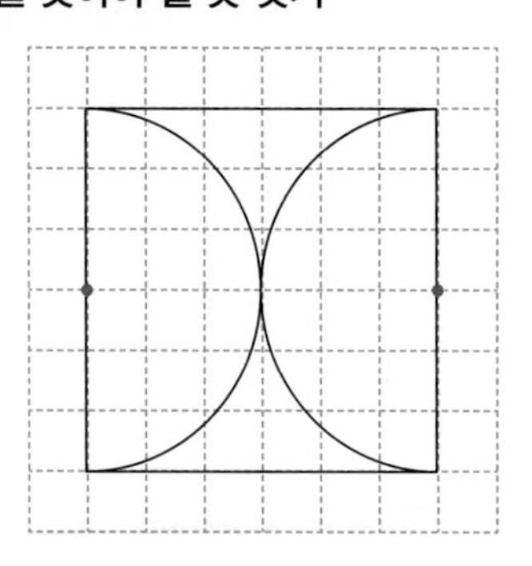

01~02 컴퍼스를 이용하여 원을 그려 보세요.

01

반지름이 1 cm인 원

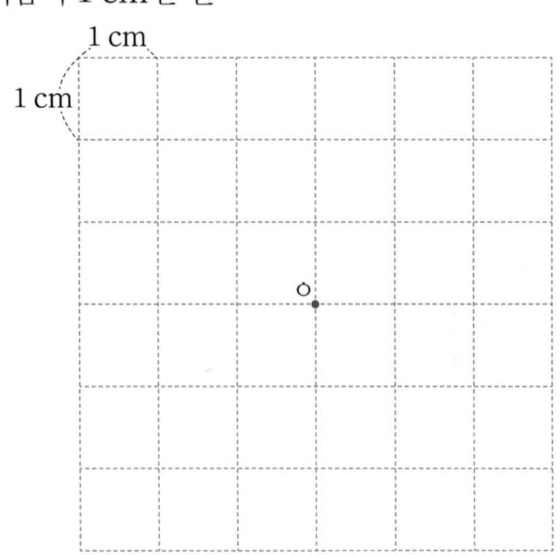

02

지름이 6 cm인 원

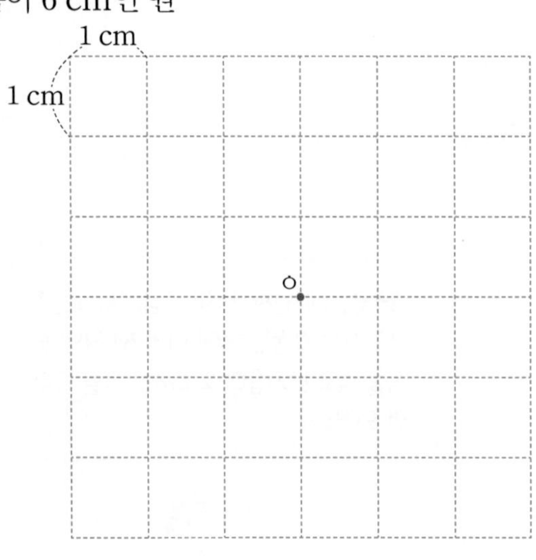

03~04 주어진 모양을 그리기 위하여 컴퍼스의 침을 꽂아야 할 곳을 모두 표시해 보세요.

03

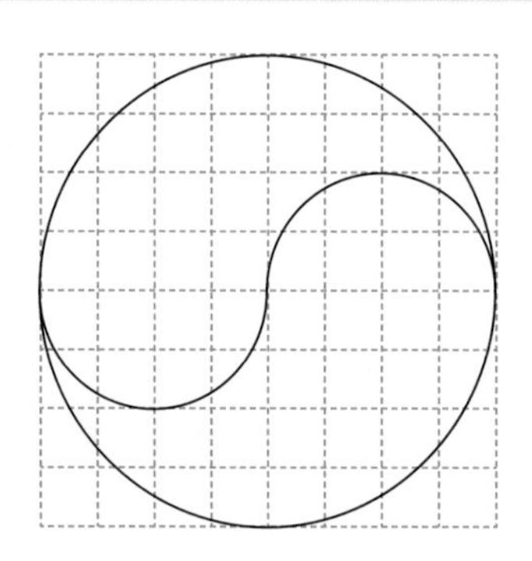

04

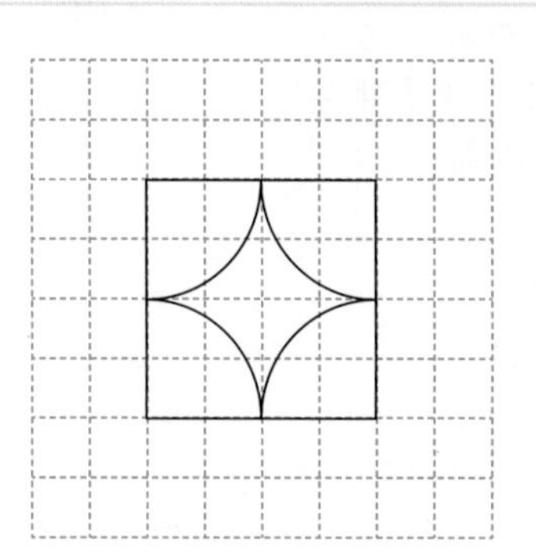

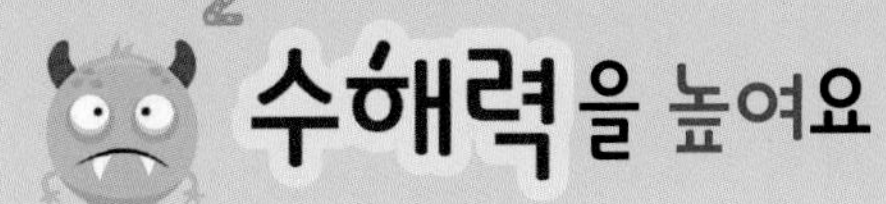

수해력을 높여요

01 컴퍼스를 이용하여 원을 그리는 순서에 알맞게 번호를 써 보세요.

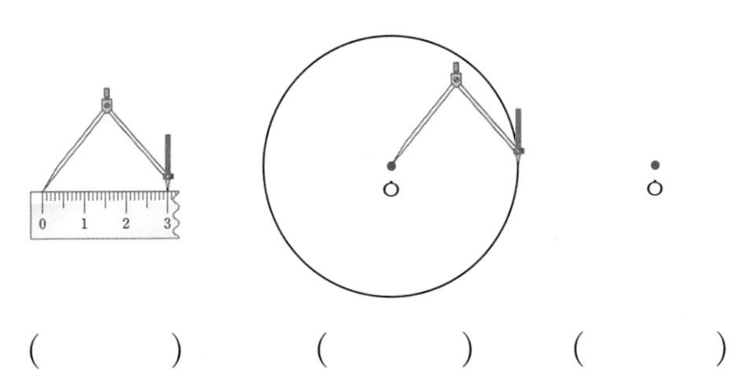

( ) ( ) ( )

02 컴퍼스를 이용하여 원을 그릴 때 컴퍼스의 침을 꽂아야 하는 점을 찾아 써 보세요.

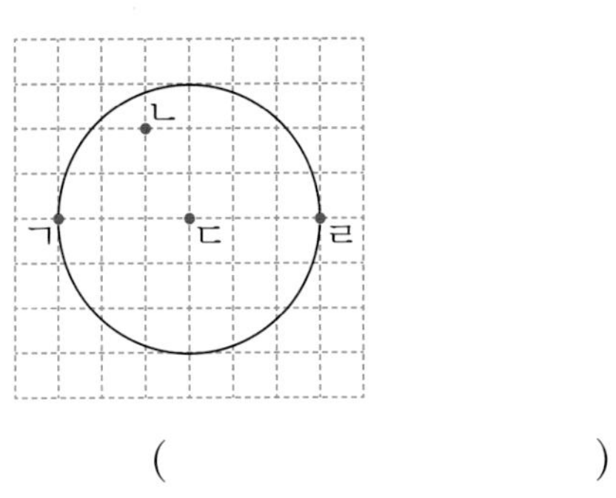

( )

03 반지름이 2 cm인 원을 그리려고 합니다. 컴퍼스를 바르게 벌린 것에 ○표 하세요.

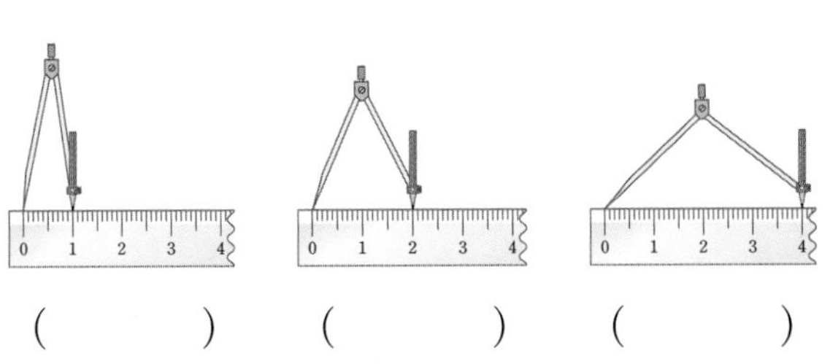

( ) ( ) ( )

04 크기가 다른 원을 그린 친구의 이름을 써 보세요.

수현: 반지름이 6 cm인 원을 그렸어.
지호: 컴퍼스를 12 cm만큼 벌려서 원을 그렸어.
도진: 지름이 12 cm인 원을 그렸어.

( )

05 컴퍼스를 이용하여 지름이 4 cm인 원을 그리려고 합니다. 물음에 답하세요.

(1) □ 안에 알맞은 수를 써넣으세요.

지름이 4 cm인 원을 그리려면 컴퍼스를 □ cm만큼 벌려야 합니다.

(2) 지름이 4 cm인 원을 그려 보세요.

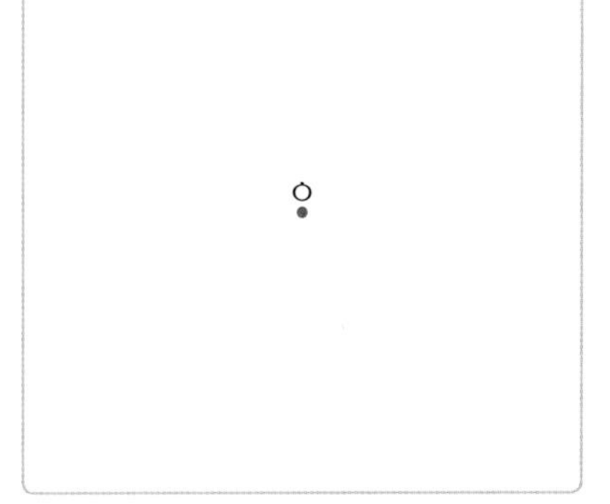

06 컴퍼스를 아래와 같이 벌려서 원을 그릴 때, 그린 원의 지름은 몇 cm인가요?

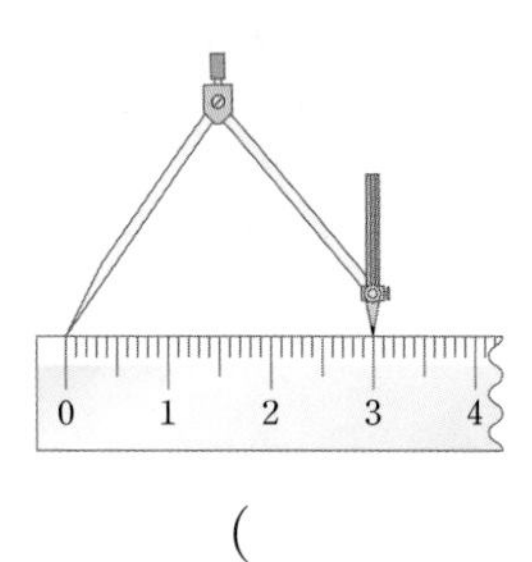

(　　　　　　　　)

07 컴퍼스를 이용하여 각자 원을 그렸습니다. 가장 큰 원을 그린 친구의 이름을 써 보세요.

소율: 컴퍼스를 7 cm만큼 벌려서 원을 그렸어.
태수: 지름이 11 cm인 원을 그렸어.
진호: 반지름이 6 cm인 원을 그렸어.

(　　　　　　　　)

08 다음 모양을 그리기 위해 컴퍼스의 침을 꽂아야 할 곳은 모두 몇 군데인가요?

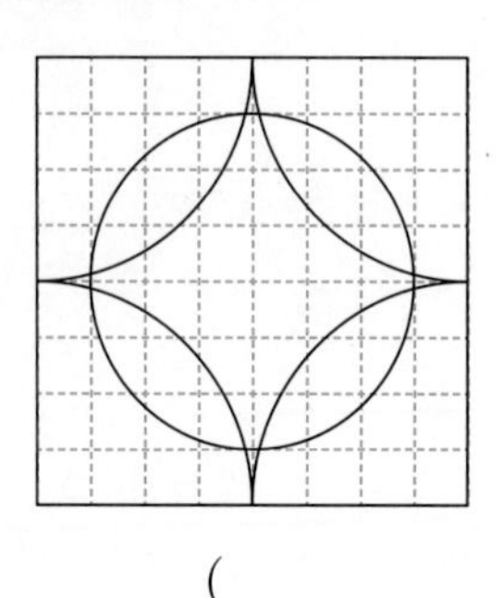

(　　　　　　　　)

09 교과 융합

승재는 나무의 나이테에 대해 배웠습니다. 나이테는 1년에 한 개씩 늘어납니다. 승재는 나이테 모양을 컴퍼스로 그려 보았습니다. 그림을 보고 알맞은 말과 수에 ○표 해 보세요.

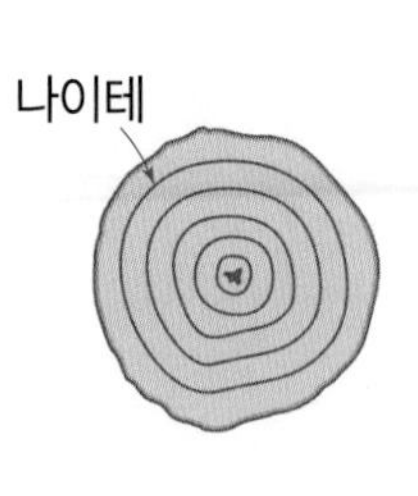

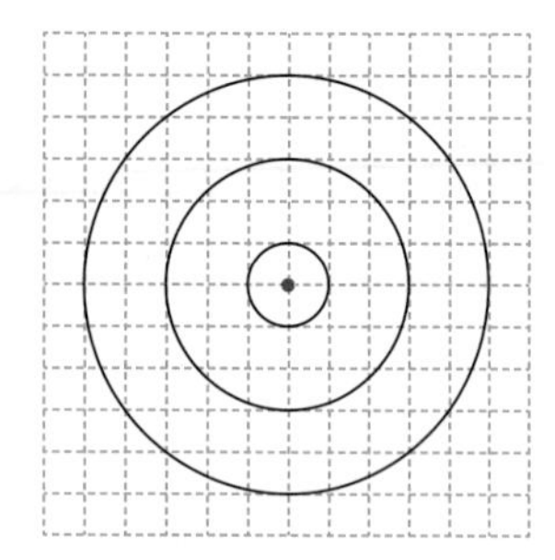

원의 중심이 (같고 , 다르고)
원의 반지름이 (1, 2, 3)칸씩 늘어납니다.

10 규칙에 따라 원 2개를 더 그리려고 합니다. 컴퍼스의 침을 꽂아야 하는 두 곳을 찾아 ×표 하세요.

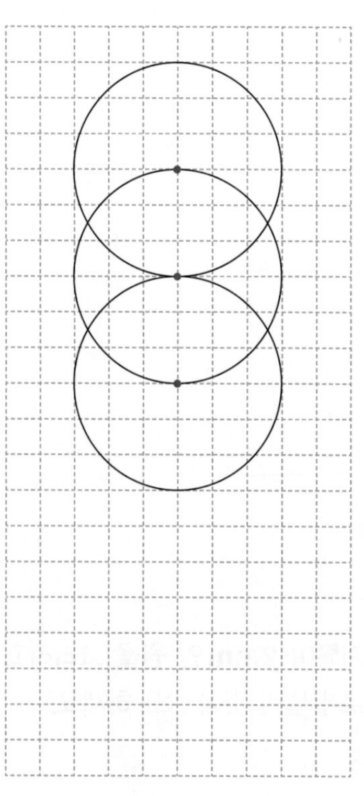

수해력을 완성해요

정답과 풀이 16쪽

대표 응용 **1**

규칙에 따라 그려야 할 원 찾기

규칙에 따라 네 번째 원을 그리려고 합니다. 네 번째 원의 중심을 찾고 네 번째 원의 반지름을 구해 보세요.

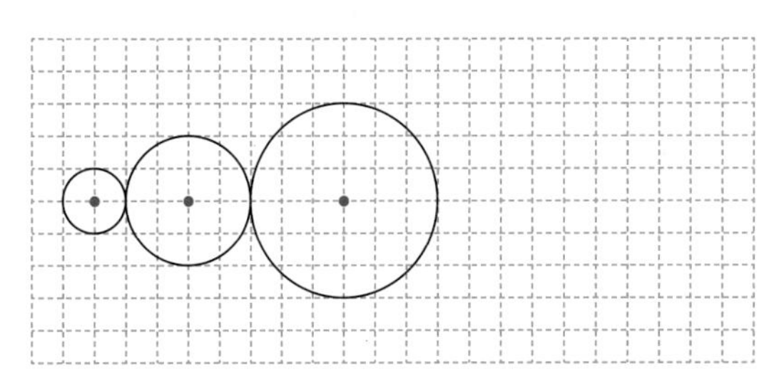

해결하기

1단계 두 번째 원의 중심은 첫 번째 원의 중심으로부터 오른쪽으로 모눈 3칸, 세 번째 원의 중심은 두 번째 원의 중심으로부터 오른쪽으로 모눈 5칸 이동하였습니다. 따라서 네 번째 원의 중심은 세 번째 원의 중심으로부터 오른쪽으로 모눈 □칸 이동한 곳입니다.

2단계 첫 번째 원의 반지름은 모눈 1칸, 두 번째 원의 반지름은 모눈 2칸, 세 번째 원의 반지름은 모눈 3칸입니다. 따라서 네 번째 원의 반지름은 모눈 □칸입니다

1-1

규칙에 따라 네 번째 원을 그리려고 합니다. □ 안에 알맞은 수를 써넣으세요.

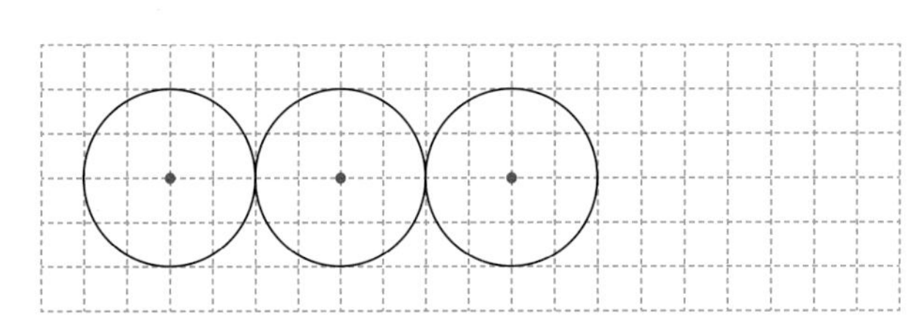

네 번째 원의 중심은 세 번째 원의 중심으로부터 오른쪽으로 모눈 □칸 이동한 곳이고, 원의 반지름은 모눈 □칸입니다.

1-2

규칙에 따라 네 번째 원을 그리려고 합니다. □ 안에 알맞은 수를 써넣으세요.

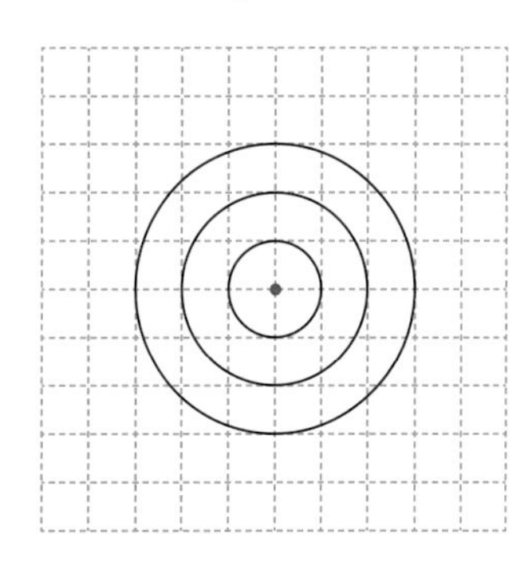

네 번째 원의 중심은 같고, 반지름은 모눈 □칸입니다.

1-3

규칙에 따라 네 번째 원을 그리려고 합니다. □ 안에 알맞은 수를 써넣으세요.

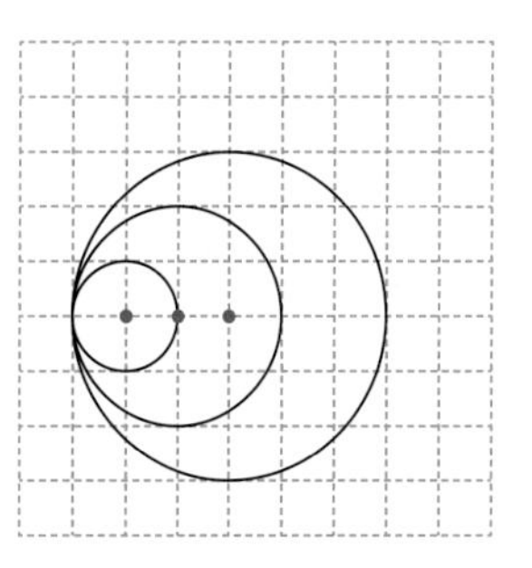

네 번째 원의 중심은 세 번째 원의 중심으로부터 오른쪽으로 모눈 □칸 이동한 곳이고, 원의 반지름은 모눈 □칸입니다.

1-4

규칙에 따라 다섯 번째 원을 그리려고 합니다. □ 안에 알맞은 수를 써넣으세요.

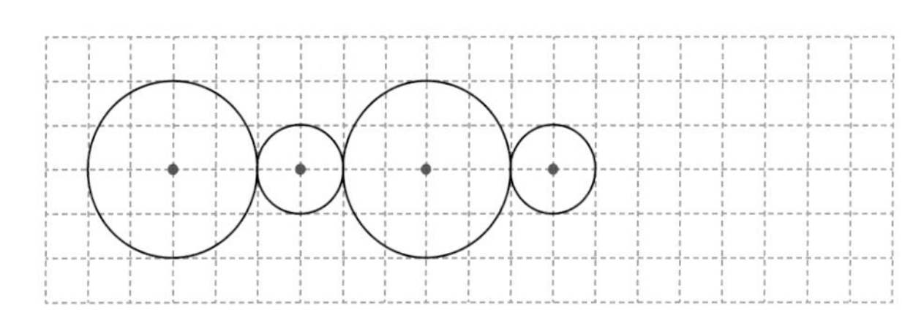

다섯 번째 원의 중심은 네 번째 원의 중심으로부터 오른쪽으로 모눈 □칸 이동한 곳이고, 원의 반지름은 모눈 □칸입니다.

수해력을 확장해요

원 안에 원

양궁 과녁이나 컬링 경기장을 본 적이 있나요?
원 안에 작은 원들을 그려 여러 부분으로 나누고 각 부분에 따라 점수가 달라집니다. 큰 원 안에 작은 원을 그리면 여러 부분으로 나누어집니다. 큰 원 안에 작은 원을 어떻게 그리느냐에 따라 원이 적은 부분으로 나누어지거나, 많은 부분으로 나누어지기도 합니다.

예를 들어, 큰 원 안에 작은 원 2개를 그린다면 다음과 같이 그릴 수 있습니다.

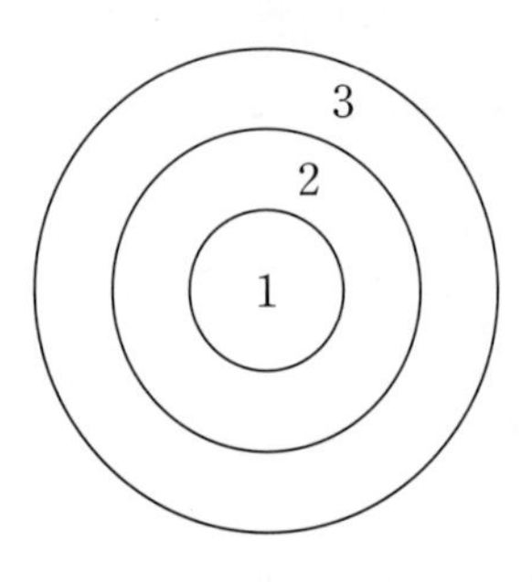

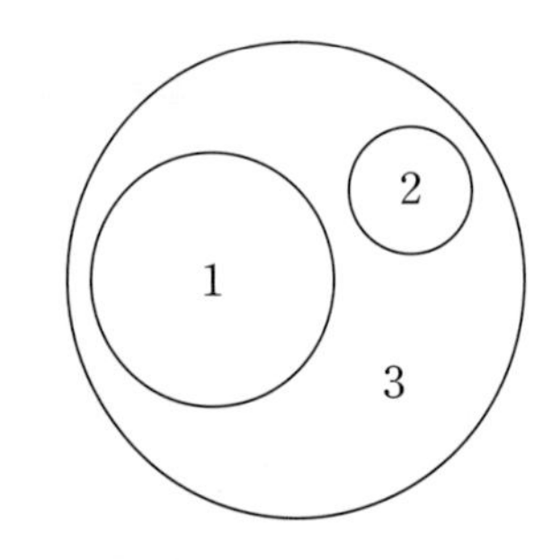

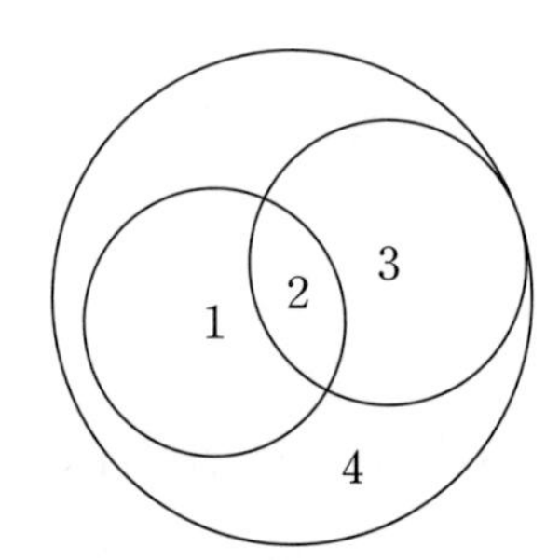

활동 1 큰 원 안에 작은 원 2개를 그려 5개의 부분으로 나누려고 합니다. 컴퍼스로 작은 원을 그려 5부분으로 나누어 보세요.

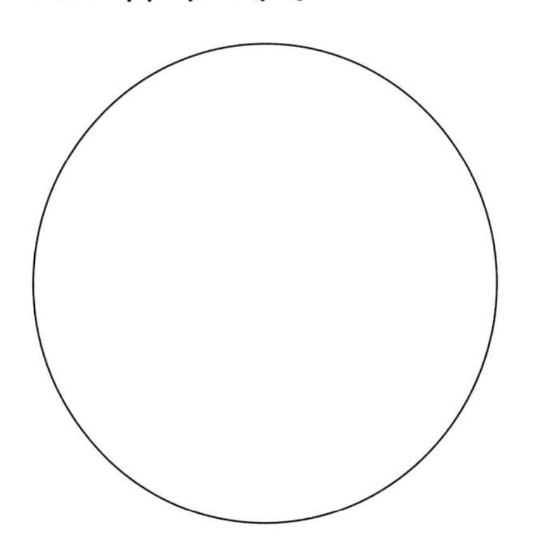

작은 원들이 서로 겹치게 그리면 새로운 부분이 생겨요.

작은 원이 큰 원과 맞닿도록 그릴 수도 있어요.

활동 2 큰 원 안에 작은 원 3개를 그려 큰 원을 여러 부분으로 나누려고 합니다. 가장 적은 부분이 생기는 경우와 가장 많은 부분이 생기는 경우를 그려 보세요. 각각 몇 개의 부분으로 나누어질까요?

가장 적은 부분이 생기는 경우	가장 많은 부분이 생기는 경우
부분의 수 (　　　)개	부분의 수 (　　　)개

04 단원

들이와 무게

등장하는 주요 **수학 어휘**

1 L, **1 mL**, **1 kg**, **1 g**, **1 t**

1 들이 비교와 들이의 단위

개념 강화 학습 계획: 월 일

개념 1 들이 비교하기

개념 2 들이의 단위(1 L, 1 mL) 알아보기

2 들이 어림과 덧셈, 뺄셈

연습 강화 학습 계획: 월 일

개념 1 들이를 어림하고 재어 보기

개념 2 들이의 덧셈과 뺄셈 알아보기

3 무게 비교와 무게의 단위

연습 강화  학습 계획: 월 일

개념 1 무게 비교하기

개념 2 무게의 단위(1 kg, 1 g, 1 t) 알아보기

4 무게 어림과 덧셈, 뺄셈

  학습 계획: 월 일

개념 1 무게를 어림하고 재어 보기

개념 2 무게의 덧셈과 뺄셈 알아보기

이번 4단원에서는 1 L, 1 mL, 1 kg, 1 g, 1 t과 같은 들이와 무게의 단위를 알아보고, 각각을 덧셈, 뺄셈하는 방법에 대해 배울 거예요. 이전에 배운 '많다, 적다, 가볍다, 무겁다'와 같은 양의 비교법을 떠올리며 새로운 단위를 사용해 보아요.

1. 들이 비교와 들이의 단위

개념 1 들이 비교하기

이미 배운 들이 비교

• 크기가 확실히 차이날 때 들이 비교

㉮ 물통은 ㉯ 물통보다 물을 더 많이 담을 수 있어요.

새로 배울 들이 비교

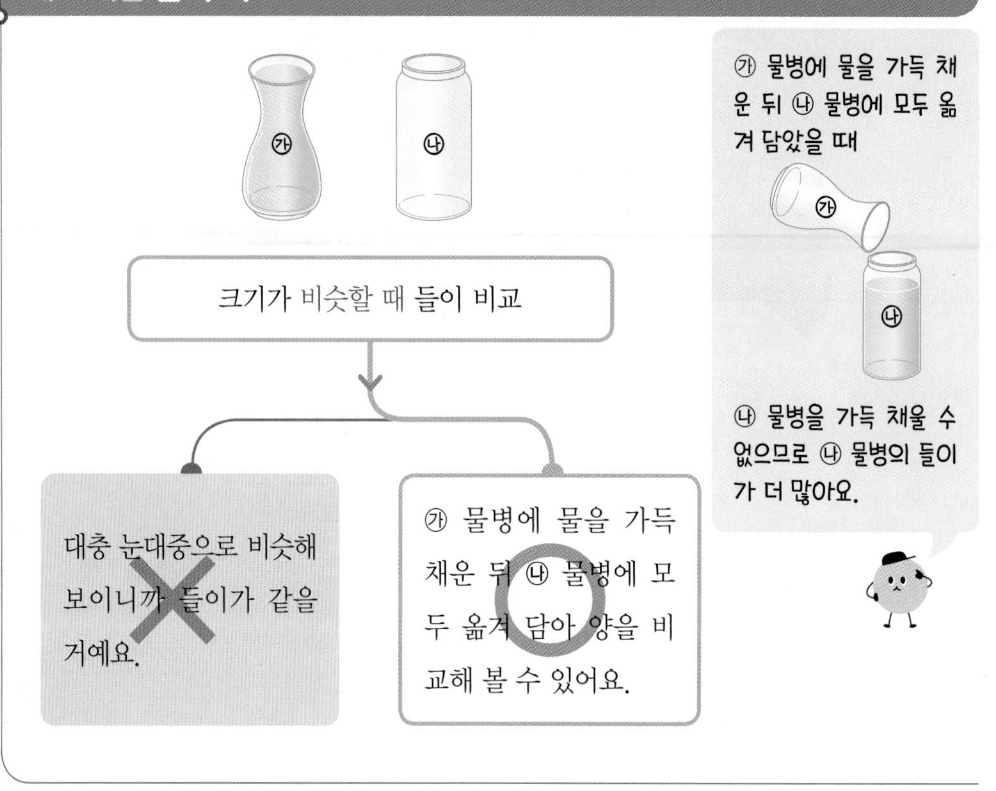

㉮ 물병에 물을 가득 채운 뒤 ㉯ 물병에 모두 옮겨 담았을 때

㉯ 물병을 가득 채울 수 없으므로 ㉯ 물병의 들이가 더 많아요.

눈으로 두 물병의 들이 비교 → 다른 물병에 물을 모두 옮겨 담기 → 물이 넘치는지 확인하여 들이 비교하기

[여러 가지 방법으로 들이 비교하기]

방법 1 ㉮ 물병과 ㉯ 물병에 물을 가득 채운 뒤 모양과 크기가 같은 큰 그릇에 모두 옮겨 담아 비교하기

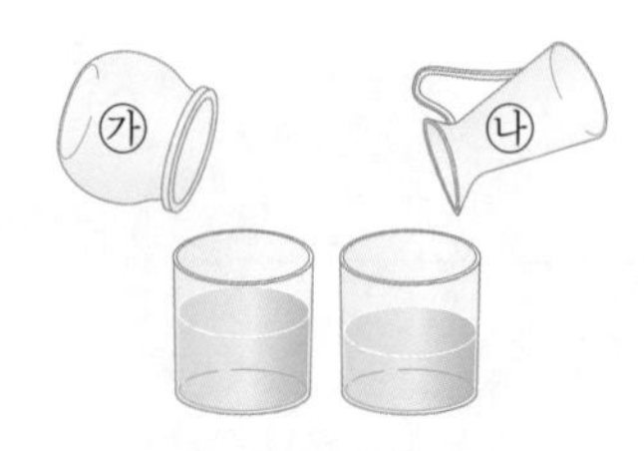

➡ ㉮ 물병의 물의 높이가 더 높으므로
(㉮ 병의 들이)>(㉯ 병의 들이)
㉮ 물병의 들이가 더 많습니다.

방법 2 ㉮ 물병과 ㉯ 물병에 물을 가득 채운 뒤 모양과 크기가 같은 작은 컵에 모두 옮겨 담아 비교하기

➡ ㉮ 물병이 ㉯ 물병보다 컵 $5-4=1$(개)만큼 물이 더 많이 들어가므로 ㉮ 물병의 들이가 더 많습니다.

컵을 사용하여 들이를 비교할 때에는 사용하는 컵의 크기가 같아야 해요.
들이를 비교하려면 같은 단위를 사용해야 해요.

개념 2 들이의 단위 (1 L, 1 mL) 알아보기

이미 배운 들이 비교

• 같은 컵에 옮겨 담아 들이 비교

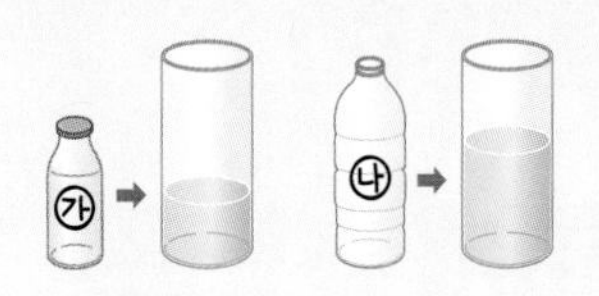

㉯ 물병의 물의 높이가 더 높으므로 ㉮ 물병보다 ㉯ 물병의 들이가 더 많아요.

새로 배울 들이의 단위(L, mL)

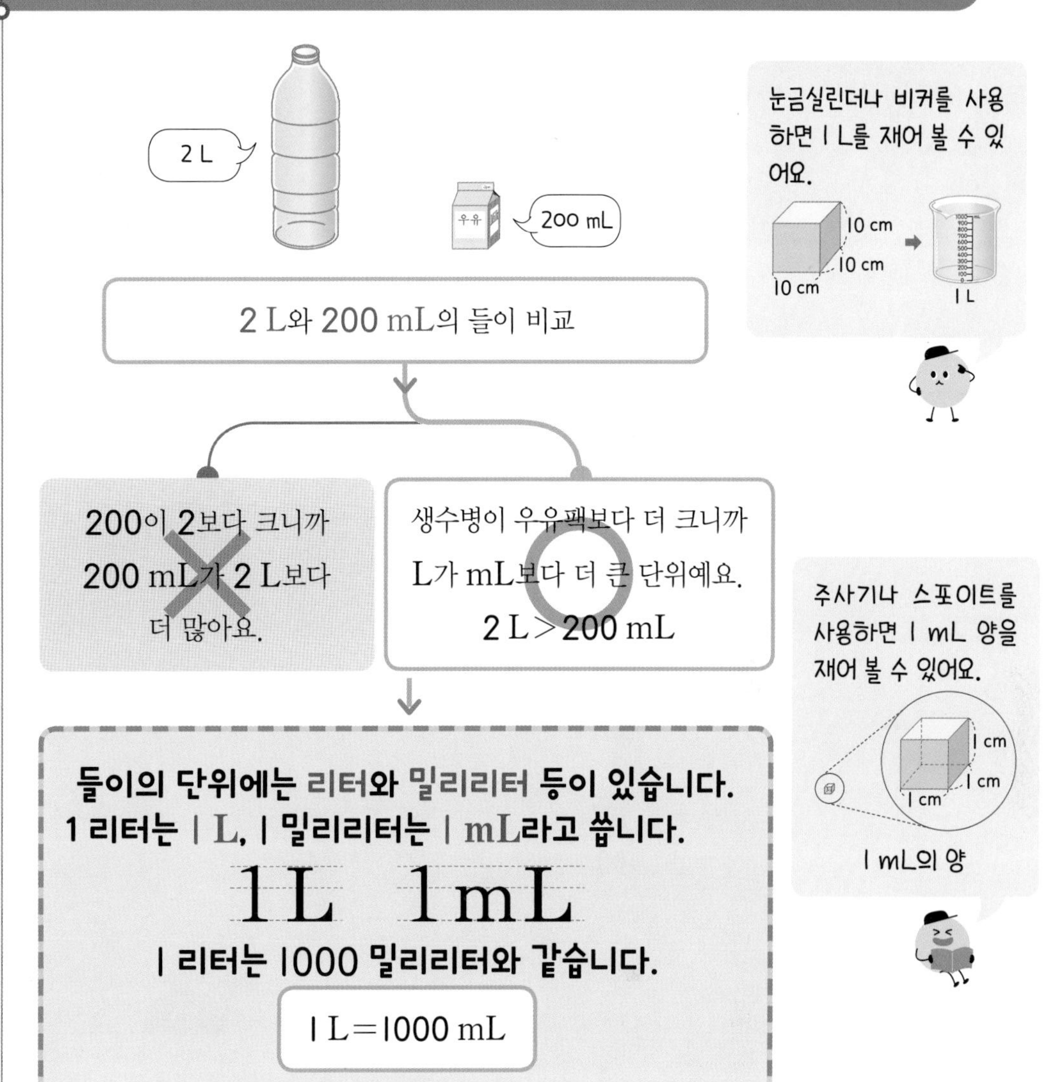

들이의 단위에는 리터와 밀리리터 등이 있습니다.
1 리터는 1 L, 1 밀리리터는 1 mL라고 씁니다.

1 L 1 mL

1 리터는 1000 밀리리터와 같습니다.

1 L=1000 mL

물건에 써 있는 들이 확인하기 ➡ L와 mL 단위 알기 ➡ L와 mL의 관계 알기

[L와 mL를 이용하여 들이 나타내기]

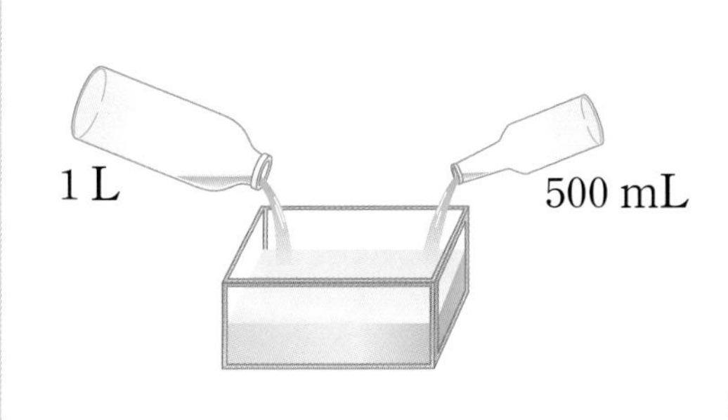

1 L보다 500 mL 더 많은 들이를
1 L 500 mL라 쓰고
1 리터 500 밀리리터라고 읽습니다.
1 L 500 mL는 1500 mL입니다.

1 L 500 mL=1500 mL

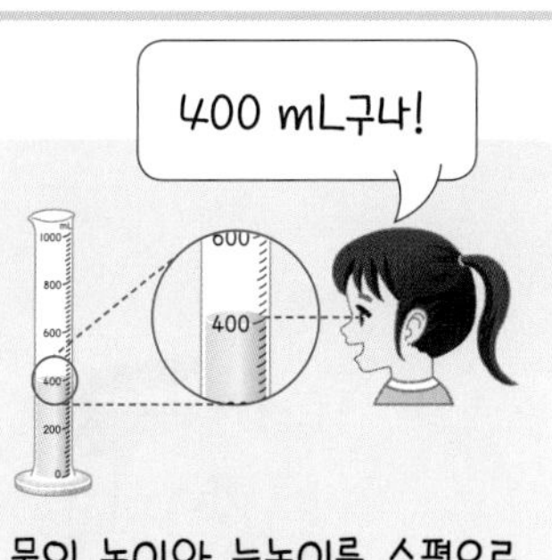

물의 높이와 눈높이를 수평으로 맞추고 눈금을 읽어요.

수해력을 확인해요

• ㉮ 그릇에 물을 가득 채운 뒤 ㉯ 그릇에 옮겨 담았을 때 들이가 더 많은 것 찾기

(㉮ , ㉯)

• ㉮ 물병과 ㉯ 물병에 물을 가득 채운 뒤 모양과 크기가 같은 컵에 옮겨 담았을 때 들이가 더 많은 것 찾기

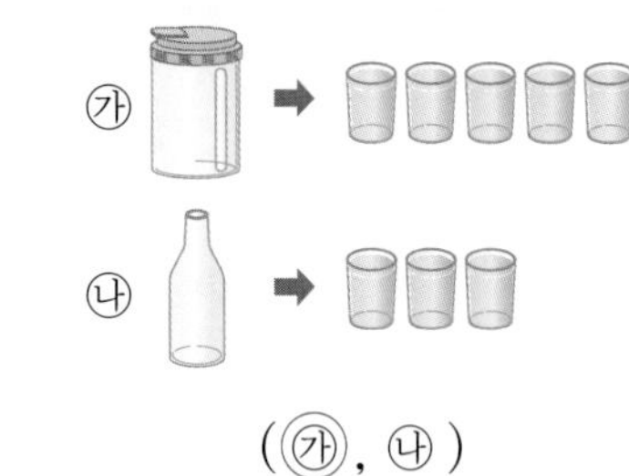

(㉮ , ㉯)

01~06 그림과 같이 물이 채워졌을 때 들이가 더 많은 것에 ○표 하세요.

01

(㉮ , ㉯)

02

(㉮ , ㉯)

03

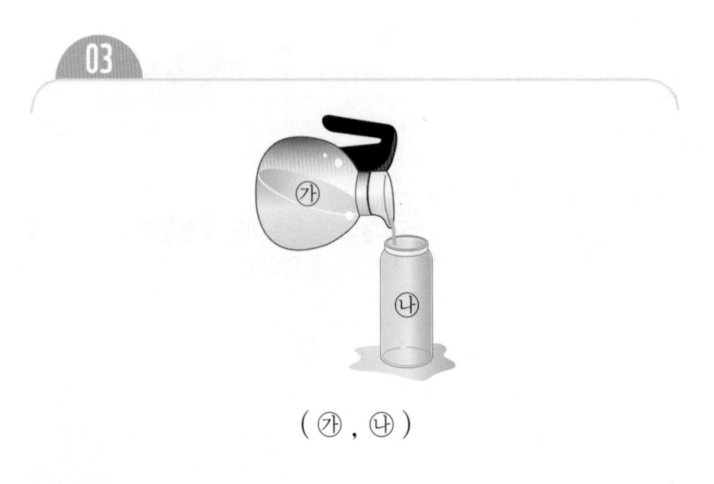

(㉮ , ㉯)

04

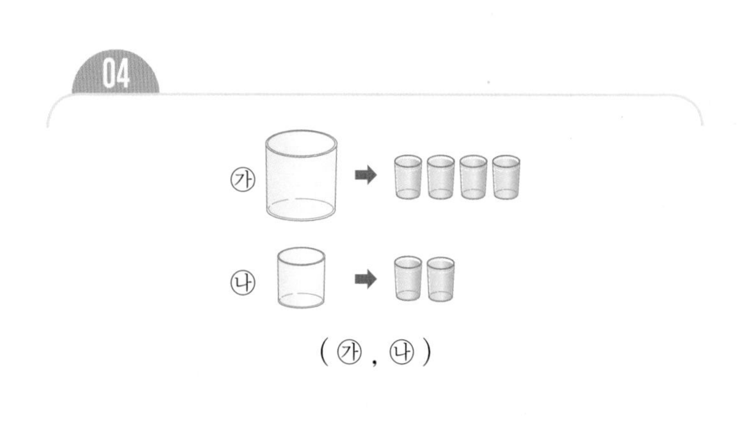

(㉮ , ㉯)

05

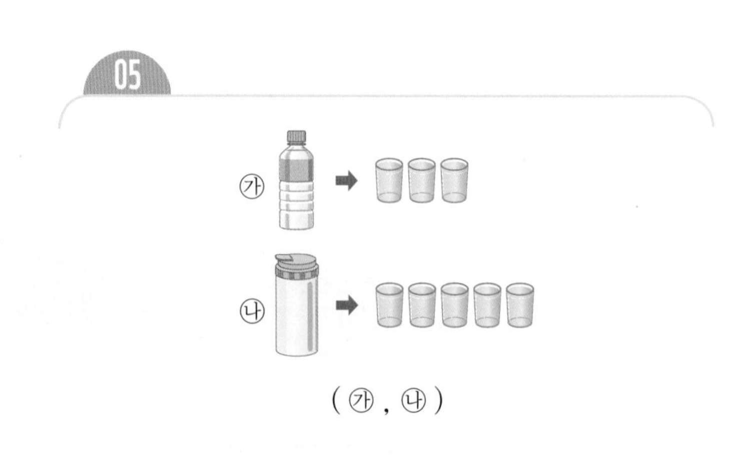

(㉮ , ㉯)

06

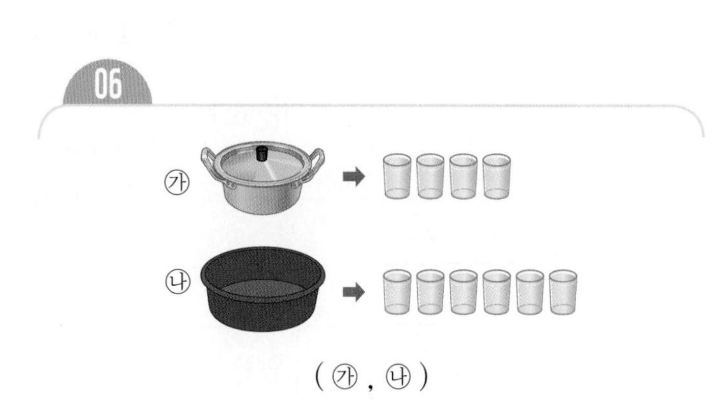

(㉮ , ㉯)

• 눈금을 읽어 들이 나타내기

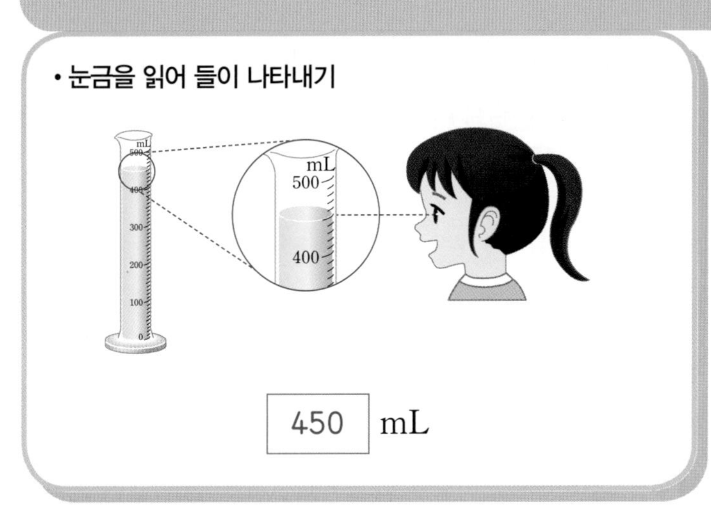

450 mL

• 단위를 바꾸어 들이 나타내기

물건	들이	
생수통	5 L	5000 mL

07 ~ 12 □ 안에 알맞은 수를 쓰고 들이를 나타내 보세요.

07

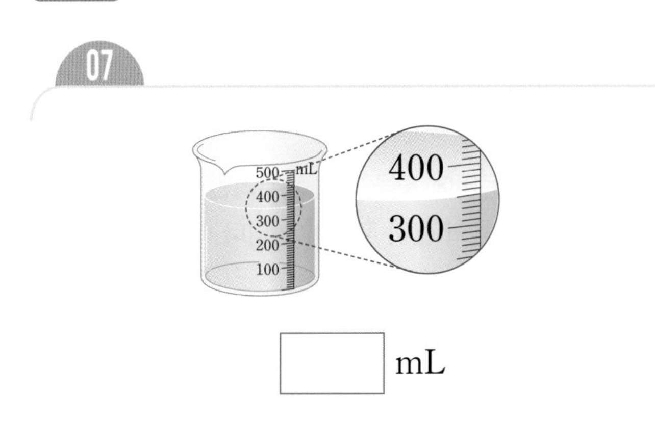

□ mL

08

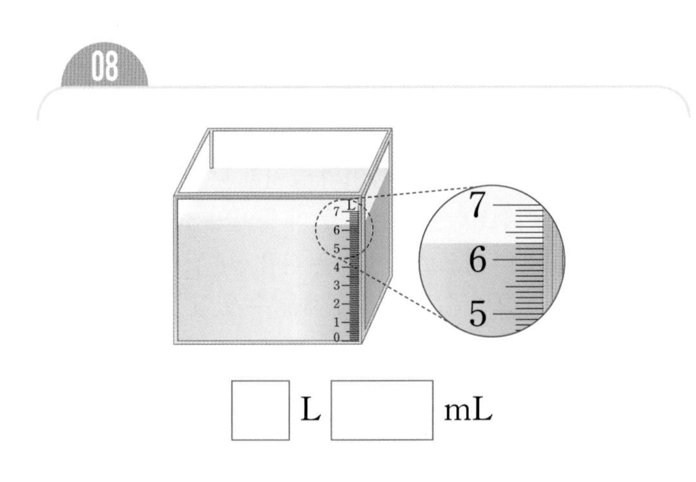

□ L □ mL

09

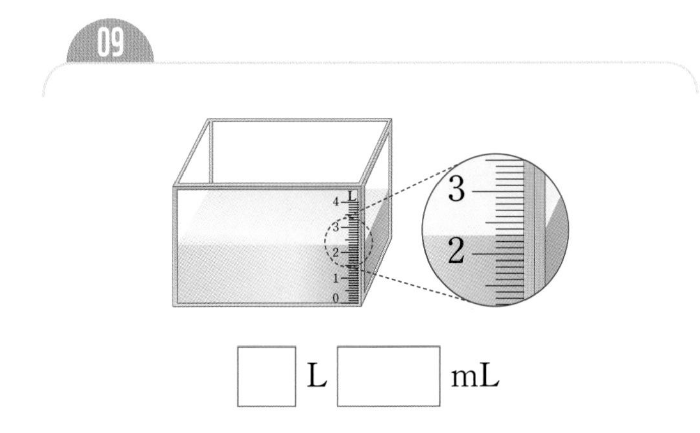

□ L □ mL

10

물건	들이	
세면대	7 L 100 mL	□ mL

11

물건	들이	
솥	8000 mL	□ L

12

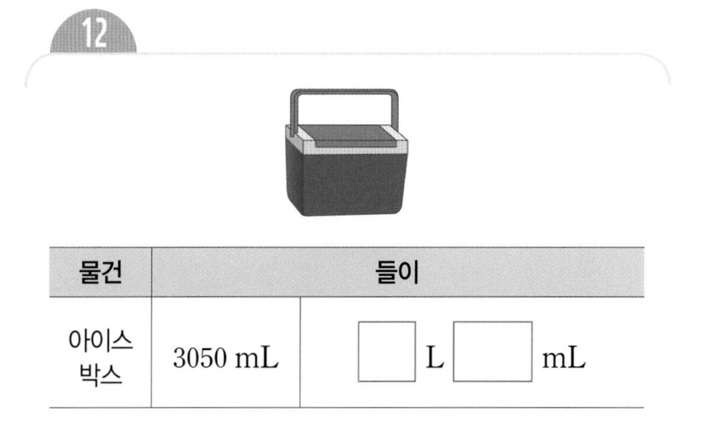

물건	들이	
아이스 박스	3050 mL	□ L □ mL

수해력을 높여요

01

㉮ 물병과 ㉯ 물병에 물을 가득 채운 뒤 모양과 크기가 같은 컵에 각각 옮겨 담았습니다. ㉮ 물병과 ㉯ 물병 중 들이가 더 많은 물병을 찾아 기호를 써 보세요.

㉮	
㉯	

(　　　　　　　　　　)

02

㉮ 그릇과 ㉯ 그릇에 물을 가득 담아 모양과 크기가 같은 컵에 각각 옮겨 담았습니다. □ 안에 알맞은 수를 써넣으세요.

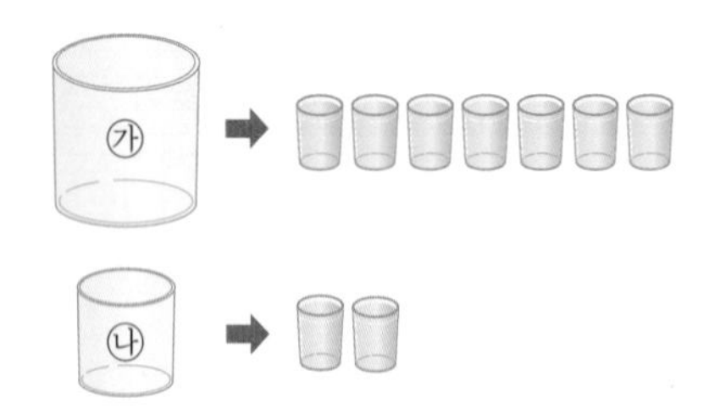

㉮ 그릇이 ㉯ 그릇보다 컵 □ 개만큼 물을 더 담을 수 있습니다.

03

㉮ 병에 물을 가득 채운 뒤 모양과 크기가 같은 ㉯ 그릇에 모두 옮겨 담았더니 ㉯ 그릇 두 개가 가득 찼습니다. ㉮ 병의 들이는 ㉯ 그릇 들이의 몇 배인가요?

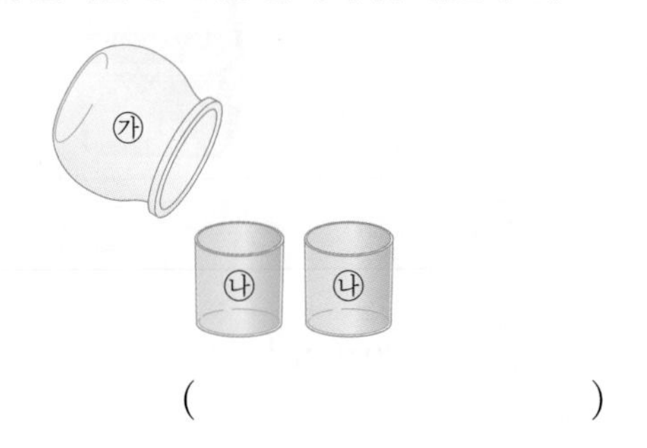

(　　　　　　　　　　)

04

주어진 그릇에 물을 가득 채우려면 ㉮ 컵, ㉯ 컵, ㉰ 컵으로 각각 다음과 같이 부어야 합니다. 들이가 많은 컵부터 순서대로 기호를 써 보세요.

컵	㉮	㉯	㉰
부은 횟수(번)	6	5	9

(　　　　　　　　　　)

05

수조와 양동이에 물을 가득 채우려면 ㉮ 컵과 ㉯ 컵으로 각각 다음과 같이 부어야 합니다. 바르게 이야기한 친구의 이름을 써 보세요.

	㉮ 컵으로 부은 횟수(번)	㉯ 컵으로 부은 횟수(번)
수조	4	6
양동이	2	3

소라: ㉮ 컵보다 ㉯ 컵의 들이가 더 커.
수빈: 수조보다 양동이의 들이가 더 커.
영준: 수조의 들이는 양동이 들이의 3배야.
민수: ㉮ 컵으로 2번 부은 다음, ㉯ 컵으로 3번 부으면 수조를 가득 채울 수 있어.

(　　　　　　　　　　)

06

샴푸통의 들이는 몇 mL인가요?

1 L 600 mL

(　　　　　　　　　　)

07 그림과 같은 수조에 물을 500 mL 더 부으면 몇 mL가 되나요?

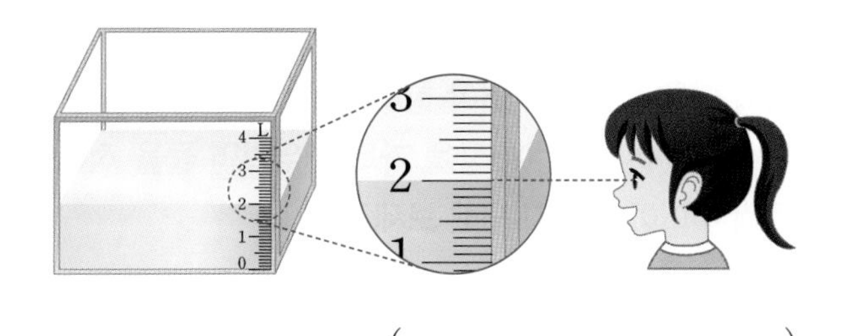

( )

08 비커에 다음과 같이 800 mL씩 물을 채운 뒤 양동이에 모두 옮겨 담았더니 양동이가 가득 찼습니다. 양동이의 들이는 몇 L 몇 mL인가요?

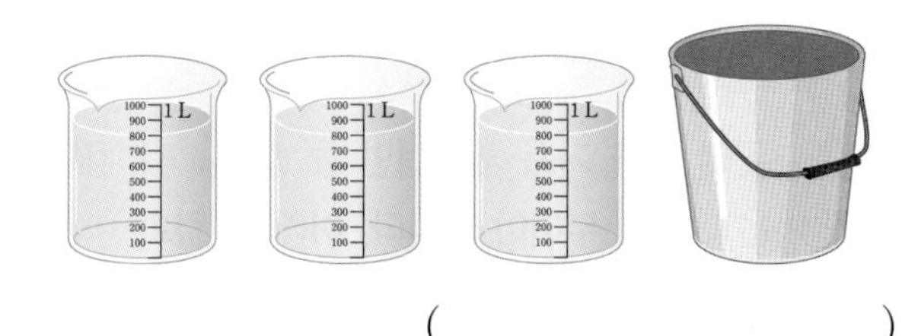

( )

09 들이가 많은 것부터 순서대로 써 보세요.

주전자	대야	식용유병
2080 mL	2 L 8 mL	2 L 800 mL

( )

10 물을 가장 많이 마신 친구의 이름을 써 보세요.

준영: 나는 물을 500 mL 마셨어.
소영: 나는 200 mL보다 1 L 더 마셨어.
미영: 나는 400 mL의 2배보다 200 mL 더 많이 마셨어.

( )

11 실생활 활용

민지는 마트에서 세탁 세제를 사려고 합니다. 세제 100 mL당 가격이 400원일 때 500 mL 세제의 가격은 얼마인가요?

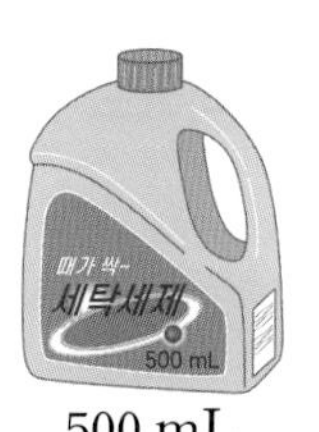

500 mL

가격: 100 ml당 400원

( )

12 교과 융합

헌혈은 수혈이 필요한 환자의 생명을 구하기 위해 피를 뽑아 주는 것입니다. 혈액의 모든 성분을 뽑을 경우 한 번에 400 mL씩 1년에 5번까지 헌혈할 수 있습니다. 민호가 올해 400 mL씩 3번 헌혈했다면 몇 mL를 더 헌혈할 수 있는지 구해 보세요.

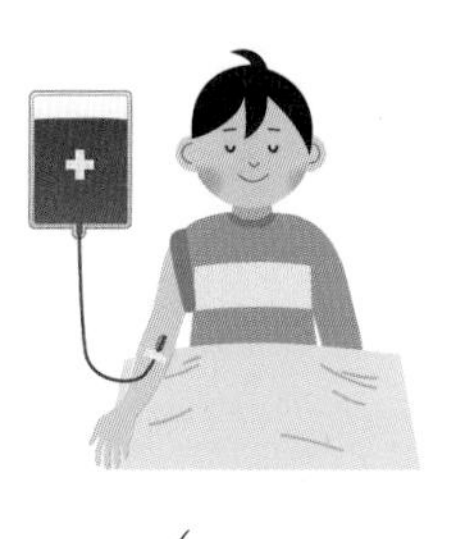

( )

수해력을 완성해요

대표 응용 **1** **물을 부어야 하는 횟수 구하기**

어떤 그릇에 물을 가득 채우려면 ㉮ 컵과 ㉯ 컵으로 각각 다음과 같이 부어야 합니다. 이때 ㉯ 컵으로 ㉮ 컵에 물을 가득 채우려면 물을 적어도 몇 번 부어야 하는지 구해 보세요.

컵	㉮	㉯
부은 횟수(번)	4	12

해결하기

1단계 어떤 그릇에 물을 가득 채우려면 ㉮ 컵으로 4번, ㉯ 컵으로 12번 부어야 하므로 ㉮ 컵의 들이는 ㉯ 컵 들이의

☐ ÷ ☐ = ☐ (배)입니다.

2단계 따라서 ㉯ 컵으로 ㉮ 컵에 물을 가득 채우려면 물을 적어도 ☐ 번씩 부어야 합니다.

1-1

어떤 그릇에 물을 가득 채우려면 ㉮ 컵과 ㉯ 컵으로 각각 다음과 같이 부어야 합니다. 이때 ㉯ 컵으로 ㉮ 컵에 물을 가득 채우려면 물을 적어도 몇 번 부어야 하는지 구해 보세요.

컵	㉮	㉯
부은 횟수(번)	6	24

( )

1-2

어떤 그릇에 물을 가득 채우려면 ㉮ 컵, ㉯ 컵, ㉰ 컵으로 각각 다음과 같이 부어야 합니다. 이때 ㉯ 컵과 ㉰ 컵을 모두 사용하여 ㉮ 컵에 물을 가득 채우려면 물을 적어도 몇 번씩 부어야 하는지 구해 보세요.

컵	㉮	㉯	㉰
부은 횟수(번)	4	8	16

㉯ 컵 ( ), ㉰ 컵 ( )

1-3

어떤 그릇에 물을 가득 채우려면 ㉮ 컵, ㉯ 컵, ㉰ 컵으로 각각 다음과 같이 부어야 합니다. 이때 ㉯ 컵과 ㉰ 컵을 모두 사용하여 ㉮ 컵에 물을 가득 채우려면 물을 적어도 몇 번씩 부어야 하는지 구해 보세요.

컵	㉮	㉯	㉰
부은 횟수(번)	3	6	12

㉯ 컵 ( ), ㉰ 컵 ( )

1-4

어떤 그릇에 물을 가득 채우려면 ㉮ 컵, ㉯ 컵, ㉰ 컵으로 각각 다음과 같이 부어야 합니다. 이때 ㉯ 컵과 ㉰ 컵을 모두 사용하여 ㉮ 컵에 물을 가득 채우려면 물을 적어도 몇 번씩 부어야 하는지 구해 보세요.

컵	㉮	㉯	㉰
부은 횟수(번)	2	4	16

㉯ 컵 ( ), ㉰ 컵 ( )

대표 응용
2 수조의 들이 구하기

7 L 들이의 비커와 400 mL 들이의 비커에 물을 가득 채워 빈 수조에 모두 부었더니 수조가 가득 찼습니다. 수조의 들이는 몇 mL인가요?

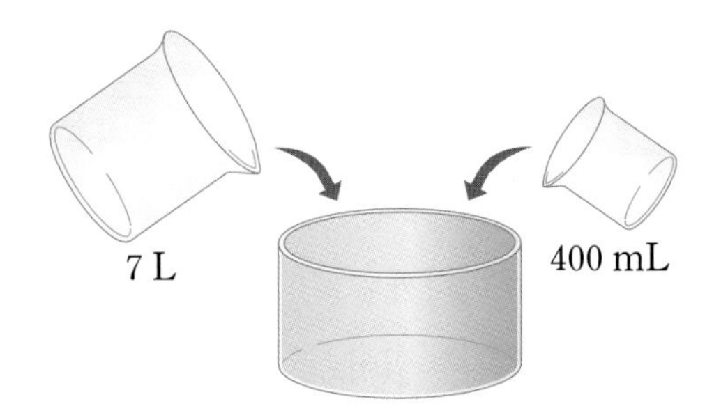

해결하기

1단계 7 L보다 400 mL 더 많은 들이는

□ L □ mL입니다.

2단계 1 L=1000 mL이므로 수조의 들이는

□ L □ mL= □ mL입니다.

2-1

5 L 들이의 비커와 800 mL 비커의 그릇에 물을 가득 채워 빈 수조에 부었더니 수조가 가득 찼습니다. 수조의 들이는 몇 mL인가요?

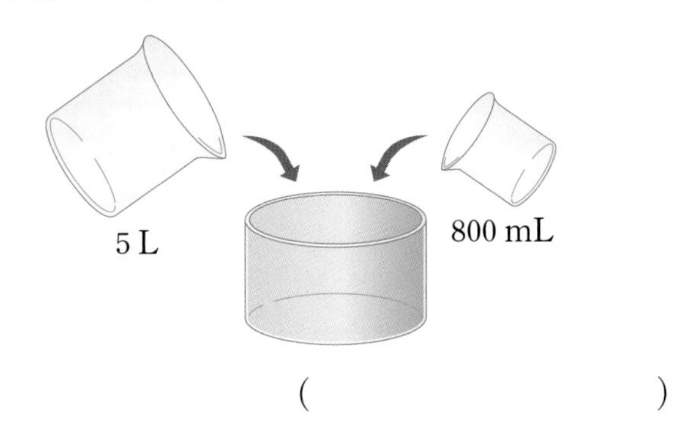

(   )

2-2

4 L 들이의 비커와 200 mL 들이의 비커에 물을 가득 채워 빈 수조에 모두 부었더니 수조의 절반이 찼습니다. 수조의 들이는 몇 mL인가요?

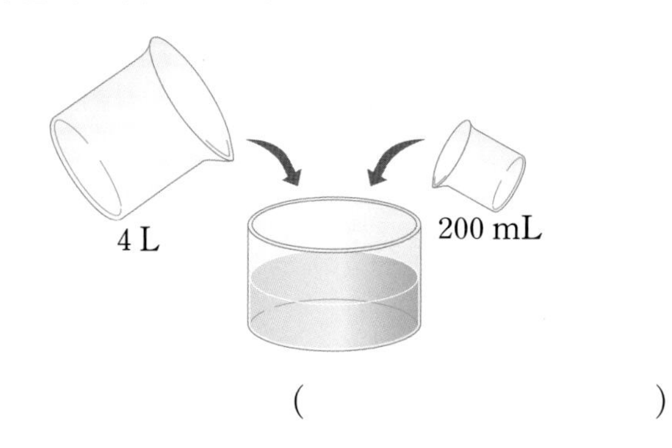

(   )

2-3

2 L 들이의 비커와 1 L 들이의 비커에 물을 가득 채워 빈 수조 두 개에 모두 부었더니 각각 가득 찼습니다. 이때 수조 한 개의 들이는 몇 L 몇 mL인가요? (단, 수조의 모양과 크기는 같습니다.)

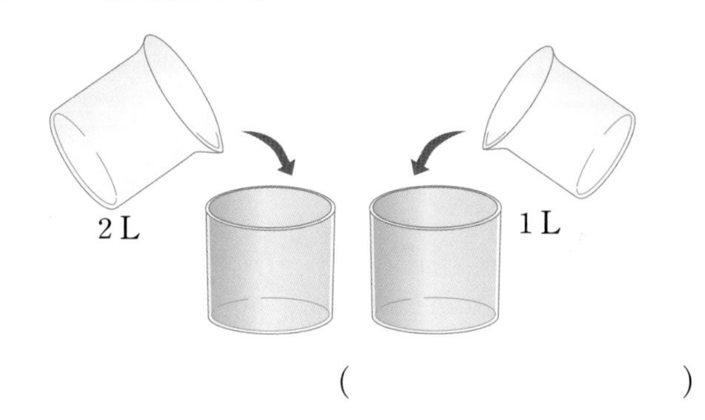

(   )

2-4

2 L 들이의 비커와 600 mL 들이의 비커에 물을 가득 채워 빈 수조 두 개에 모두 부었더니 각각 가득 찼습니다. 이때 수조 한 개의 들이는 몇 mL인가요? (단, 수조의 모양과 크기는 같습니다.)

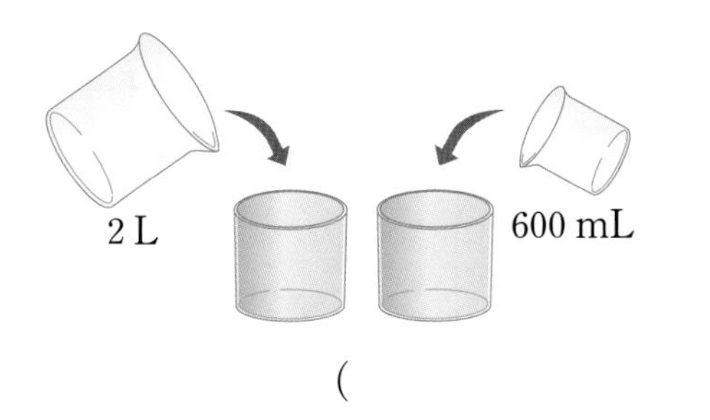

(   )

개념 1 들이를 어림하고 재어 보기

이미 배운 들이의 어림

들이를 대략 어림할 때

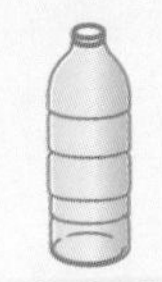
생수병

주스병

생수병의 들이는 주스병의 들이와 비슷한 것 같아요.

새로 배울 들이의 어림하기

주스갑의 들이는 얼마쯤 될까요?

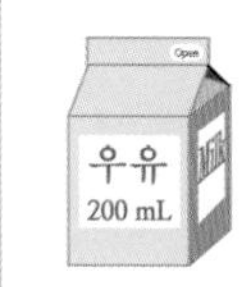

200 mL인 우유갑보다 조금 더 적어 보이니까 약 190 mL로 어림할 수 있어요.

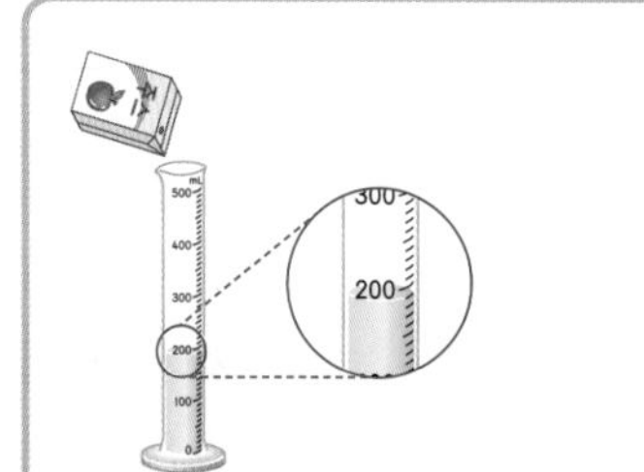

직접 재어 보면 190 mL예요.

들이를 직접 재려면 구하려는 물건에 물을 가득 채운 뒤 눈금이 있는 적당한 측정 도구에 물을 옮겨 담아 들이를 재요.

들이를 어림하여 말할 때는 약 □ L 또는 약 □ mL라고 해요.

물통의 들이	어림한 방법	어림한 들이	직접 잰 들이
200 mL 100 mL	200 mL 우유갑으로 2번, 100 mL인 요구르트병으로 1번 들어갈 것 같으므로 약 500 mL입니다.	약 500 mL	480 mL

들이 어림하기  직접 들이 재기  어림값과 실제값 비교하기

[알맞은 단위 선택하기]

	➡ 간장병의 들이는 약 1800 (mL, L)입니다.		➡ 욕조의 들이는 약 250 (mL, L)입니다.
	➡ 약병의 들이는 약 30 (mL, L)입니다.		➡ 식용유병의 들이는 약 1 (mL, L)입니다.

개념 2 들이의 덧셈과 뺄셈 알아보기

이미 배운 들이의 덧셈

• 2 L보다 500 mL 더 많은 들이

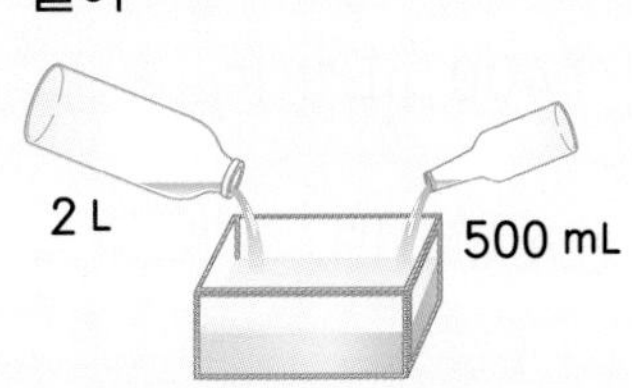

2 L 보다 500 mL 더 많으면
2 L+500 mL
=2000 mL+500 mL
=2 L 500 mL예요.

새로 배울 들이의 덧셈과 뺄셈

(1) 2 L 450 mL+1 L 25 mL

(2) 6 L 700 mL−3 L 20 mL

들이의 합과 차를 어림하여 계산 결과를 예상해 볼 수 있어요.

(1) 2450+125와 (2) 6700−320 을 계산하면 구할 수 있어요. (✕)

같은 단위끼리 계산해야 해요. (○)

	2 L	450 mL
+	1 L	25 mL
	3 L	475 mL

	6 L	700 mL
−	3 L	20 mL
	3 L	680 mL

L는 L끼리, mL는 mL끼리 더하거나 빼요.

[받아올림과 받아내림이 있는 들이의 덧셈, 뺄셈 방법]

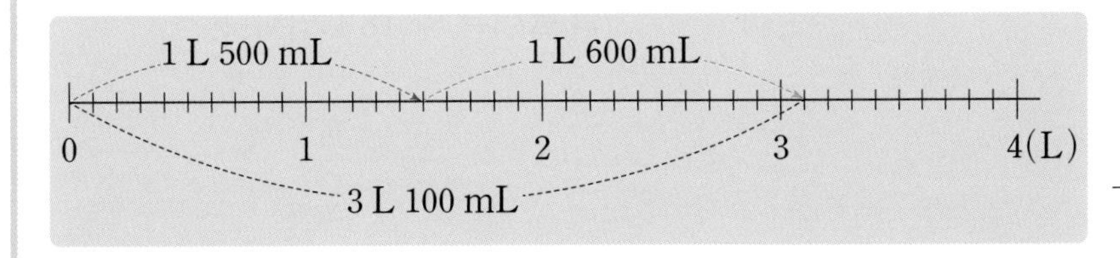

	1	
	1 L	500 mL
+	1 L	600 mL
	3 L	100 mL

mL끼리의 덧셈에서 합이 1000 mL이거나 1000 mL를 넘는 경우 받아올림 합니다.

3 L 500 mL
0 1 2 3 4(L)
1 L 800 mL
1 L 700 mL

	2	1000
	~~3~~ L	500 mL
−	1 L	700 mL
	1 L	800 mL

mL끼리의 뺄셈에서 빼는 수가 더 큰 경우 받아내림 합니다.

수해력을 확인해요

• mL와 L 중 알맞은 단위 고르기

음료수 캔의 들이는 약 350 [mL] 입니다.

• 들이에 알맞은 물건 고르기

보기

컵, 양동이

[컵] 의 들이는 약 400 mL입니다.

[양동이] 의 들이는 약 4 L입니다.

01~03 mL와 L 중 알맞은 단위를 골라 문장을 완성해 보세요.

01

냄비의 들이는 약 2 [ ] 입니다.

02

주사기의 들이는 약 10 [ ] 입니다.

03

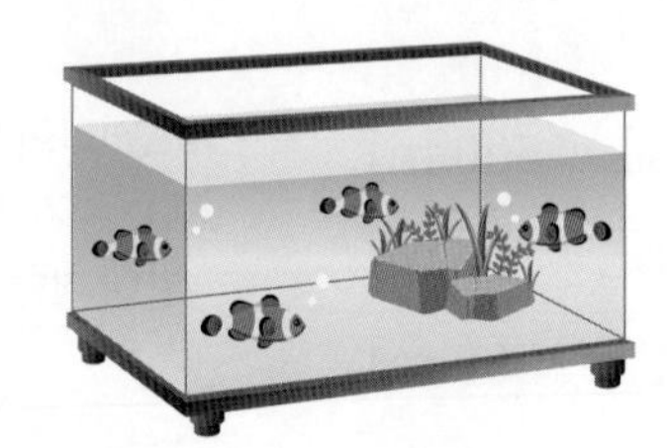

수족관의 들이는 약 130 [ ] 입니다.

04~06 보기 에서 들이에 알맞은 물건을 선택하여 문장을 완성해 보세요.

04

보기

분무기, 욕조

[ ] 의 들이는 약 200 L입니다.

[ ] 의 들이는 약 200 mL입니다.

05

보기

종이컵, 개수대

[ ] 의 들이는 약 180 mL입니다.

[ ] 의 들이는 약 18 L입니다.

06

보기

아이스박스, 밥그릇

[ ] 의 들이는 약 400 mL입니다.

[ ] 의 들이는 약 40 L입니다.

• 들이의 덧셈

(1) 받아올림이 없는 들이의 덧셈

	1	L	200	mL
+	2	L	300	mL
	3	L	500	mL

(2) 받아올림이 있는 들이의 덧셈

	1 4	L	800	mL
+	3	L	400	mL
	8	L	200	mL

• 들이의 뺄셈

(1) 받아내림이 없는 들이의 뺄셈

	4	L	600	mL
−	2	L	500	mL
	2	L	100	mL

(2) 받아내림이 있는 들이의 뺄셈

	4 ~~5~~	L	1000 200	mL
−	1	L	900	mL
	3	L	300	mL

07~14 □ 안에 알맞은 수를 써넣으세요.

07

(1)

	4	L	200	mL
+	2	L	360	mL
	□	L	□	mL

(2)

	3	L	800	mL
+	2	L	730	mL
	□	L	□	mL

08

(1)

	6	L	250	mL
+	5	L	140	mL
	□	L	□	mL

(2)

	8	L	900	mL
+	4	L	200	mL
	□	L	□	mL

09

(1)

	2	L	390	mL
+	1	L	102	mL
	□	L	□	mL

(2)

	4	L	580	mL
+	2	L	670	mL
	□	L	□	mL

10

(1)

	1	L	420	mL
+	7	L	268	mL
	□	L	□	mL

(2)

	7	L	950	mL
+	6	L	60	mL
	□	L	□	mL

11

(1)

	7	L	670	mL
−	6	L	360	mL
	□	L	□	mL

(2)

	7	L	260	mL
−	1	L	890	mL
	□	L	□	mL

12

(1)

	3	L	980	mL
−	2	L	270	mL
	□	L	□	mL

(2)

	6	L	160	mL
−	1	L	740	mL
	□	L	□	mL

13

(1)

	8	L	675	mL
−	5	L	355	mL
	□	L	□	mL

(2)

	9	L	170	mL
−	1	L	820	mL
	□	L	□	mL

14

(1)

	1	L	840	mL
−	1	L	230	mL
			□	mL

(2)

	3	L	580	mL
−	1	L	720	mL
	□	L	□	mL

수해력을 높여요

01 다음에서 들이가 2 L보다 작은 것을 찾아 기호를 써 보세요.

( )

02 들이의 단위를 잘못 사용한 친구의 이름을 써 보세요.

소라: 주전자의 들이는 약 2 L야.
연진: 유리컵의 들이는 약 300 mL야
동은: 주사기의 들이는 약 10 L야.

( )

03 물병의 들이를 바르게 어림한 방법을 찾아 기호를 써 보세요.

㉠ 물병은 2 L 우유갑보다 작으므로 약 2500 mL입니다.
㉡ 물병에 500 mL 우유갑으로 3번쯤 들어갈 것 같으므로 1 L 500 mL입니다.
㉢ 물병에 500 mL 우유갑으로 2번, 200 mL 우유갑으로 2번 들어갈 것 같으므로 약 1900 mL입니다.

( )

04 미영이와 진우는 들이가 12 L인 생수통을 다음과 같이 어림했습니다. 실제 들이에 더 가깝게 어림한 친구의 이름을 써 보세요.

12 L

미영: 생수통의 들이는 약 10 L 500 mL야.
진우: 생수통의 들이는 약 13 L 250 mL야.

( )

05 다음에서 가장 많은 들이와 가장 적은 들이의 합은 몇 mL인가요?

㉠ 3 L　㉡ 7 L 600 mL　㉢ 2005 mL

( )

06 한 병에 2 L인 간장을 사서 요리를 하는 데 1 L 250 mL를 사용했습니다. 남은 간장은 몇 mL인가요?

2 L

( )

07 오늘 호민이와 재준이가 마신 물은 모두 몇 L 몇 mL인가요?

호민
나는 오늘 물을 1L 10 mL 마셨어.

재준
나는 호민이보다 300 mL 더 많이 마셨어.

( )

08 희찬이의 계산을 보고 틀린 곳을 찾아 바르게 계산해 보세요.

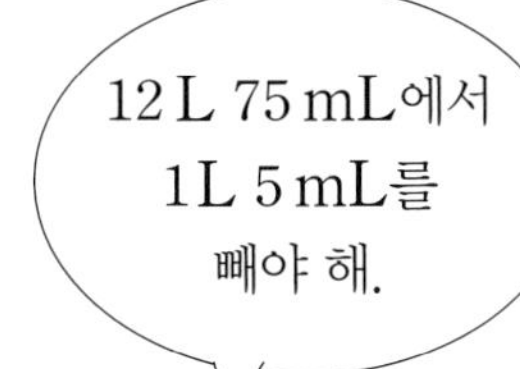

	12 L	75 mL
−	1 L	5 mL
	2 L	25 mL

희찬

09 수진이는 마트에서 사골 육수를 사서 400 mL를 먹고 나머지는 들이가 500 mL인 그릇 두 개에 나누어 담았습니다. 이때 두 그릇이 가득 찼다면 처음 사골 육수의 들이는 몇 mL인가요?

(　　　　　　)

10 지호와 윤아는 사과 주스와 포도 주스를 다음과 같이 샀습니다. 누가 주스를 몇 mL 더 샀나요?

사과 주스
1 L 300 mL

포도 주스
900 mL

지호: 나는 사과 주스 2병과 포도 주스 1병을 샀어.
윤아: 나는 사과 주스 1병과 포도 주스 3병을 샀어.

(　　　　　,　　　　　)

11 실생활 활용

민주는 토마토 스프를 만들기 위해 다음과 같은 재료를 냄비에 넣었습니다. 냄비의 들이는 적어도 몇 mL보다 많아야 하나요?

〈레시피〉
육수 480 mL
토마토 소스 90 mL
올리브 오일 30 mL

(　　　　　　)

12 교과 융합

다음은 '되로 주고 말로 받는다.'는 속담의 풀이입니다.

되로 주고 말로 받는다
한 말은 한 되를 10번 더한 양과 같아서 '되로 주고 말로 받는다.'는 조금 주고 더 많은 대가를 돌려받는다는 뜻을 지닙니다. 주로 남에게 나쁜 짓을 했다가 자기가 오히려 더 나쁜 일을 당하게 되는 경우에 쓰입니다.

다섯 되의 양이 약 9 L라면 한 말은 약 몇 L인지 구해 보세요.

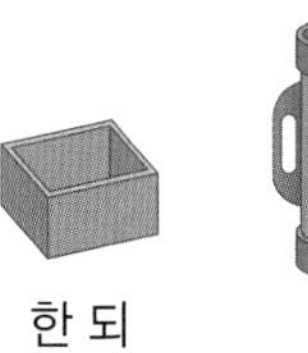
한 되　　한 말

약 (　　　　　　)

수해력을 완성해요

대표 응용 1 어항에 든 물의 양 구하기

어항에 들이가 400 mL인 그릇과 600 mL인 그릇을 다음과 같이 사용하여 물을 채웠습니다. 어항에 모두 몇 L의 물이 들어 있는지 구해 보세요.

그릇의 들이	400 mL	600 mL
부은 횟수(번)	2	2

해결하기

1단계 어항에 400 mL의 물을 2번, 600 mL의 물을 2번 부었으므로 □ mL와 □ mL의 물이 들어 갔습니다.

2단계 따라서 어항에는 □ mL+□ mL =□ mL만큼의 물이 들어 있습니다.

3단계 1000 mL=1 L이므로 어항에 모두 □ L의 물이 들어 있습니다.

1-1

어항에 들이가 300 mL인 그릇과 800 mL인 그릇을 다음과 같이 사용하여 물을 채웠습니다. 어항에 모두 몇 L 몇 mL의 물이 들어 있는지 구해 보세요.

그릇의 들이	300 mL	800 mL
부은 횟수(번)	1	2

( )

1-2

어항에 들이가 600 mL인 그릇과 900 mL인 그릇을 다음과 같이 사용하여 물을 채웠습니다. 어항에 모두 몇 L 몇 mL의 물이 들어 있는지 구해 보세요.

그릇의 들이	600 mL	900 mL
부은 횟수(번)	3	1

( )

1-3

어항에 들이가 400 mL, 500 mL, 600 mL인 그릇을 다음과 같이 사용하여 물을 채웠습니다. 어항에 모두 몇 mL의 물이 들어 있는지 구해 보세요.

그릇의 들이	400 mL	500 mL	600 mL
부은 횟수(번)	3	2	1

( )

1-4

어항에 들이가 1 L 200 mL, 400 mL, 2 L 700 mL인 그릇을 다음과 같이 사용하여 물을 채웠습니다. 어항에 모두 몇 L의 물이 들어 있는지 구해 보세요.

그릇의 들이	1 L 200 mL	400 mL	2 L 700 mL
부은 횟수(번)	1	1	2

( )

대표 응용 2

수조에 물을 붓는 횟수 구하기

들이가 10 L인 수조에 물이 2 L 200 mL 채워져 있습니다. 이 수조에 물을 절반만큼 채우려면 들이가 700 mL인 그릇으로 물을 적어도 몇 번 부어야 하는지 구해 보세요.

해결하기

1단계 들이가 10 L인 수조의 절반은 ☐ L입니다.

2단계 이미 수조에 물이 2 L 200 mL 들어 있으므로 수조에 채워야 하는 물의 양은

☐ L−2 L 200 mL

=☐ L ☐ mL입니다.

3단계 700 mL를 ☐번 더하면

2 L 800 mL이므로 700 mL인 그릇으로

물을 적어도 ☐번 부어야 합니다.

2-1

들이가 8 L인 수조에 물이 2 L 800 mL 채워져 있습니다. 이 수조에 물을 절반만큼 채우려면 들이가 600 mL인 그릇으로 물을 적어도 몇 번 부어야 하는지 구해 보세요.

( )

2-2

들이가 7 L인 수조에 물이 1 L 500 mL 채워져 있습니다. 이 수조에 500 mL만큼 남기고 모두 채우려면 500 mL인 그릇으로 물을 적어도 몇 번 부어야 하는지 구해 보세요.

( )

2-3

들이가 5 L인 수조에 물이 3 L 700 mL 채워져 있습니다. 이 수조에 500 mL만큼 남기고 모두 채우려면 400 mL인 그릇으로 물을 적어도 몇 번 부어야 하는지 구해 보세요.

( )

2-4

들이가 2 L인 수조에 물이 600 mL 채워져 있습니다. 이 수조의 절반보다 500 mL 더 많이 물을 채우려면 300 mL인 그릇으로 물을 적어도 몇 번 부어야 하는지 구해 보세요.

( )

3. 무게 비교와 무게의 단위

개념 1 무게 비교하기

이미 배운 무게 비교

• 무게가 확실히 차이날 때

코끼리가 축구공보다 더 무거워요.

새로 배울 무게 비교

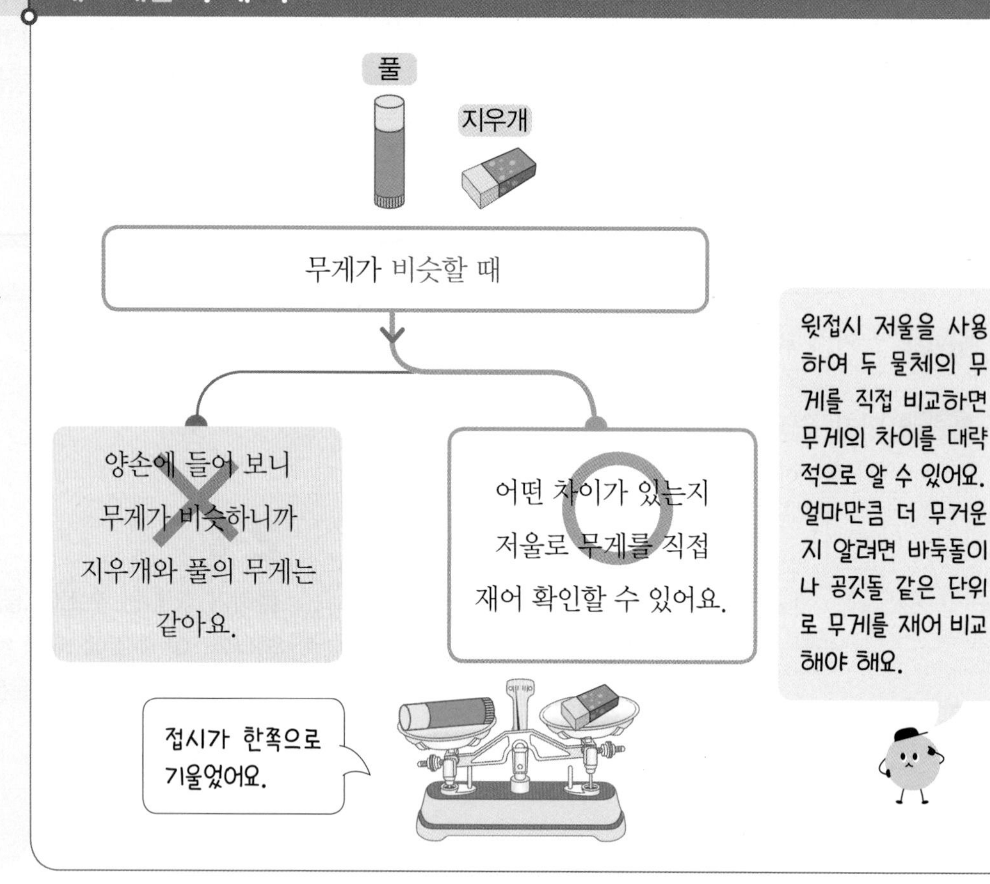

윗접시 저울을 사용하여 두 물체의 무게를 직접 비교하면 무게의 차이를 대략적으로 알 수 있어요. 얼마만큼 더 무거운지 알려면 바둑돌이나 공깃돌 같은 단위로 무게를 재어 비교해야 해요.

저울의 영점 맞추기 ➡ 크기가 비슷한 두 물체를 저울에 올려놓기 ➡ 저울의 접시가 기울어진 정도를 통해 물건의 무게 비교하기

[여러 가지 방법으로 무게 비교하기]

방법 1 윗접시 저울을 사용하여 무게 비교하기

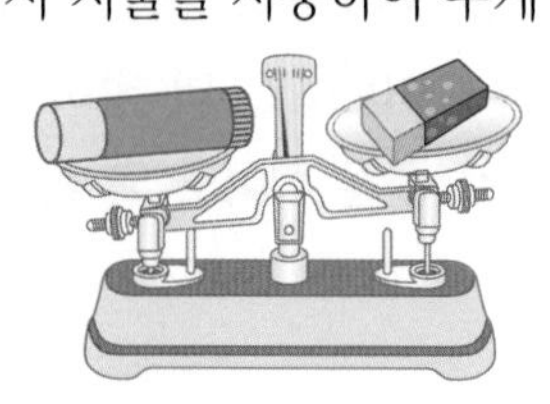

➡ 풀을 올려놓은 접시가 아래로 내려갔으므로 풀이 더 무겁습니다.

방법 2 윗접시 저울과 클립, 바둑돌, 공깃돌, 동전 등의 수로 물건의 무게 비교하기

풀 클립 52개 지우개 클립 42개

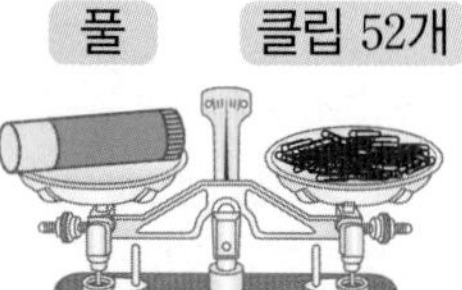
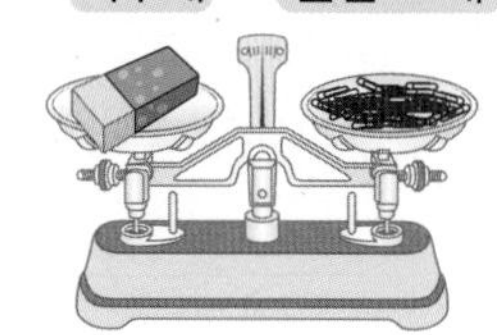

➡ 풀이 지우개보다 클립 10개만큼 더 무겁습니다.

무게를 비교하려면 같은 단위를 사용해야 해요.

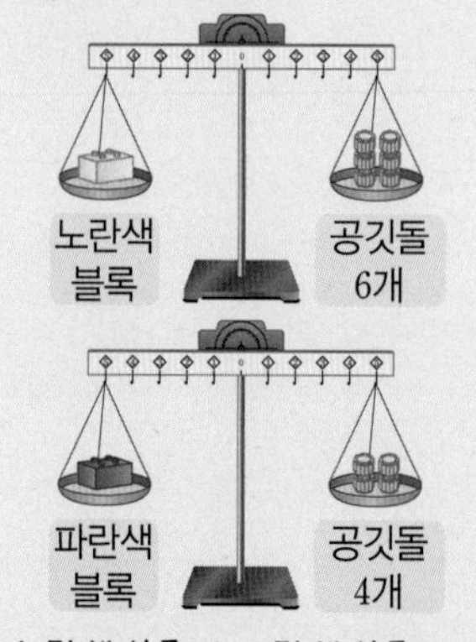

노란색 블록이 파란색 블록보다 공깃돌 2개만큼 더 무거워요.

개념 2 무게의 단위 (1 kg, 1 g, 1 t) 알아보기

이미 배운 무게 비교

• 양팔 저울로 무게 비교

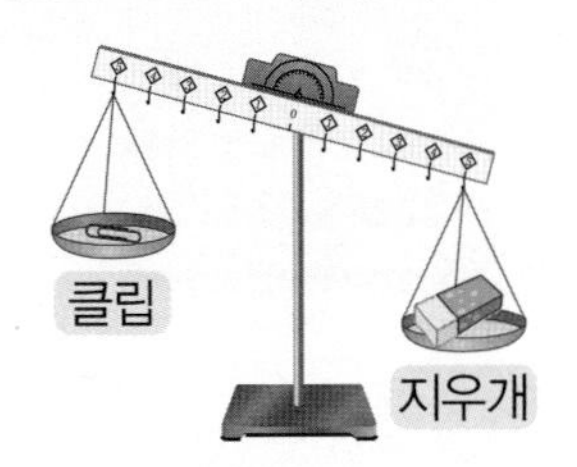

저울이 지우개 쪽으로 기울었으므로 지우개가 클립보다 더 무거워요.

새로 배울 무게의 단위(1 kg, 1 g, 1 t)

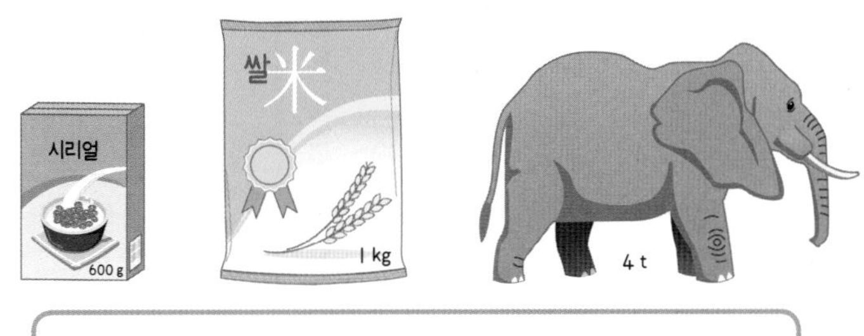

무게 읽기

↓

무게의 단위에는 킬로그램, 그램, 톤 등이 있습니다.
1 킬로그램은 1 킬로그램, 1 그램은 1 그램, 1 톤은 1 톤이라고 씁니다.

1 kg　1 g　1 t

1 킬로그램은 1000 그램과 같고, 1 톤은 1000 킬로그램과 같습니다.

1 kg=1000 g　　1 t=1000 kg

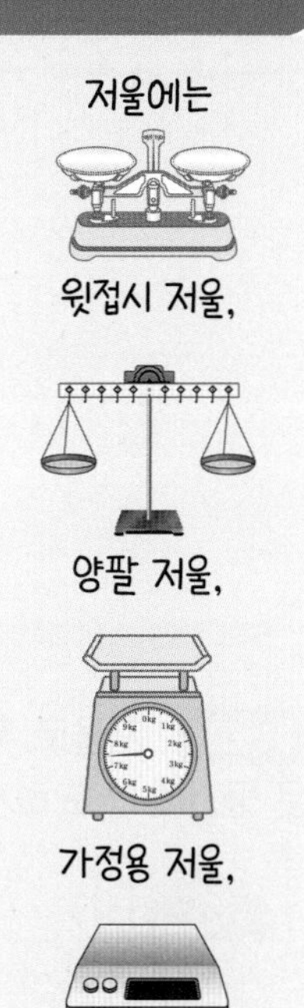

물체에 표시된 무게 읽기 ➡ kg, g, t 단위 알기 ➡ kg과 g의 관계 알기 / t과 kg의 관계 알기

[kg, g을 이용해 무게 나타내기]

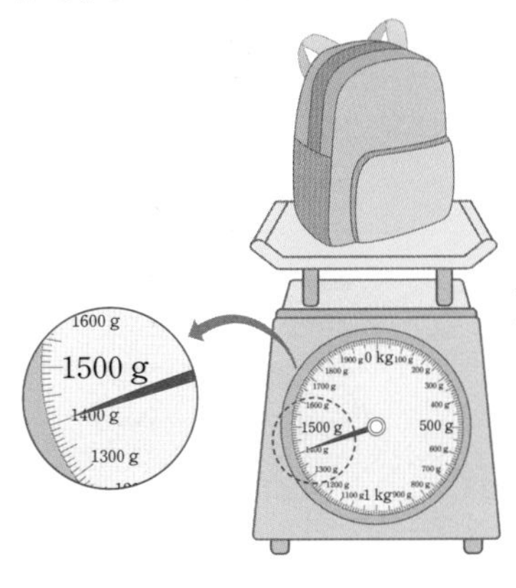

1 kg보다 400 g 더 무거운 무게를 1 kg 400 g이라 쓰고 1 킬로그램 400 그램이라고 읽습니다.
1 kg 400 g은 1400 g 입니다.

1 kg 400 g=1400 g

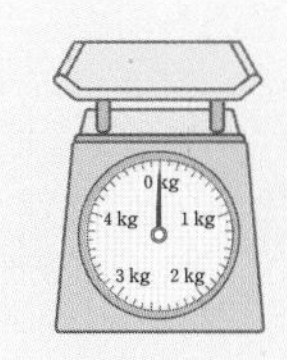

무거운 물건의 대략적인 무게를 구할 때에는 kg 단위로 표시된 저울을 사용해요.

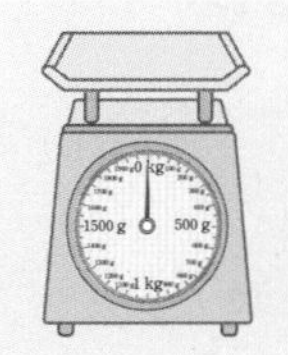

가벼운 물건의 무게나 정확한 무게를 구할 때에는 g 단위로 표시된 저울을 사용해요.

수해력을 확인해요

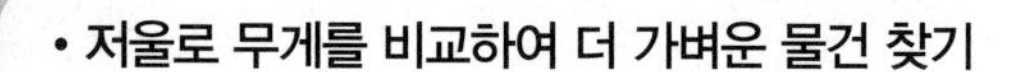

• 저울로 무게를 비교하여 더 가벼운 물건 찾기

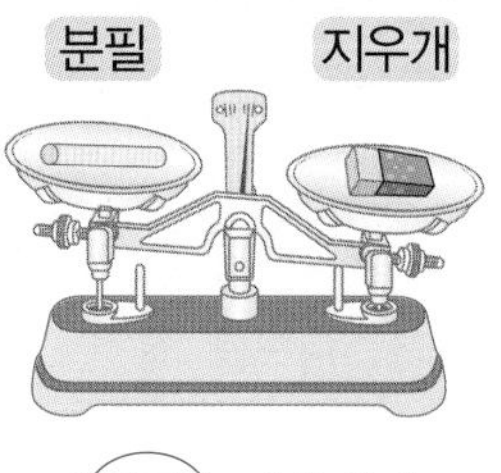

((분필), 지우개)

• 어느 것이 얼마나 더 무거운지 알기

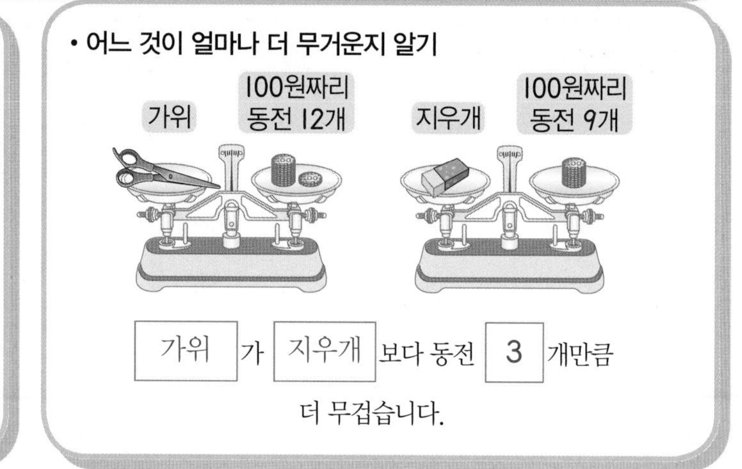

[가위] 가 [지우개] 보다 동전 [3] 개만큼 더 무겁습니다.

01~03 저울로 무게를 비교했습니다. 저울을 보고 더 가벼운 물건에 ○표 하세요.

01

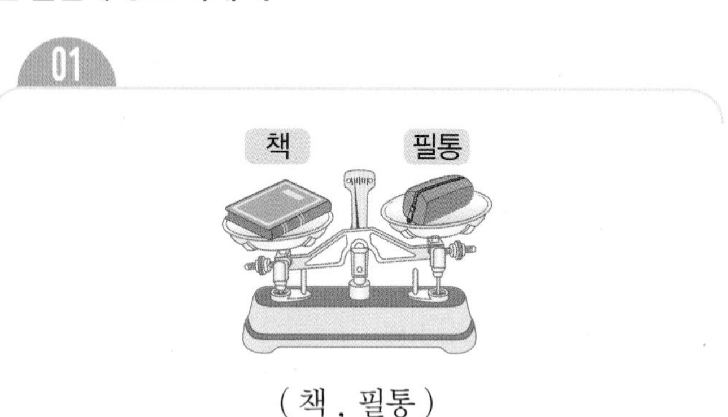

(책 , 필통)

02

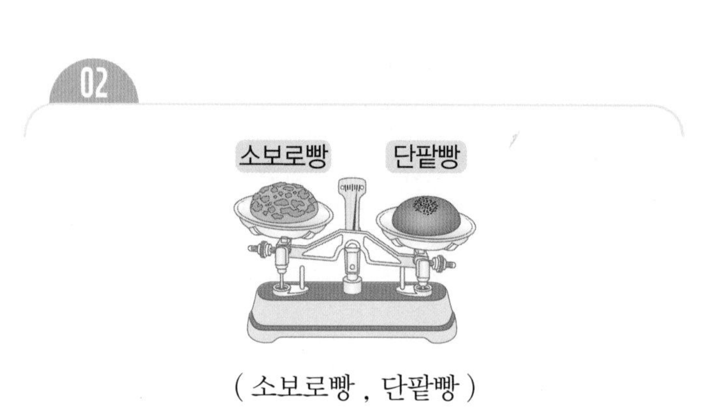

(소보로빵 , 단팥빵)

03

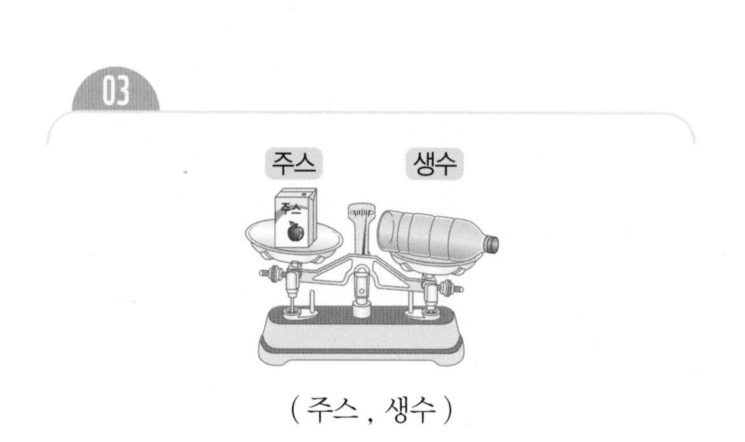

(주스 , 생수)

04~06 저울을 보고 □ 안에 알맞은 말이나 수를 써넣으세요.

04

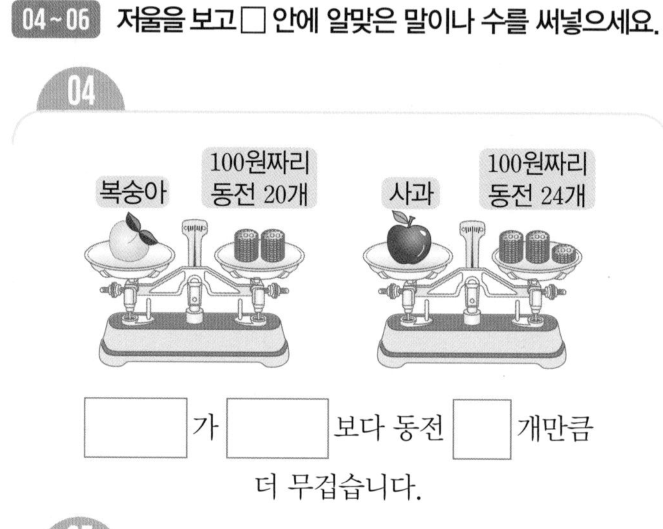

□ 가 □ 보다 동전 □ 개만큼 더 무겁습니다.

05

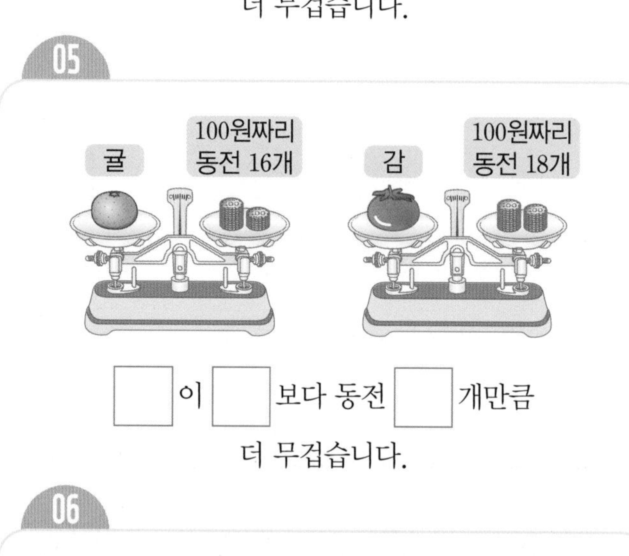

□ 이 □ 보다 동전 □ 개만큼 더 무겁습니다.

06

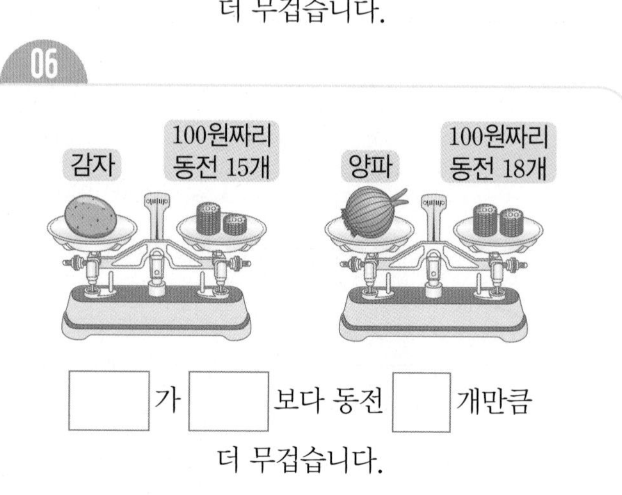

□ 가 □ 보다 동전 □ 개만큼 더 무겁습니다.

• 저울의 눈금을 읽어 무게 나타내기

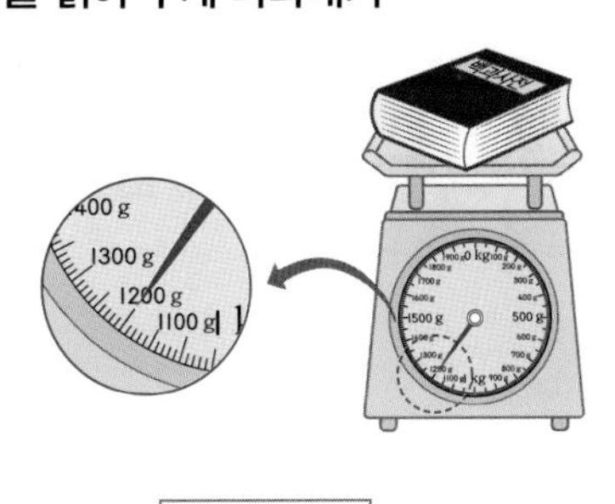

1200 g

• 단위를 바꿔 표현하기

(1) □ kg □ g으로 표현하기

5200 g
=5000 g+200 g
= 5 kg 200 g

(2) □ g으로 표현하기

9 kg 700 g
=9000 g+700 g
= 9700 g

07~09 □ 안에 알맞은 수를 써넣어 무게를 나타내 보세요.

07

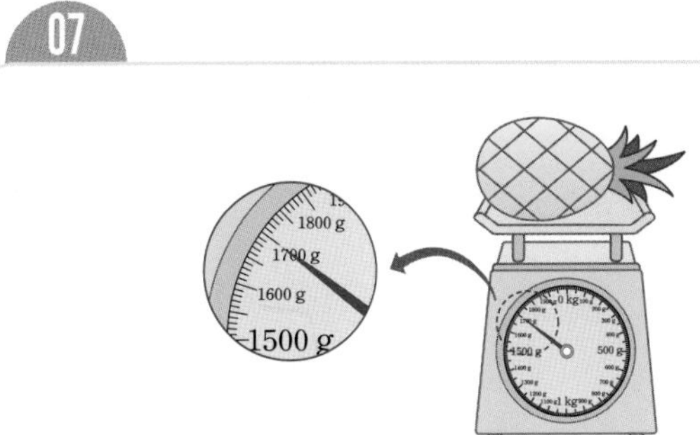

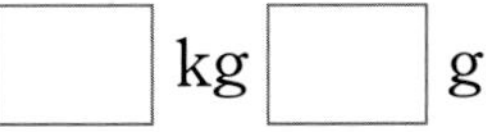

□ kg □ g

08

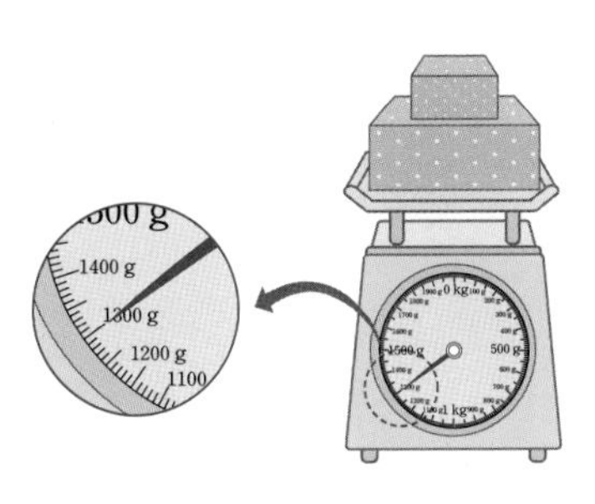

□ kg □ g

09

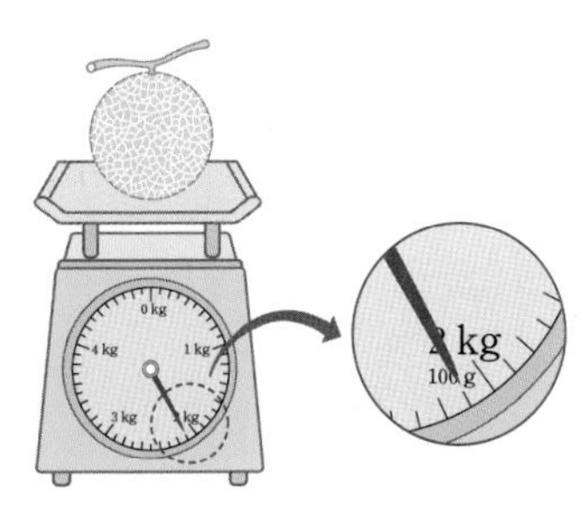

□ kg □ g= □ g

10~13 □ 안에 알맞은 수를 써넣으세요.

10

(1) 7390 g
= □ kg □ g

(2) 5 kg 30 g
= □ g

11

(1) 1573 g
= □ kg □ g

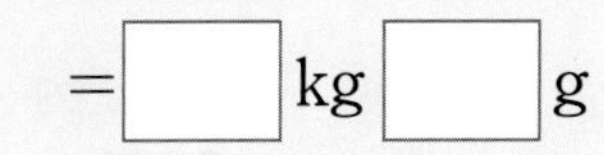

(2) 6 kg 10 g
= □ g

12

(1) 1090 g
= □ kg □ g

(2) 3 kg 250 g
= □ g

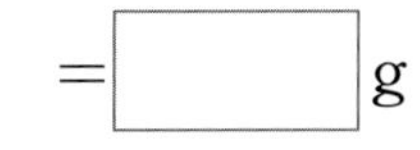

13

(1) 1407 g
= □ kg □ g

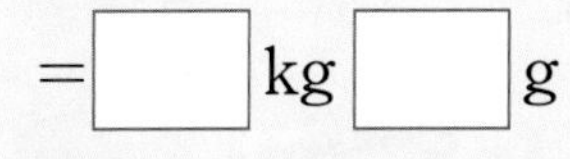

(2) 8 kg 220 g
= □ g

수해력을 높여요

01 저울로 고구마, 양파, 오이의 무게를 비교했습니다. 고구마, 양파, 오이 중에서 가장 무거운 것은 어느 것인가요?

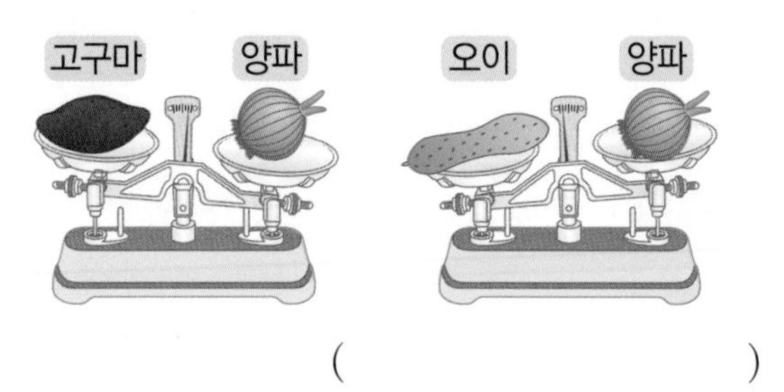

(　　　　　　　　　)

02 감과 사과의 무게를 다음과 같이 비교했습니다. 감과 사과 중 어느 것이 바둑돌 몇 개만큼 더 무거운지 써 보세요.

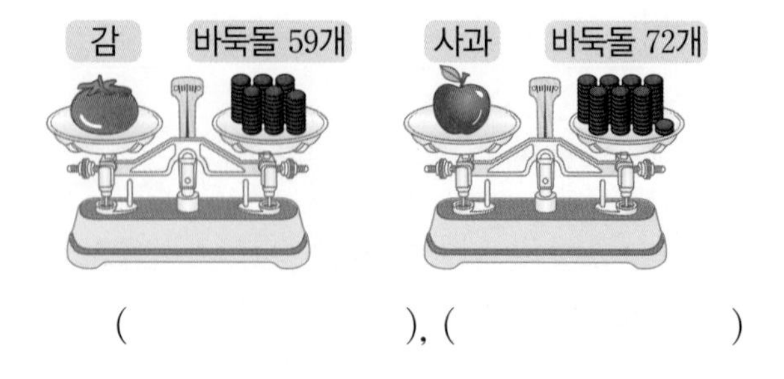

(　　　　　　), (　　　　　　)

03 풀과 가위의 무게를 다음과 같이 비교했습니다. 가위의 무게가 풀 무게의 2배일 때 가위의 무게는 구슬 몇 개의 무게와 같을까요?

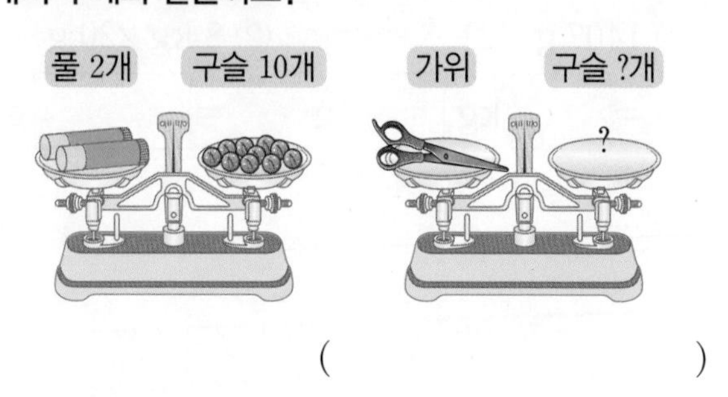

(　　　　　　　　　)

04 무게의 단위가 잘못 쓰인 것을 찾아 기호를 써 보세요.

(　　　　　　　　　)

05 무게가 같은 동화책 2권의 무게를 잰 것입니다. 동화책 4권의 무게는 몇 g인가요?

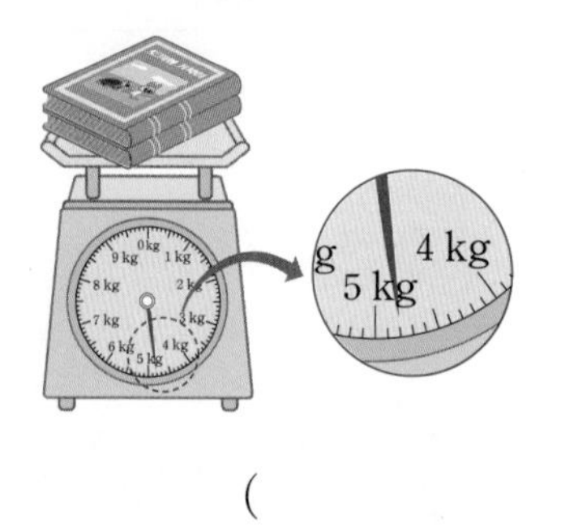

(　　　　　　　　　)

06 민지와 우진이는 과일 가게에 갔습니다. 과일의 무게의 단위를 알맞게 사용한 친구의 이름을 써 보세요.

(　　　　　　　　　)

07 다음이 나타내는 무게는 몇 t인지 써 보세요.

900 kg보다 100 kg 더 무거운 무게

(　　　　　　　　)

08 무게가 1 t보다 무거운 것을 모두 찾아 기호를 써 보세요.

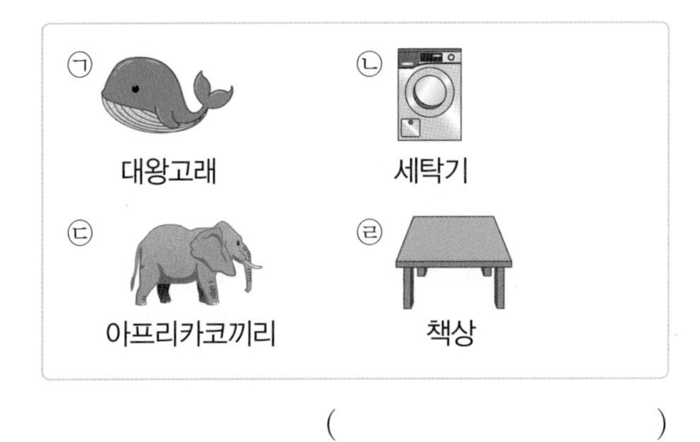

(　　　　　　　　)

09 무게가 같은 것끼리 선으로 이어 보세요.

5 kg 40 g •	• 5040 kg
5 kg 400 g •	• 5400 g
5 t 40 kg •	• 5040 g

10 무게가 가벼운 것부터 순서대로 기호를 써 보세요.

㉠ 3 t　　㉡ 3 kg 800 g
㉢ 390 g　　㉣ 3 kg

(　　　　　　　　)

11 실생활 활용

진수는 세 명의 친구에게 택배로 선물을 보내려고 합니다. 진수는 택배 요금으로 얼마를 내야 하는지 구해 보세요.

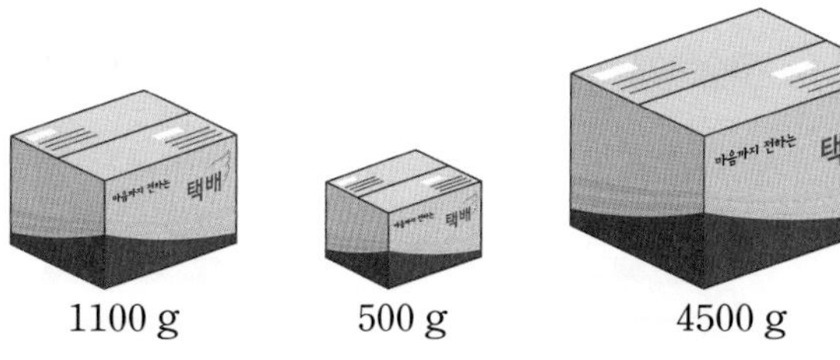

무게	택배 요금
1 kg까지	2200원
2 kg까지	3000원
5 kg까지	4500원
10 kg까지	8000원

(　　　　　　　　)

12 교과 융합

심청전은 한국의 고전소설로, 맹인인 아버지 심 봉사의 눈을 띄우기 위해 공양미 300석에 몸을 팔아 인당수에 몸을 던지는 효녀 심청의 이야기를 다룹니다. 이때 쌀 1석의 무게가 약 150 kg이라면 쌀 3석의 무게는 약 몇 kg일까요?

약 (　　　　　　　　)

수해력을 완성해요

대표 응용 **1** 무게 비교하기

저울을 보고 구슬, 공깃돌, 자 한 개씩의 무게를 비교하려고 합니다. 무게가 가장 가벼운 것은 어느 것인가요?

구슬 4개 공깃돌 8개 구슬 1개 자 3개

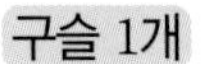

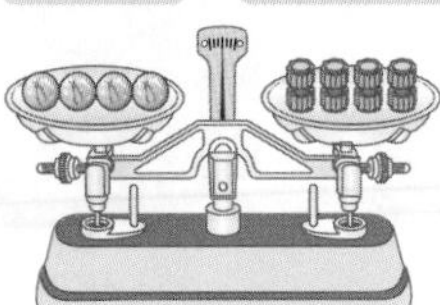

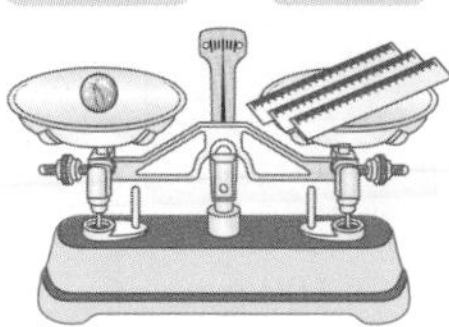

해결하기

1단계 구슬 4개의 무게는 공깃돌 8개의 무게와 같으므로 구슬 1개의 무게는 공깃돌 ☐개의 무게와 같습니다.

2단계 구슬 1개의 무게는 자 3개의 무게와 같으므로 공깃돌 2개와 자 ☐개의 무게가 같습니다.

3단계 (구슬 1개의 무게)=(공깃돌 ☐개의 무게)=(자 ☐개의 무게)이므로 ☐의 무게가 가장 가볍습니다.

1-1

저울을 보고 구슬, 공깃돌, 자 한 개씩의 무게를 비교하려고 합니다. 무게가 가장 가벼운 것은 어느 것인가요?

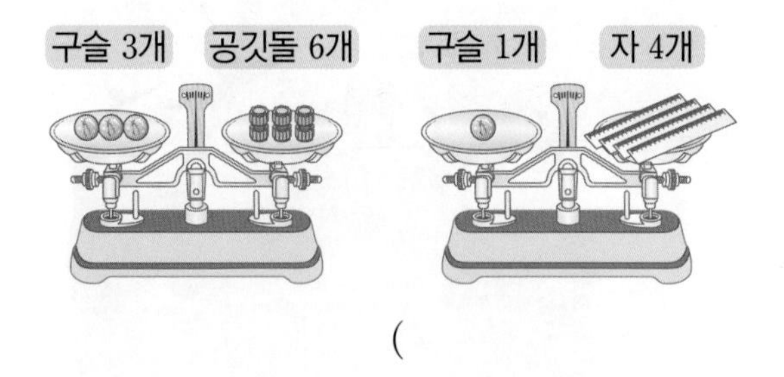

(　　　　　　　　)

1-2

저울을 보고 구슬, 공깃돌, 자 한 개씩의 무게를 비교하려고 합니다. 무게가 가장 가벼운 것은 어느 것인가요?

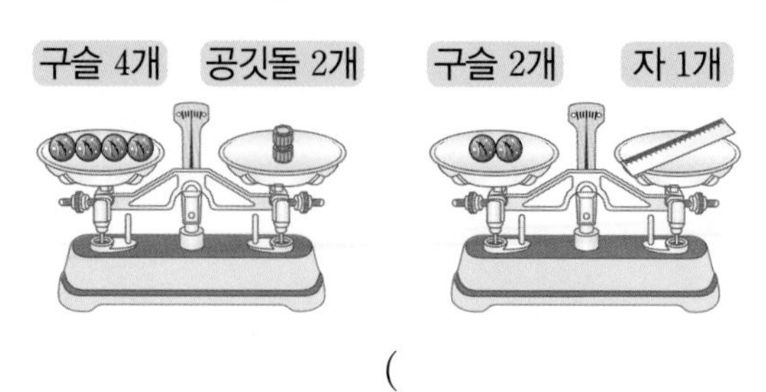

(　　　　　　　　)

1-3

저울을 보고 구슬, 공깃돌, 자 한 개씩의 무게를 비교하려고 합니다. 무게가 가장 무거운 것은 어느 것인가요?

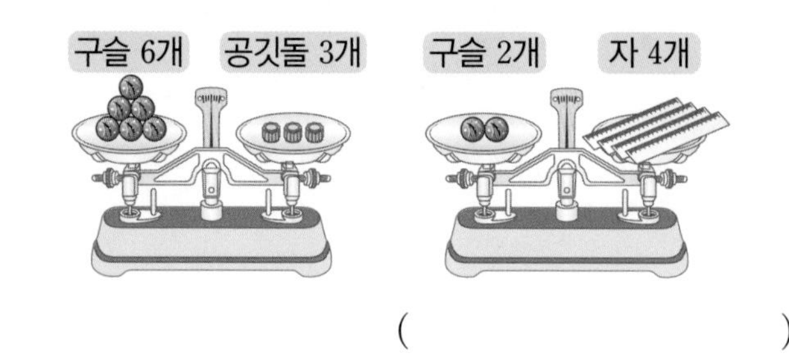

(　　　　　　　　)

1-4

저울을 보고 구슬, 공깃돌, 자 한 개씩의 무게를 비교하려고 합니다. 무게가 가장 무거운 것은 어느 것인가요?

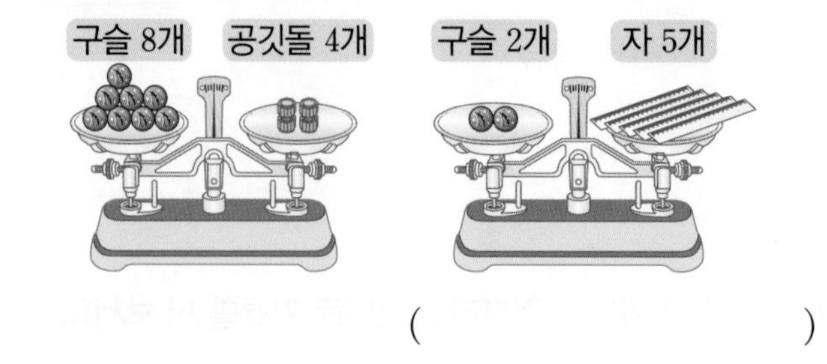

(　　　　　　　　)

대표 응용 **2**

무게 구하기

초록색 택배 상자와 노란색 택배 상자의 무게를 각각 재었습니다. 두 상자를 저울에 함께 올려놓으면 무게는 몇 kg 몇 g인가요?

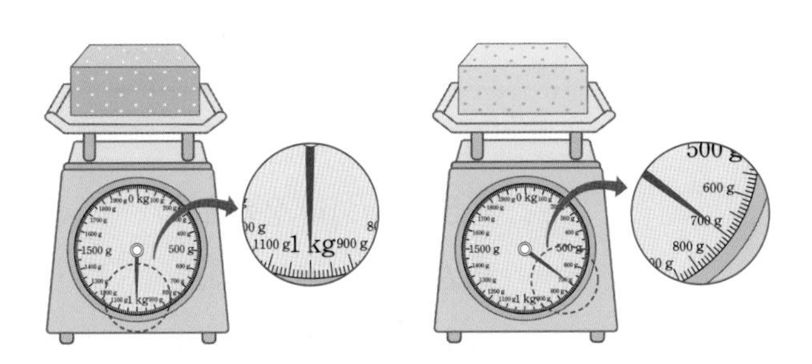

해결하기

1단계 초록색 택배 상자의 무게는 [ ] kg이고, 노란색 택배 상자의 무게는 [ ] g입니다.

따라서 두 택배 상자를 함께 저울에 올려 놓으면 [ ] kg [ ] g이 됩니다.

2-1

초록색 택배 상자와 노란색 택배 상자의 무게를 각각 재었습니다. 두 상자를 저울에 함께 올려놓으면 무게는 몇 kg 몇 g인가요?

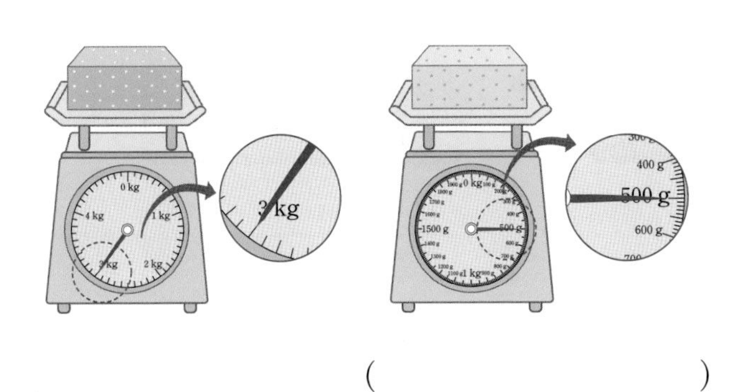

( )

2-2

초록색 택배 상자의 무게를 재고, 초록색과 노란색 택배 상자의 무게를 쟀습니다. 이때 노란색 택배 상자의 무게는 몇 g인가요?

( )

2-3

노란색 택배 상자의 무게를 재고, 초록색과 노란색 택배 상자의 무게를 쟀습니다. 이때 초록색 택배 상자의 무게는 몇 kg인가요?

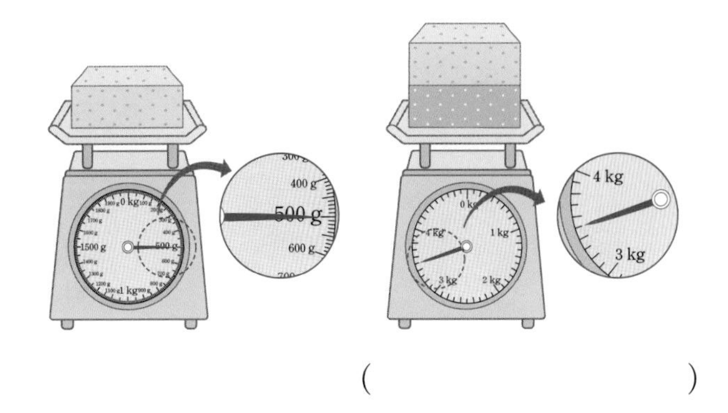

( )

2-4

노란색 택배 상자의 무게를 재고, 초록색과 노란색 택배 상자의 무게를 쟀습니다. 이때 초록색 택배 상자의 무게는 몇 g인가요?

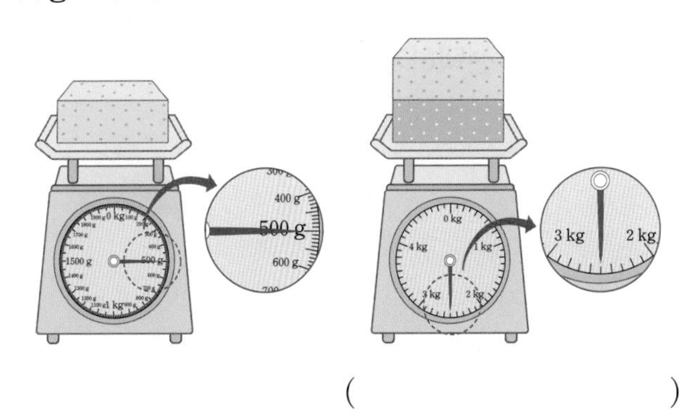

( )

개념 1 무게를 어림하고 재어 보기

이미 배운 무게 어림하기

• 무게를 대략적으로 어림할 때

사과의 무게는 배의 무게와 비슷한 것 같아요.

전자저울 또는 용수철 저울을 사용하면 무게를 직접 측정할 수 있어요.

새로 배울 무게 어림하기

사과 한 봉지의 무게는 얼마쯤 될까요?

사과 한 봉지의 무게는 쌀 500 g짜리 2봉지와 콩 400 g짜리 1봉지의 무게와 비슷해 보이니까 약 1400 g으로 어림할 수 있어요.

직접 재어 보면 1450 g이에요.

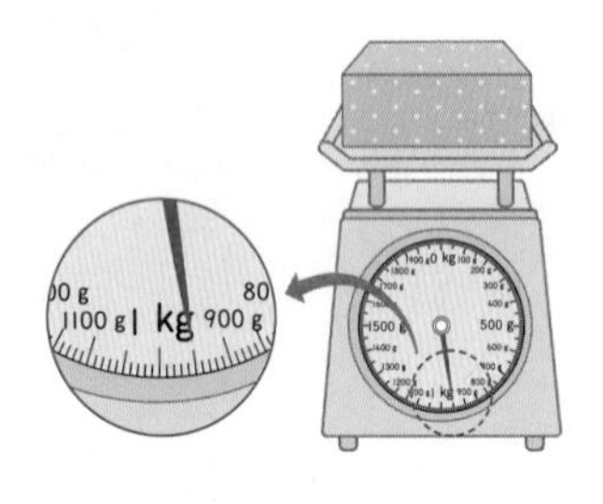

어림한 방법	어림한 무게	직접 잰 무게
1 kg보다 조금 가벼우므로 약 900 g인 것 같습니다.	약 900 g	950 g

무게 어림하기 ➡ 직접 무게 재기 ➡ 어림값과 실제값 비교하기

[알맞은 단위 선택하기]

10원짜리 동전의 무게는 약 1 (kg , ⓖ)입니다.

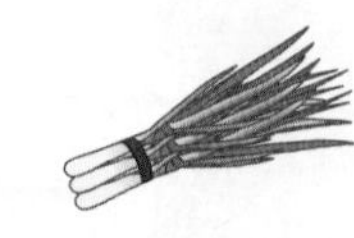

파 한 단의 무게는 약 450 (kg , ⓖ)입니다.

고양이의 무게는 약 4 ((kg), g)입니다.

소방차의 무게는 약 20 (kg , ⓣ)입니다.

개념 2 무게의 덧셈과 뺄셈 알아보기

이미 배운 무게의 덧셈

- 1 kg보다 300 g 더 무거운 무게

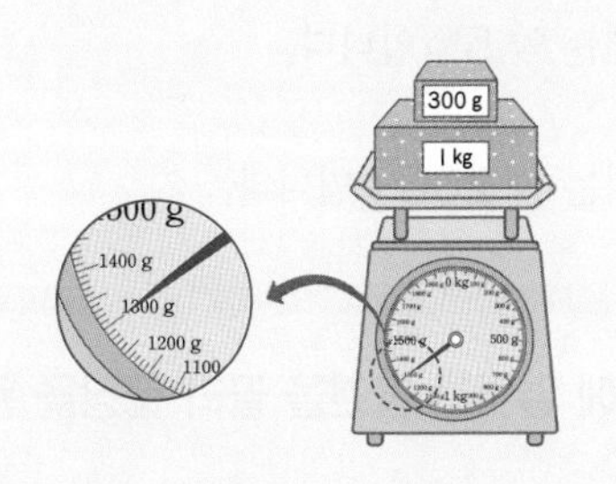

1 kg 보다 300 g 더 무거우면
1 kg+300 g=1 kg 300 g
이에요.

새로 배울 무게의 덧셈과 뺄셈

(1) 4 kg 300 g+1 kg
(2) 7 kg 450 g−1 kg 30 g

'더 무거운'은 무게의 덧셈으로 계산하고 '더 가벼운'은 무게의 뺄셈으로 계산해요.

kg과 g이 함께 있는 덧셈과 뺄셈

(1)

$$\begin{array}{r} 4\text{ kg } 300\text{ g} \\ +\quad\quad 1\text{ kg} \\ \hline 4\text{ kg } 301\text{ g} \end{array}$$

(2)

$$\begin{array}{r} 7\text{ kg } 450\text{ g} \\ -\ 1\text{ kg } 30\text{ g} \\ \hline 6\text{ kg } 150\text{ g} \end{array}$$

같은 단위끼리 자릿수에 맞춰서 계산해야 해요.

(1)

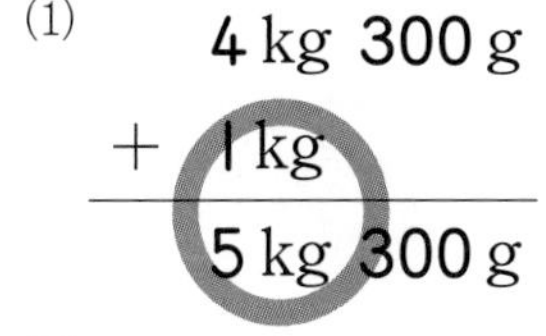

$$\begin{array}{r} 4\text{ kg } 300\text{ g} \\ +\ 1\text{ kg}\quad\quad\quad \\ \hline 5\text{ kg } 300\text{ g} \end{array}$$

(2)

$$\begin{array}{r} 7\text{ kg } 450\text{ g} \\ -\ 1\text{ kg } \ \ 30\text{ g} \\ \hline 6\text{ kg } 420\text{ g} \end{array}$$

무게의 합과 차를 어림하여 계산 결과를 예상해 볼 수 있어요.

$$\begin{array}{r} 2\text{ kg } 450\text{ g} \\ +\ 1\text{ kg } \ \ 25\text{ g} \\ \hline 3\text{ kg } 475\text{ g} \end{array}$$

$$\begin{array}{r} 6\text{ kg } 700\text{ g} \\ -\ 3\text{ kg } \ \ 20\text{ g} \\ \hline 3\text{ kg } 680\text{ g} \end{array}$$

kg은 kg끼리, g은 g끼리 더하거나 뺍니다.

[받아올림과 받아내림이 있는 무게의 덧셈, 뺄셈 방법]

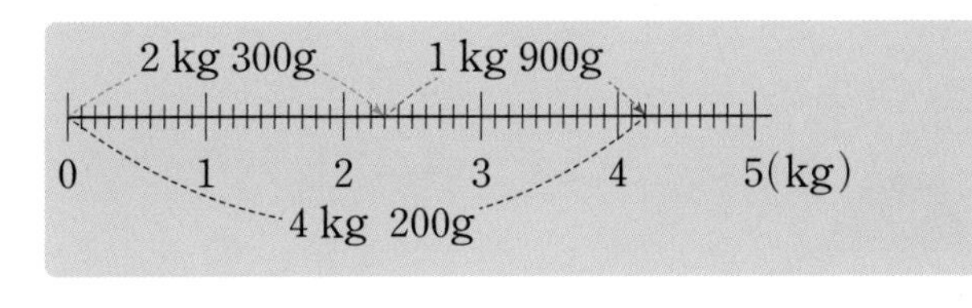

$$\begin{array}{r} {\scriptstyle 1}\quad\quad\quad\quad\quad \\ 2\text{ kg } \ \ 300\text{ g} \\ +\ 1\text{ kg } \ \ 900\text{ g} \\ \hline 4\text{ kg } \ \ 200\text{ g} \end{array}$$

g끼리의 덧셈에서 합이 1000 g이거나 1000 g을 넘는 경우 받아올림 합니다.

5 kg 100 g
0 1 2 3 4 5 6(kg)
1 kg 700g 3 kg 400g

$$\begin{array}{r} {\scriptstyle 4\quad\ 1000}\quad\ \ \\ \not{5}\text{ kg } \ \ 100\text{ g} \\ -\ 3\text{ kg } \ \ 400\text{ g} \\ \hline 1\text{ kg } \ \ 700\text{ g} \end{array}$$

g끼리의 뺄셈에서 빼는 수가 더 큰 경우 받아내림 합니다.

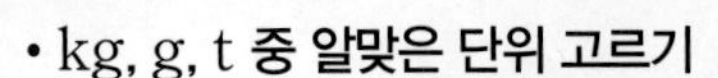

수해력을 확인해요

• kg, g, t 중 알맞은 단위 고르기

하마의 무게는 약 1000 [kg] 입니다.

• 무게에 알맞은 물건 고르기

보기

깃털, 물컵, 컴퓨터

[깃털] 의 무게는 약 5 g입니다.

[물컵] 의 무게는 약 200 g입니다.

01~03 **kg, g, t 중 알맞은 단위를 골라 문장을 완성해 보세요.**

01

배의 무게는 약 200 [ ] 입니다.

02

노트북의 무게는 약 2 [ ] 입니다.

03

트럭의 무게는 약 10 [ ] 입니다.

04~06 **보기 에서 무게에 알맞은 물건을 골라 문장을 완성해 보세요.**

04

보기

옷장, 선풍기, 클립

[ ] 의 무게는 약 3 kg입니다.

[ ] 의 무게는 약 30 kg입니다.

05

보기

자전거, 동화책, 동전

[ ] 의 무게는 약 500 g입니다.

[ ] 의 무게는 약 5 kg입니다.

06

보기

북극곰, 비행기, 세탁기

[ ] 의 무게는 약 300 t입니다.

[ ] 의 무게는 약 400 kg입니다.

- 무게의 덧셈

(1) 받아올림이 없는 무게의 덧셈

		kg		g
	1	kg	200	g
+	2	kg	300	g
	3	kg	500	g

(2) 받아올림이 있는 무게의 덧셈

		kg		g
	1			
	4	kg	800	g
+	3	kg	400	g
	8	kg	200	g

- 무게의 뺄셈

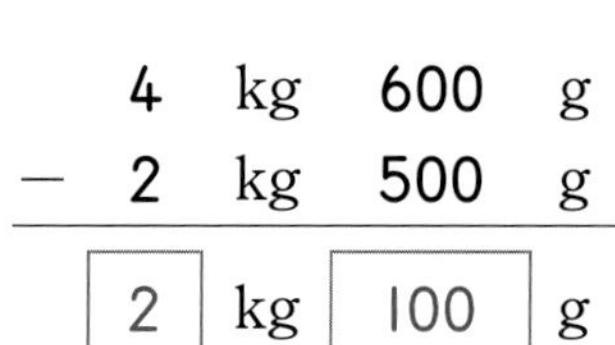

(1) 받아내림이 없는 무게의 뺄셈

		kg		g
	4	kg	600	g
−	2	kg	500	g
	2	kg	100	g

(2) 받아내림이 있는 무게의 뺄셈

		kg		g
	4		1000	
	~~5~~	kg	200	g
−	1	kg	900	g
	3	kg	300	g

07~14 □ 안에 알맞은 수를 써넣으세요.

07

(1)

		kg		g
	4	kg	370	g
+	5	kg	410	g
	□	kg	□	g

(2)

		kg		g
	2	kg	560	g
+	7	kg	450	g
	□	kg	□	g

08

(1)

		kg		g
	6	kg	200	g
+	8	kg	560	g
	□	kg	□	g

(2)

		kg		g
	6	kg	570	g
+	5	kg	610	g
	□	kg	□	g

09

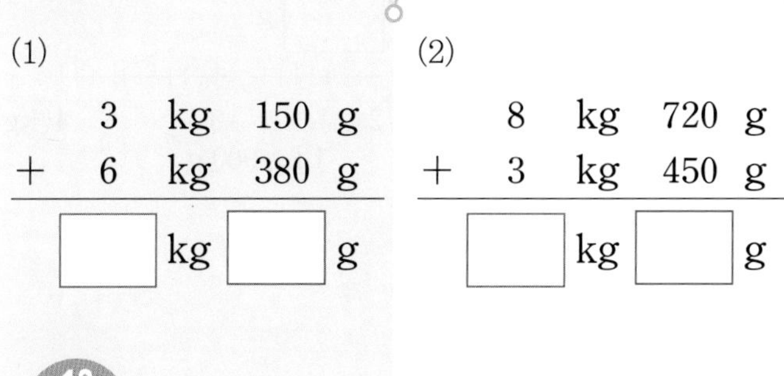

(1)

		kg		g
	3	kg	150	g
+	6	kg	380	g
	□	kg	□	g

(2)

		kg		g
	8	kg	720	g
+	3	kg	450	g
	□	kg	□	g

10

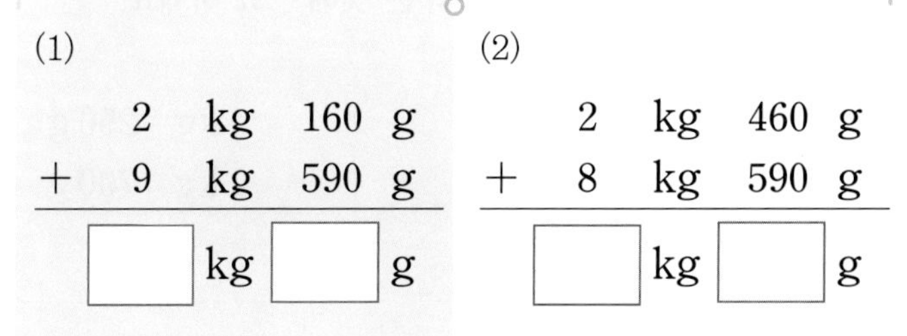

(1)

		kg		g
	2	kg	160	g
+	9	kg	590	g
	□	kg	□	g

(2)

		kg		g
	2	kg	460	g
+	8	kg	590	g
	□	kg	□	g

11

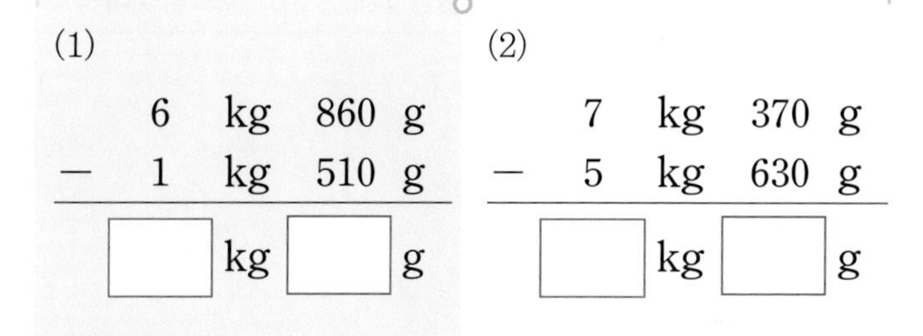

(1)

		kg		g
	6	kg	860	g
−	1	kg	510	g
	□	kg	□	g

(2)

		kg		g
	7	kg	370	g
−	5	kg	630	g
	□	kg	□	g

12

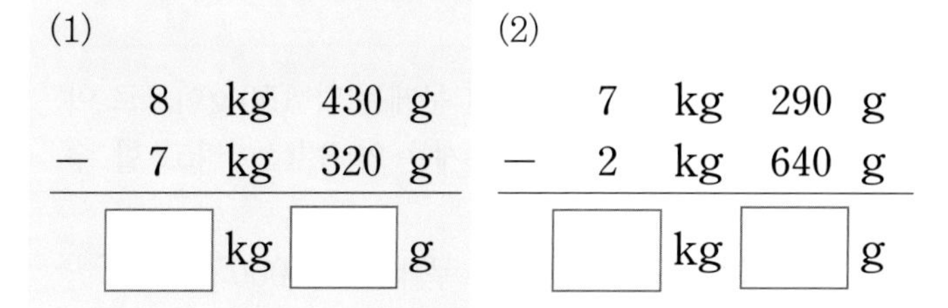

(1)

		kg		g
	8	kg	430	g
−	7	kg	320	g
	□	kg	□	g

(2)

		kg		g
	7	kg	290	g
−	2	kg	640	g
	□	kg	□	g

13

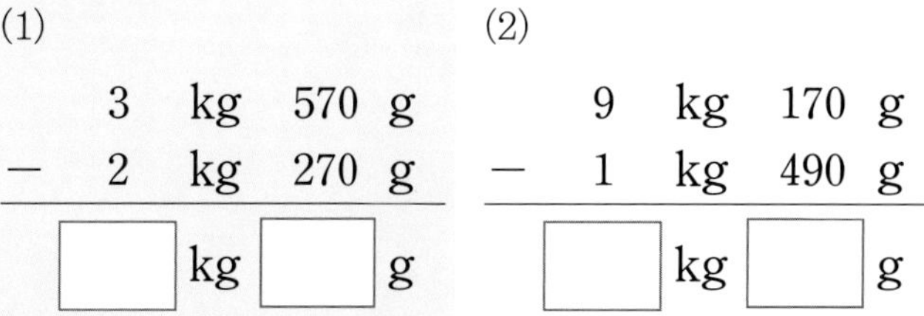

(1)

		kg		g
	3	kg	570	g
−	2	kg	270	g
	□	kg	□	g

(2)

		kg		g
	9	kg	170	g
−	1	kg	490	g
	□	kg	□	g

14

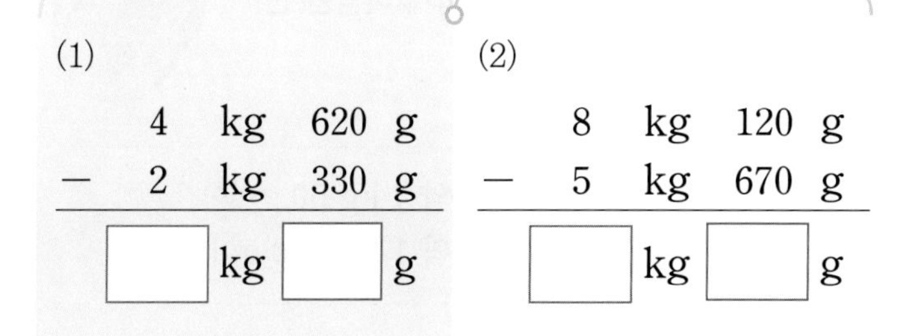

(1)

		kg		g
	4	kg	620	g
−	2	kg	330	g
	□	kg	□	g

(2)

		kg		g
	8	kg	120	g
−	5	kg	670	g
	□	kg	□	g

수해력을 높여요

01 다음에서 무게가 1 kg보다 무거운 것은 모두 몇 개인가요?

연필 1자루	컴퓨터 1대	귤 1개
이어폰 1개	책상 1개	트럭 1대

( )

02 두 사람이 물건의 무게를 어림하고 있습니다. 잘못 어림한 친구의 이름을 써 보세요.

영민: 야구공 한 개의 무게는 약 150 g이므로 야구공 2개의 무게는 약 3 kg이라고 할 수 있어.
수혁: 볼링공 한 개의 무게는 약 4000 g이므로 볼링공 10개의 무게는 약 40 kg이라고 할 수 있어.

( )

03 인하와 현수는 무게가 1 kg 200 g인 배추를 다음과 같이 어림했습니다. 실제 무게에 더 가깝게 어림한 친구의 이름을 써 보세요.

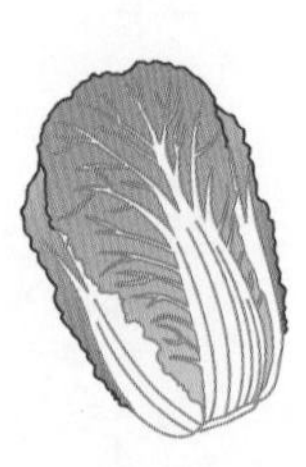

인하: 배추의 무게는 약 1 kg 50 g이야.
현수: 배추의 무게는 약 1 kg 400 g이야.

( )

04 짐을 7 t까지 실을 수 있는 트럭이 있습니다. 이 트럭에 실은 짐의 무게가 2 t이라면 짐을 몇 kg 더 실을 수 있나요?

( )

05 태신이네 가족은 각각의 무게가 약 4 kg인 수박 2개 중 한 통 반 정도 먹었습니다. 먹은 수박 전체의 무게를 어림하면 약 몇 kg인가요?

( )

06 수직선을 보고 □ 안에 알맞은 수를 써넣으세요.

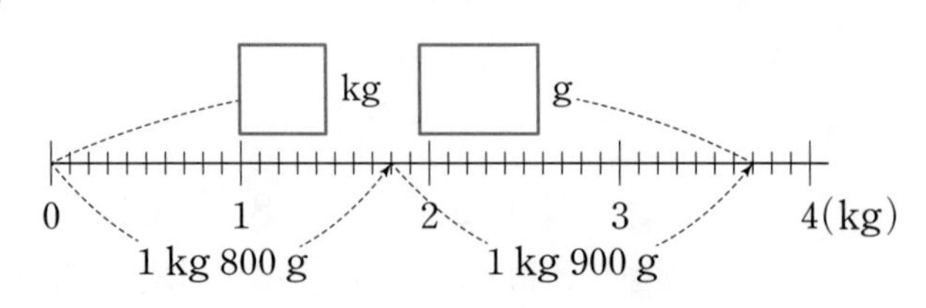

07 계산 결과를 비교하여 더 큰 것에 ○표 하세요.

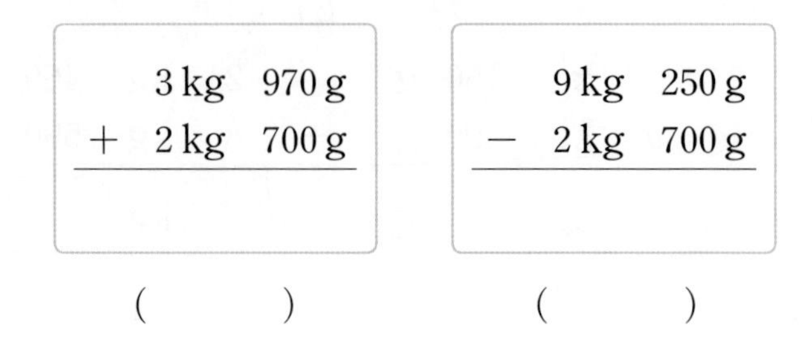

( ) ( )

08 ㉠, ㉡에 알맞은 수를 각각 구해 보세요.

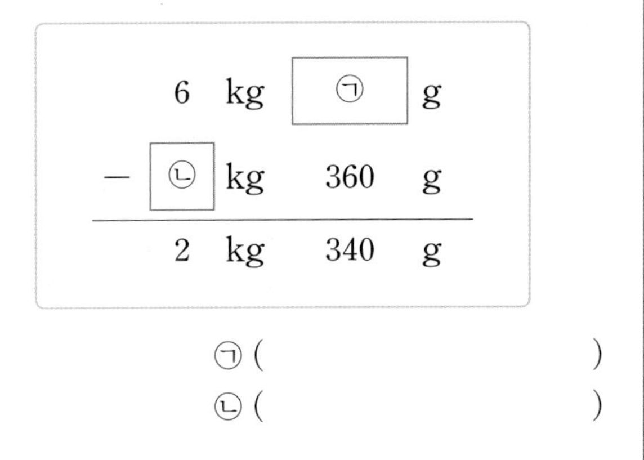

㉠ (　　　　　　　　)
㉡ (　　　　　　　　)

09 바구니에 사과를 넣고 무게를 재어 보았더니 5 kg 400 g이었습니다. 바구니만의 무게가 1500g일 때 사과의 무게는 몇 kg 몇 g인가요?

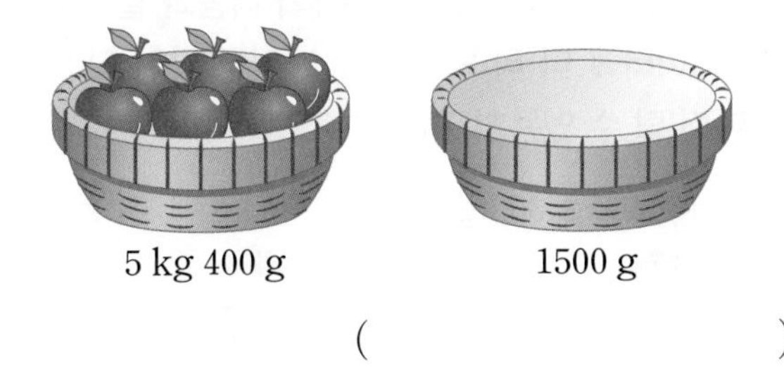

(　　　　　　　　)

10 우진이는 마트에서 감자와 양파를 사서 무게를 재어 보았더니 다음과 같았습니다. 감자 다섯 개의 무게가 900 g일 때 양파 한 개의 무게는 몇 g인가요?

(　　　　　　　　)

11 실생활 활용

소영이는 가족과 함께 비행기를 타고 제주도로 여행을 갑니다. 소영이의 가방 무게는 6 kg 420 g이고 비행기 안으로 8 kg까지 들고 갈 수 있습니다. 다음 중 소영이가 가방에 더 넣을 수 있는 가장 무거운 물건을 찾아 기호를 써 보세요.

㉠ 보온병(580 g)	㉡ 드라이기(1320 g)
㉢ 노트북(1kg 980 g)	㉣ 게임기(1740 g)

(　　　　　　　　)

12 교과 융합

우리나라 말 중에 '천근만근'이라는 말이 있습니다. 이는 무게의 단위인 '근'을 사용하여 무게가 천 근이나 만 근이 될 정도로 아주 무겁다는 것을 뜻합니다. 현재 기준에 맞추어 고기 한 근을 600 g으로 계산한다면 고기 두 근은 몇 kg 몇 g인가요?

(　　　　　　　　)

수해력을 완성해요

대표 응용 **1**

엘리베이터 탑승 인원 수 구하기

500 kg까지 탈 수 있는 엘리베이터가 있습니다. 엘리베이터에 탑승한 사람들의 몸무게의 합이 464 kg 500 g이었습니다. 이때 몸무게가 다음과 같은 네 사람이 엘리베이터에 더 타려고 합니다. 가장 많이 타려면 몇 명까지 더 탈 수 있는지 구해 보세요.

36 kg 35 kg 37 kg 40 kg

경수 미린 수정 상현

해결하기

1단계 500 kg까지 탈 수 있는 엘리베이터에 464 kg 500 g만큼 타고 있으므로 엘리베이터에 더 탈 수 있는 몸무게는
500 kg−464 kg 500 g

=□kg □g입니다.

2단계 따라서 네 사람 중에 엘리베이터에 더 탈 수 있는 사람은 □명입니다.

1-1

600 kg까지 탈 수 있는 엘리베이터가 있습니다. 현재 엘리베이터에 탑승한 사람들의 몸무게의 합이 560 kg 500 g이었습니다. 이때 몸무게가 다음과 같은 네 사람이 엘리베이터에 더 타려고 합니다. 가장 많이 타려면 몇 명까지 더 탈 수 있는지 구해 보세요.

41 kg 39 kg 40 kg 42 kg

승준 유주 하연 시원

( )

1-2

500 kg까지 탈 수 있는 엘리베이터가 있습니다. 현재 엘리베이터에 탑승한 사람들의 몸무게의 합이 410 kg이었습니다. 이때 몸무게가 다음과 같은 네 사람이 엘리베이터에 더 타려고 합니다. 가장 많이 타려면 몇 명까지 더 탈 수 있는지 구해 보세요.

51 kg 50 kg 45 kg 42 kg

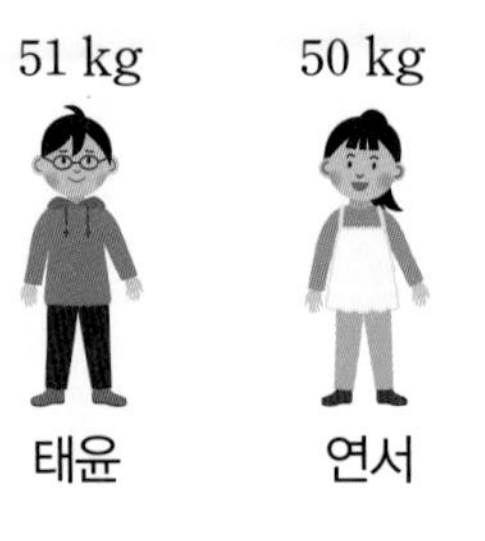
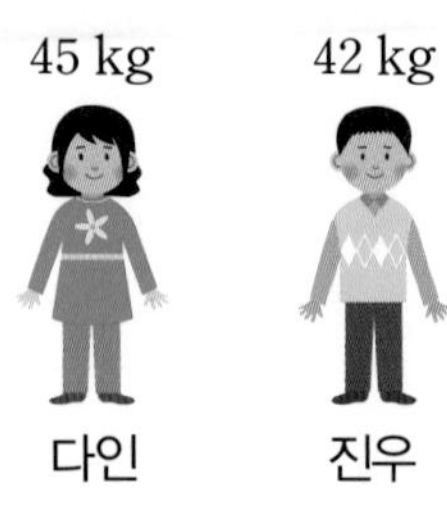

태윤 연서 다인 진우

( )

1-3

400 kg까지 탈 수 있는 엘리베이터가 있습니다. 현재 엘리베이터에 탑승한 사람들의 몸무게의 합이 320 kg 500 g이었습니다. 이때 몸무게가 다음과 같은 네 사람이 엘리베이터에 더 타려고 합니다. 가장 많이 타려면 몇 명까지 더 탈 수 있는지 구해 보세요.

33 kg 400 g 36 kg 300 g 38 kg 41 kg 300 g

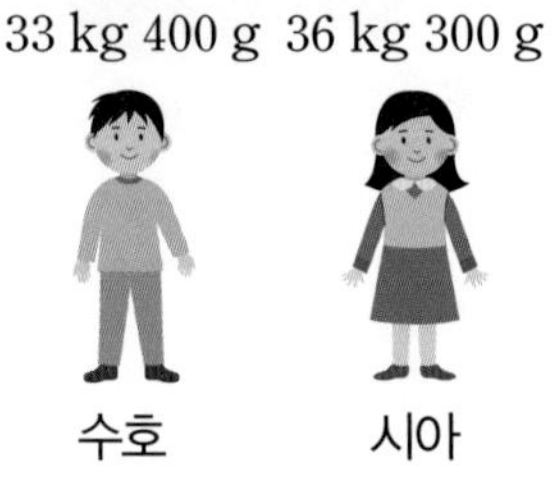

수호 시아 연우 재원

( )

1-4

400 kg까지 탈 수 있는 엘리베이터가 있습니다. 현재 엘리베이터에 탑승한 사람들의 몸무게의 합이 300 kg이었습니다. 이때 몸무게가 다음과 같은 네 사람이 엘리베이터에 더 타려고 합니다. 가장 많이 타려면 몇 명까지 더 탈 수 있는지 구해 보세요.

35 kg 400 g 36 kg 300 g 37 kg 40 kg 300 g

한결 예빈 윤지 태윤

( )

대표 응용 **2**

트럭에 더 실을 수 있는 상자의 개수 구하기

1 t까지 실을 수 있는 트럭이 있습니다. 트럭에 무게가 60 kg인 상자 5개를 싣고 있다면 무게가 100 kg인 상자를 몇 개 더 실을 수 있는지 구해 보세요.

해결하기

1단계 무게가 60 kg인 상자가 5개 있으므로 트럭에 실린 상자의 무게는 $60 \times 5 =$ □(kg)입니다.

2단계 1 t=1000 kg이고 $1000 -$ □ $=$ □이므로 트럭에 100 kg인 상자를 □개 더 실을 수 있습니다.

2-1

1 t까지 실을 수 있는 트럭이 있습니다. 이 트럭에 무게가 50 kg인 상자 4개를 싣고 있다면 무게가 100 kg인 상자를 몇 개 더 실을 수 있는지 구해 보세요.

(　　　　　　　　　　)

2-2

2 t까지 실을 수 있는 트럭이 있습니다. 이 트럭에 무게가 200 kg인 상자 9개를 싣고 있다면 무게가 100 kg인 상자를 몇 개 더 실을 수 있는지 구해 보세요.

(　　　　　　　　　　)

2-3

1 t 500 kg까지 실을 수 있는 트럭이 있습니다. 이 트럭에 무게가 300 kg인 상자 3개를 싣고 있다면 무게가 100 kg인 상자를 몇 개 더 실을 수 있는지 구해 보세요.

(　　　　　　　　　　)

2-4

1 t 550 kg까지 실을 수 있는 트럭이 있습니다. 이 트럭에 무게가 250 kg인 상자 3개를 싣고 있다면 무게가 100 kg인 상자를 몇 개 더 실을 수 있는지 구해 보세요.

(　　　　　　　　　　)

수해력을 확장해요

우리들의 소중한 물

활동 1 속담에 '물 쓰듯 한다'라는 말이 있는데 이것은 돈을 흥청망청 쓸 때 쓰는 말이에요. 속담처럼 실제로 우리는 생각보다 많은 양의 물을 매일 사용하고 있어요. 통계에 따르면 1인당 물 사용량은 오래전부터 계속 늘어왔어요. 2020년 1인당 하루 물 사용량은 약 295 L로 2010년 우리나라 1인당 하루 물 사용량 277 L보다 ☐ 더 늘었어요.

하루에 한 사람이 사용하는 물 사용량

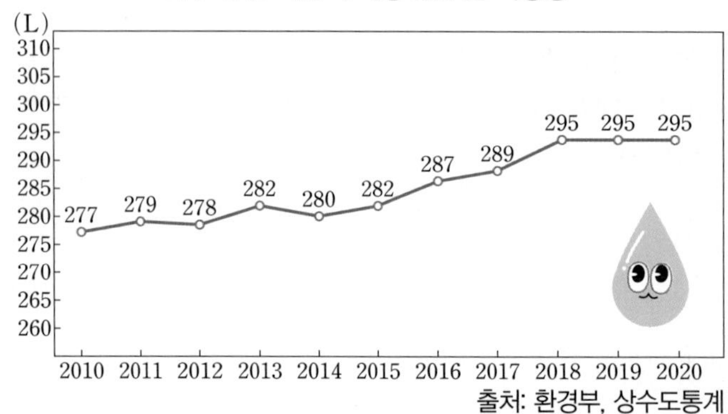

출처: 환경부, 상수도통계

활동 2 우리가 하루에 사용하는 물의 양이 이렇게 많다니! 정말 놀랍죠? 물은 우리가 마시고, 씻는 데 사용될 뿐만 아니라 우리가 먹는 식재료를 키우고, 우리가 버린 음식물쓰레기를 정화하는 데도 사용돼요.

식품명	이 정도 버린다면	물고기가 살 수 있을 정도로 희석하는 데 필요한 물의 양
김치찌개	물컵 1잔 (150 ☐)	600 L (4천 배)
된장찌개		750 L (5천 배)
라면국물		300 L (2천 배)
우유		3000 L (2만 배)

이제 물은 더 이상 아낌없이 펑펑 쓸 수 있는 대상이 아니에요.

세계적으로 물은 점점 더 부족해지고 있어요. 그래서 유엔(UN)에서는 매년 3월 22일을 세계 물의 날로(World Water Day) 정해 물의 소중함을 되새기고 경각심을 일깨우기 위해 노력하고 있죠.
그렇다면 물 사용량을 줄이려면 어떻게 해야 할까요? 각 가정에는 다음과 같은 방법으로 물을 절약할 수 있어요.

활동 3 **빨래할 때**

기존 가정에 많이 보급된 세탁기는 10 kg급이에요. 4인 가족 하루 평균 세탁물의 무게는 약 3 ☐ 이며 대부분 세탁 후 12차례 추가 헹굼을 하고 있어요.

만약 지금까지 3 ☐ 씩 2회에 나누어 빨래했다면 이제 빨랫감을 모아서 한번에 세탁하세요. 물소비량을 그만큼 줄일 수 있어요.

활동 4 **부엌에서 설거지할 때**

설거지할 때 수도를 틀고 20분 정도 설거지하면 물을 약 110 L 쓰게 돼요. 하지만 물을 받아서 사용하면 36 L가 사용되므로 약 ☐ 의 물을 절약할 수 있어요.

이렇듯 우리의 작은 실천 하나로도 많은 양의 물을 아낄 수 있어요. 소중한 물을 아껴 쓰고 절약하는 생활을 함께 이어 나가요.

MEMO

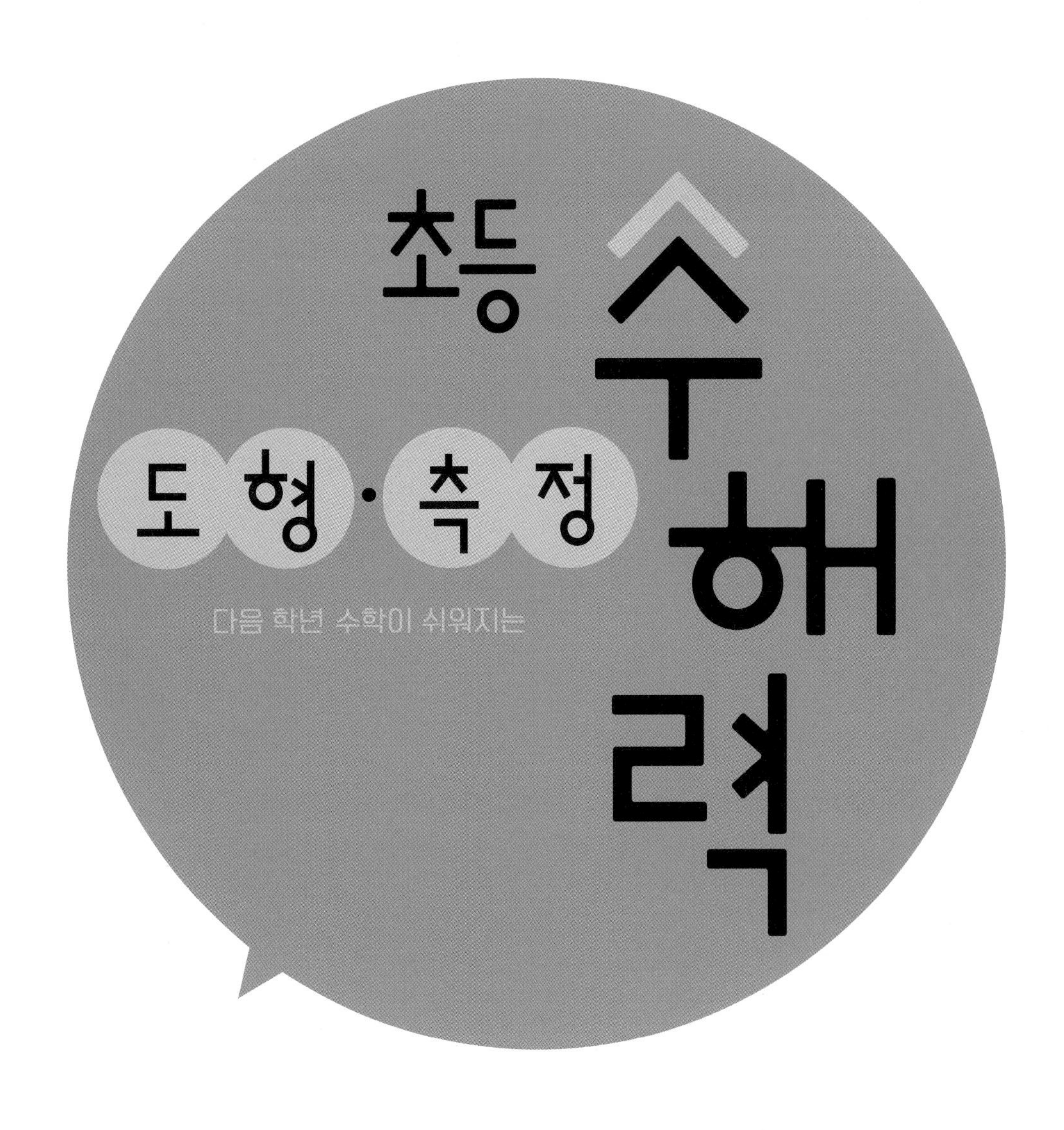

3 단계

| 초등 3학년 권장 |

정답과 풀이

01 단원

평면도형

1. 여러 가지 선

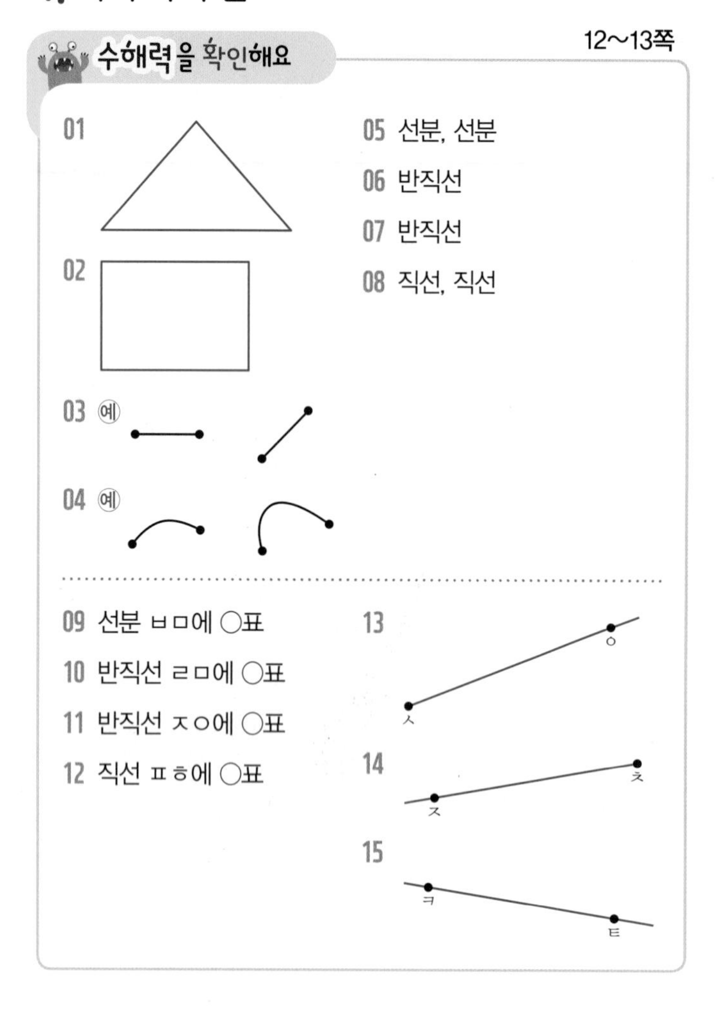

수해력을 확인해요 12~13쪽

01 (삼각형)

02 (사각형)

03 예 (선분 그리기)

04 예 (굽은 선 그리기)

05 선분, 선분

06 반직선

07 반직선

08 직선, 직선

09 선분 ㅂㅁ에 ○표

10 반직선 ㄹㅁ에 ○표

11 반직선 ㅈㅇ에 ○표

12 직선 ㅍㅎ에 ○표

13 (점 ㅅ, ㅇ을 지나는 직선)

14 (점 ㅈ, ㅊ을 지나는 직선)

15 (점 ㅋ, ㅌ을 지나는 직선)

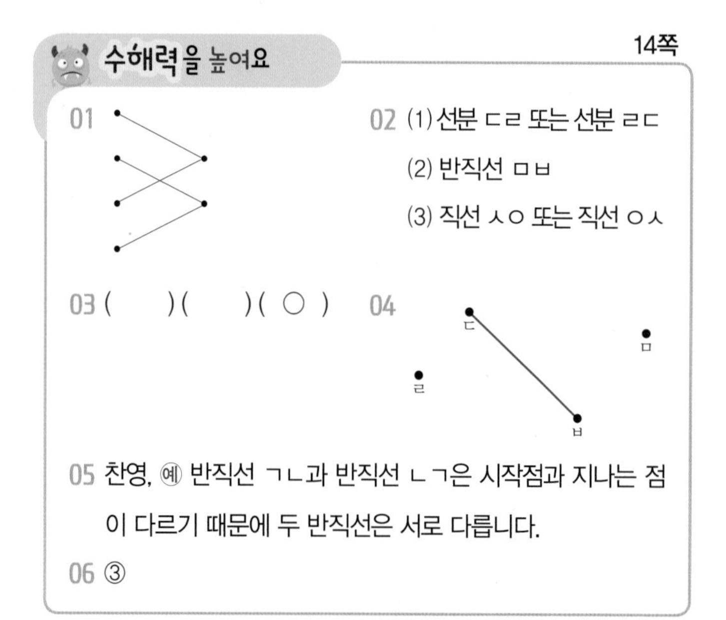

수해력을 높여요 14쪽

01 (선 잇기)

02 (1) 선분 ㄷㄹ 또는 선분 ㄹㄷ

(2) 반직선 ㅁㅂ

(3) 직선 ㅅㅇ 또는 직선 ㅇㅅ

03 (　　)(　　)(○)

04 (점 ㄷ, ㅂ을 잇는 선분)

05 찬영, 예 반직선 ㄱㄴ과 반직선 ㄴㄱ은 시작점과 지나는 점이 다르기 때문에 두 반직선은 서로 다릅니다.

06 ③

02 (1) 점 ㄷ과 점 ㄹ을 곧게 이은 선이므로 선분 ㄷㄹ 또는 선분 ㄹㄷ이라고 합니다.

(2) 점 ㅁ에서 시작하여 점 ㅂ을 지나는 곧은 선이므로 반직선 ㅁㅂ이라고 합니다.

(3) 점 ㅅ과 점 ㅇ을 지나는 곧은 선이므로 직선 ㅅㅇ 또는 직선 ㅇㅅ이라고 합니다.

03 직선은 선분을 양쪽으로 끝없이 늘인 곧은 선입니다.

- 첫 번째는 점 ㄷ에서 시작하여 점 ㄹ을 지나는 곧은 선이므로 반직선 ㄷㄹ입니다.
- 두 번째는 곧은 선이 아니라 굽은 선이므로 직선이 아닙니다.
- 세 번째는 점 ㄷ과 점 ㄹ을 곧게 이은 선을 양쪽으로 끝없이 늘인 곧은 선이므로 직선 ㄷㄹ입니다.

04 선분 ㅂㄷ은 점 ㅂ과 점 ㄷ을 곧게 이은 선입니다.

05
- 반직선은 한 점에서 시작하여 한쪽으로 끝없이 늘인 곧은 선이므로 은율이의 설명은 맞습니다.
- 점 ㄴ에서 시작하여 점 ㄱ을 지나는 반직선이므로 반직선 ㄴㄱ이라고 설명한 하주의 설명도 맞습니다.
- 반직선 ㄱㄴ은 점 ㄱ에서 시작하여 점 ㄴ을 지나는 선이므로 반직선 ㄴㄱ과는 다릅니다.

06 서울에서 부산까지 가장 빨리 가기 위해서는 서울부터 부산까지 잇는 선분을 긋고 그 길을 따라가면 됩니다. 따라서 서울에서 부산까지 가장 빠르게 가기 위해서는 대구 위를 지나야 합니다.

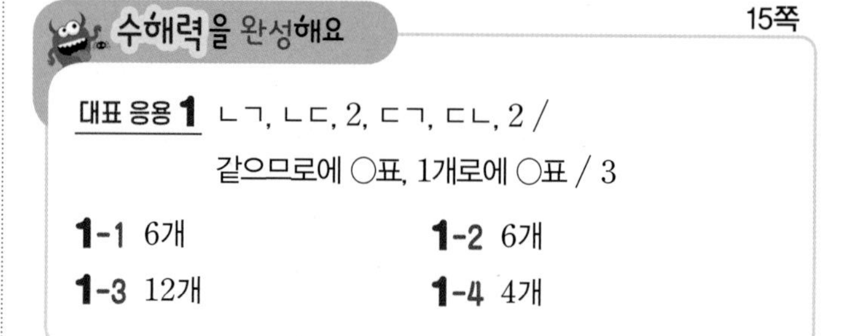

수해력을 완성해요 15쪽

대표 응용 1 ㄴㄱ, ㄴㄷ, 2, ㄷㄱ, ㄷㄴ, 2 / 같으므로에 ○표, 1개로에 ○표 / 3

1-1 6개　　1-2 6개

1-3 12개　　1-4 4개

1 점을 한 개씩 선택하여 그을 수 있는 선분을 알아봅니다.

- 점 ㄱ에서 그을 수 있는 선분은 선분 ㄱㄴ, 선분 ㄱㄷ으로 2개입니다.
- 점 ㄴ에서 그을 수 있는 선분은 선분 ㄴㄷ, 선분 ㄴㄱ으로 2개입니다.
- 점 ㄷ에서 그을 수 있는 선분은 선분 ㄷㄱ, 선분 ㄷㄴ으로 2개입니다.

선분 ㄱㄴ과 선분 ㄴㄱ은 같다고 할 수 있으므로 겹쳐지는 것을 1개로 생각하여 빼면 모두 3개입니다.

1-1 점을 한 개씩 선택하여 그을 수 있는 선분을 알아봅니다.

- 점 ㅁ에서 그을 수 있는 선분은 선분 ㅁㅂ, 선분 ㅁㅅ, 선분 ㅁㅇ으로 3개입니다.
- 점 ㅂ, 점 ㅅ, 점 ㅇ에서 그을 수 있는 선분도 각각 3개씩입니다.

선분 ㅁㅂ과 선분 ㅂㅁ은 같다고 할 수 있으므로 같은 방법으로 겹쳐지는 것을 빼면 모두 6개입니다.

1-2 점을 한 개씩 선택하여 그을 수 있는 직선을 알아봅니다.

- 점 ㅈ을 지나는 직선은 직선 ㅈㅊ, 직선 ㅈㅋ, 직선 ㅈㅌ으로 3개입니다.
- 점 ㅊ, 점 ㅋ, 점 ㅌ을 지나는 직선도 각각 3개씩입니다.

직선 ㅈㅊ과 직선 ㅊㅈ은 같다고 할 수 있으므로 같은 방법으로 겹쳐지는 것을 빼면 모두 6개입니다.

1-3 점을 한 개씩 선택하여 그을 수 있는 반직선을 알아봅니다.

- 점 ㅇ에서 시작하는 반직선은 반직선 ㅇㅈ, 반직선 ㅇㅊ, 반직선 ㅇㅋ으로 3개입니다.
- 점 ㅈ, 점 ㅊ, 점 ㅋ에서 시작하는 반직선도 각각 3개씩입니다.

반직선 ㅇㅈ과 반직선 ㅈㅇ은 서로 같다고 할 수 없으므로 겹쳐지는 것이 없습니다. 따라서 모두 12개입니다.

1-4 점에 번호를 붙이고 세 점을 연결해 봅니다.

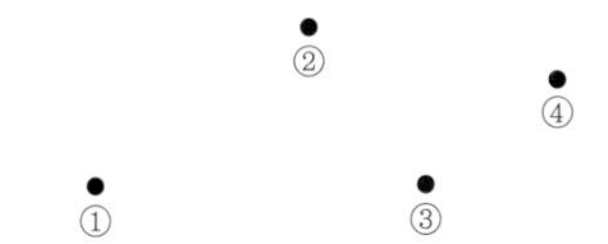

세 점을 이은 삼각형은 ①+②+③, ①+②+④, ①+③+④, ②+③+④로 4개입니다.

2. 각과 직각

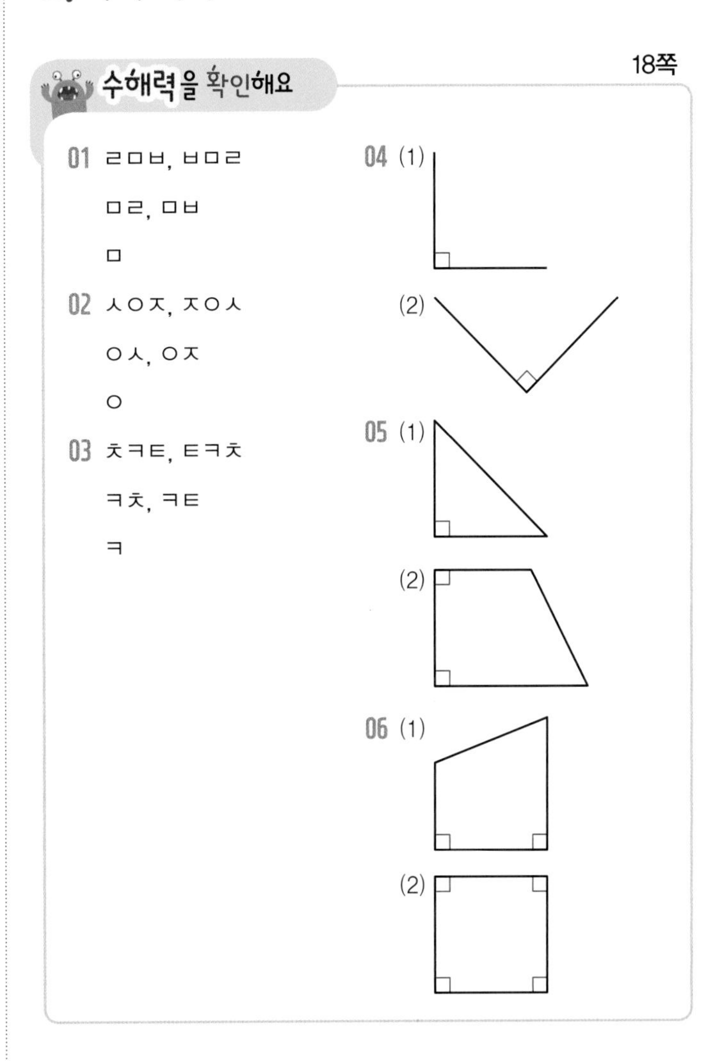

수해력을 확인해요 18쪽

01 ㄹㅁㅂ, ㅂㅁㄹ
ㅁㄹ, ㅁㅂ
ㅁ

02 ㅅㅇㅈ, ㅈㅇㅅ
ㅇㅅ, ㅇㅈ
ㅇ

03 ㅊㅋㅌ, ㅌㅋㅊ
ㅋㅊ, ㅋㅌ
ㅋ

04 (1) (2)

05 (1) (2)

06 (1) (2)

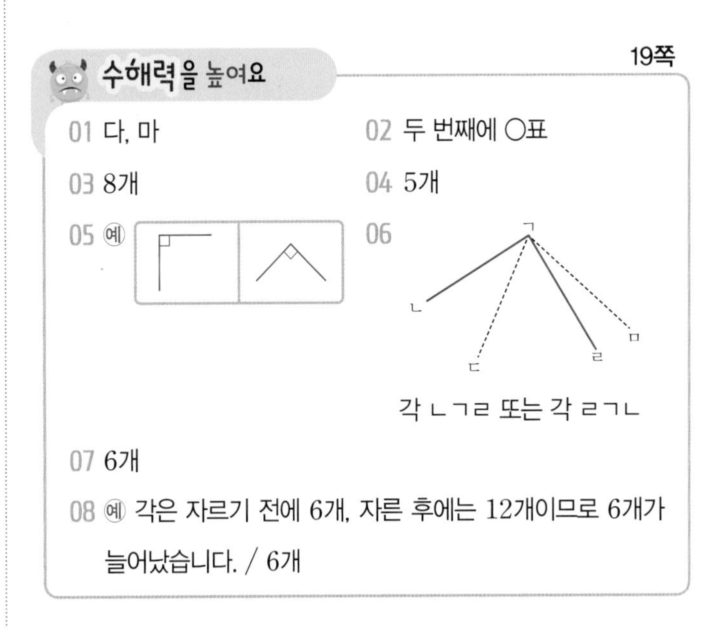

수해력을 높여요 19쪽

01 다, 마

02 두 번째에 ○표

03 8개

04 5개

05 예

06 각 ㄴㄱㄹ 또는 각 ㄹㄱㄴ

07 6개

08 예 각은 자르기 전에 6개, 자른 후에는 12개이므로 6개가 늘어났습니다. / 6개

01 **해설 나침반**

각에서는 꼭짓점과 변이 있으므로 각은 평면도형이라고 할 수 있습니다.

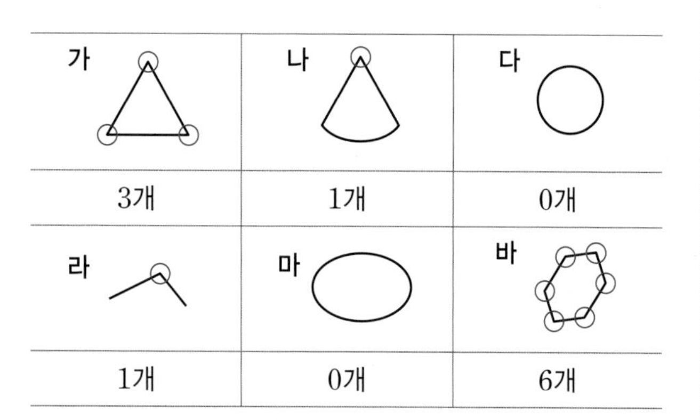

02 • 첫 번째는 꼭짓점이 없으므로 각이 아닙니다.
• 두 번째는 한 꼭짓점에서 그은 두 개의 반직선으로 이루어져 있으므로 각이 맞습니다.
• 세 번째는 굽은 선으로 이루어져 있으므로 각이 아닙니다.

03

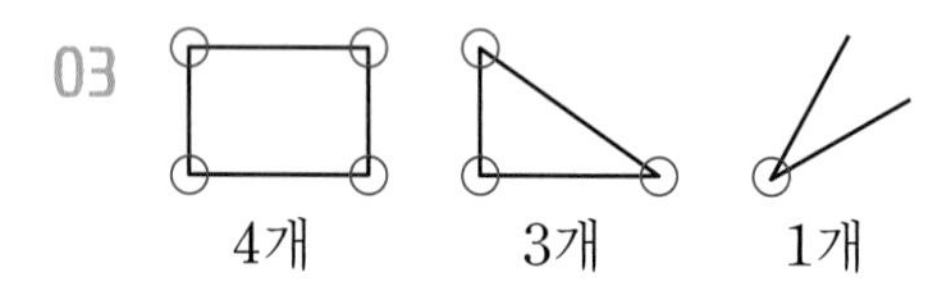

04 변이 5개, 꼭짓점이 5개 있는 평면도형은 오른쪽 그림과 같습니다. 따라서 각의 개수는 5개입니다.

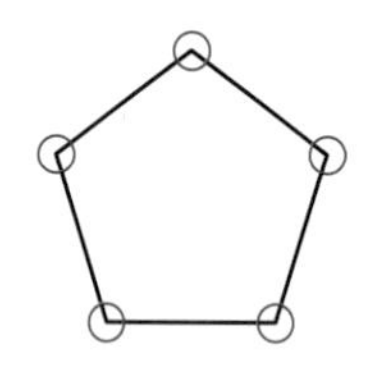

05 직각 삼각자의 직각 부분을 이용하여 각을 그립니다.

06 직각 삼각자의 직각 부분을 이용하여 직각인 곳을 찾아보면 각 ㄴㄱㄹ 또는 각 ㄹㄱㄴ입니다.

07 도형 안쪽에서 찾을 수 있는 직각은 오른쪽 그림과 같이 모두 6개입니다.

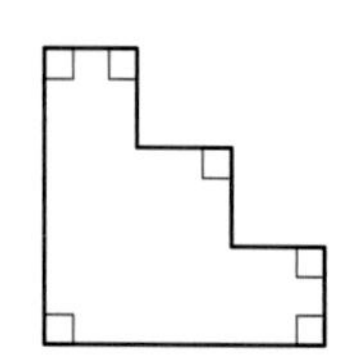

08 주어진 모양의 종이에서 각의 개수는 그림과 같이 6개입니다. 점선에 맞게 잘랐을 때 생기는 도형은 삼각형 4개이고 삼각형은 각이 3개씩 있으므로 모두 12개입니다. 따라서 자르기 전과 비교하여 각의 개수는 6개가 늘어났습니다.

주어진 모양	삼각형

수해력을 완성해요 20~21쪽

대표 응용 1 ㉡, ㉢, 3, ㉡, ㉢, 2, ㉠, ㉡, ㉢, 1 / 6

1-1 10개

1-2 각 ㄱㄴㅁ(또는 각 ㅁㄴㄱ), 각 ㅁㄴㄹ(또는 각 ㄹㄴㅁ), 각 ㄹㄴㄷ(또는 각 ㄷㄴㄹ), 각 ㄱㄴㄹ(또는 각 ㄹㄴㄱ), 각 ㅁㄴㄷ(또는 각 ㄷㄴㅁ), 각 ㄱㄴㄷ(또는 각 ㄷㄴㄱ)

1-3 10개 **1-4** 30개

대표 응용 2 3, 9, 3, 9

2-1 4번 **2-2** 오후에 ○표, 3시

2-3 7월 5일

1 각을 1개, 2개, 3개 포함하는 경우로 나누어 개수를 합하면 됩니다.
1개 포함하는 경우: ㉠, ㉡, ㉢ ➡ 3개
2개 포함하는 경우: ㉠+㉡, ㉡+㉢ ➡ 2개
3개 포함하는 경우: ㉠+㉡+㉢ ➡ 1개
따라서 찾을 수 있는 크고 작은 각은 모두 6개입니다.

1-1 각을 1개, 2개, 3개, 4개 포함하는 경우로 나누어 개수를 합하면 됩니다.

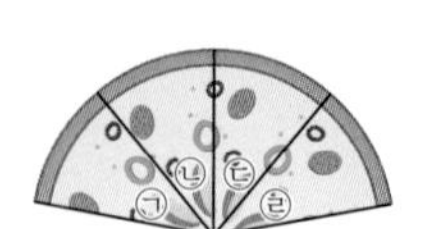

1개 포함하는 경우: ㉠, ㉡, ㉢, ㉣ ➡ 4개
2개 포함하는 경우: ㉠+㉡, ㉡+㉢, ㉢+㉣ ➡ 3개
3개 포함하는 경우: ㉠+㉡+㉢, ㉡+㉢+㉣ ➡ 2개
4개 포함하는 경우: ㉠+㉡+㉢+㉣ ➡ 1개
따라서 찾을 수 있는 크고 작은 각은 모두 10개입니다.

1-2 각을 1개, 2개, 3개 포함하는 경우로 나누어 찾으면 됩니다.
1개 포함하는 경우: 각 ㄱㄴㅁ, 각 ㅁㄴㄹ, 각 ㄹㄴㄷ
2개 포함하는 경우: 각 ㄱㄴㄹ, 각 ㅁㄴㄷ
3개 포함하는 경우: 각 ㄱㄴㄷ

1-3 직각을 이루는 꼭짓점은 빨간색으로 표시한 부분입니다. 빨간색 꼭짓점에서 찾을 수 있는 각을 구하면 됩니다.

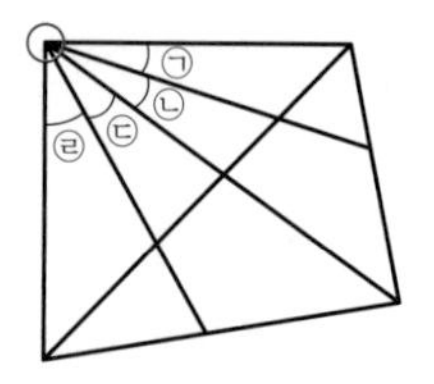

각을 1개, 2개, 3개, 4개 포함하는 경우로 나누어 개수를 합하면 됩니다.

1개 포함하는 경우: ㉠, ㉡, ㉢, ㉣ ➡ 4개

2개 포함하는 경우: ㉠+㉡, ㉡+㉢, ㉢+㉣ ➡ 3개

3개 포함하는 경우: ㉠+㉡+㉢, ㉡+㉢+㉣ ➡ 2개

4개 포함하는 경우 : ㉠+㉡+㉢+㉣ ➡ 1개

따라서 찾을 수 있는 크고 작은 각은 모두 10개입니다.

1-4 큰 오각형의 꼭짓점은 5개입니다. 각 꼭짓점에서 찾을 수 있는 크고 작은 각의 개수를 구하고 꼭짓점 개수를 곱하면 됩니다.

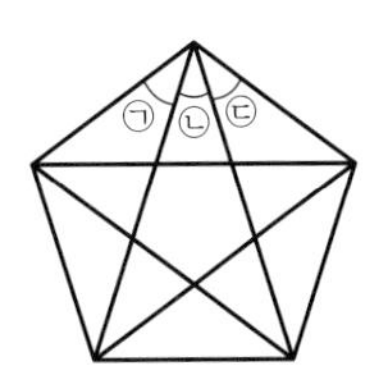

한 꼭짓점에서 찾을 수 있는 크고 작은 각은 ㉠, ㉡, ㉢, ㉠+㉡, ㉡+㉢, ㉠+㉡+㉢으로 6개입니다.

오각형은 꼭짓점의 개수가 5개이므로 $6 \times 5 = 30$에서 모두 30개입니다.

2 시계의 긴바늘이 12를 가리키므로 직각 삼각자의 직각 부분의 꼭짓점을 시계의 중심에 맞춰 직각이 되도록 짧은 바늘을 그려 넣으면 큰 숫자 3, 9를 가리킵니다.

따라서 구하는 시각은 3시와 9시입니다.

해설 플러스

직접 시계를 그려 보면서 직각을 만들어 봐도 좋아요.

2-1 시계의 긴바늘이 12를 가리키면서 시계의 긴바늘과 짧은바늘이 직각을 이루는 시각은 3시와 9시입니다. 하루에 직각을 이루는 시각은 오전 3시, 오전 9시, 오후 3시, 오후 9시로 모두 4번 있습니다.

2-2 시계의 긴바늘이 12를 가리킨다고 했으므로 직각을 이루는 시각은 3시와 9시입니다. 오전 8시 이후로 두 번째 직각을 이루는 시각은 오후 3시입니다. 따라서 오후 3시에 만나야 합니다.

2-3 정각인 경우는 시계의 긴바늘이 12를 가리킬 때입니다. 시계의 긴바늘과 짧은바늘이 직각을 이루는 시각은 오전 3시, 오전 9시, 오후 3시, 오후 9시이므로 하루에 4번 직각을 이룹니다. 견우와 직녀가 오후 10시에 만난다고 했으므로 7월 7일에 직각 4번, 7월 6일에 직각 4번을 이룹니다. 7월 5일도 같으므로 직각을 9번 이루는 날짜는 7월 5일입니다.

3. 직각이 있는 도형

수해력을 확인해요

25~27쪽

01 ×
02 ○
03 ○
04 ○
05 ( )(○)
06 ( )(○)
07 ( )(○)
08 (○)( )

09 ○
10 ×
11 ×
12 ○
13 ( )(○)
14 (○)( )
15 ( )(○)
16 ( )(○)

17 ○
18 ×
19 ○
20 ○
21 (○)( )
22 ( )(○)
23 (○)( )
24 (○)( )

수해력을 높여요

28~29쪽

01 ㉡, ㉤
02 (○)(×)
(○)(○)
(×)(○)
03 5개
04 6개
05 가, 라
06 예 네 각이 모두 직각이 아니기 때문이야.
07 9개
08 ㉡, ㉢, ㉣
09 (1) 12 cm (2) 8 cm
10 10 cm
11 3 cm
12 풀이 참조, 15개
13 1개

01 ㉡ 직각삼각형은 직각이 1개만 있습니다.
㉥ 직각삼각형은 세 변의 길이가 같지 않습니다. 세 변의 길이가 같은 삼각형은 정삼각형입니다.

02 직사각형은 네 각이 모두 직각인 사각형입니다.

03 각을 1개, 2개, 3개 포함하는 경우로 나누어 개수를 합하면 됩니다.

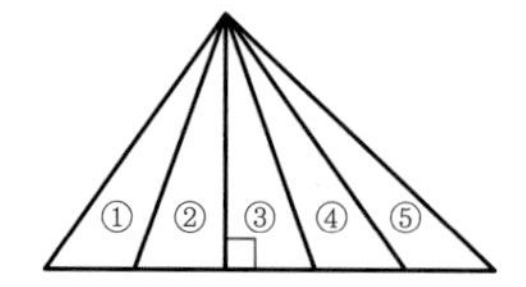

1개 포함하는 경우: ②, ③ ➡ 2개
2개 포함하는 경우: ①+②, ③+④ ➡ 2개
3개 포함하는 경우: ③+④+⑤ ➡ 1개
따라서 찾을 수 있는 크고 작은 직각삼각형은 모두 5개입니다.

04 선을 따라 모두 잘랐을 때 직각이 1개 있는 직각삼각형은 ①, ③, ⑥, ⑦, ⑧, ⑨입니다.

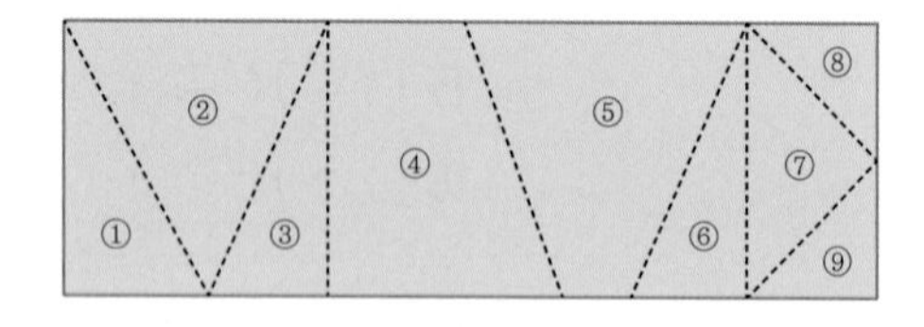

05 직사각형은 네 각이 모두 직각인 사각형입니다.

06 은서가 그린 도형은 네 변의 길이는 같지만 네 각의 크기가 같지 않으므로 정사각형이 아닙니다.

07 가장 작은 직사각형을 1개, 2개, 4개 포함하는 경우로 나누어 개수를 합하면 됩니다.
1개 포함하는 경우: 4개
2개 포함하는 경우: 4개
4개 포함하는 경우: 1개
따라서 찾을 수 있는 크고 작은 직사각형은 모두 9개입니다.

08 주어진 도형은 정사각형입니다. 정사각형은 네 각이 모두 직각이기 때문에 직사각형이라고 할 수 있습니다. 또한 4개의 변으로 둘러싸여 있기 때문에 사각형이라고도 할 수 있습니다.

09 정사각형은 네 변의 길이가 모두 같은 도형입니다.
(1) 한 변이 3 cm이므로 네 변의 길이의 합은
$3\times4=12$에서 12 cm입니다.
(2) 한 변이 2 cm이므로 네 변의 길이의 합은
$2\times4=8$에서 8 cm입니다.

10 정사각형의 한 변은 1 cm입니다. 직사각형은 정사각형을 겹치지 않게 이어 만들었으므로 가로는 4 cm, 세로는 1 cm이므로 네 변의 길이의 합은 10 cm입니다.

해설 플러스
정사각형의 한 변의 길이(1 cm)가 몇 개인지 세어 봐도 됩니다.

11 종이를 잘라서 가장 큰 정사각형을 만들기 위해서는 가장 짧은 변의 길이로 정사각형을 만들면 됩니다.
빨간색 선을 따라 잘라 한 변이 3 cm인 정사각형을 만들어야 합니다.

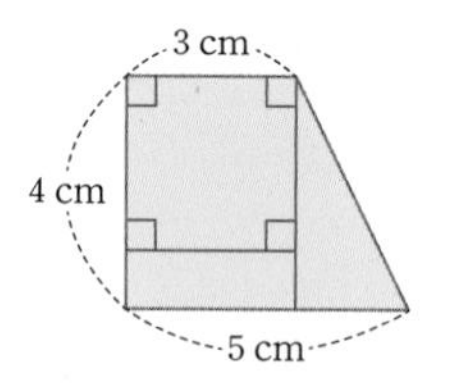

12 현진이가 붙이려고 하는 벽은 직사각형입니다. 한 변이 3 cm인 정사각형을 붙이려고 하므로 가로에는
$15\div3=5$에서 5개를 붙일 수 있고, 세로에는
$9\div3=3$에서 3개를 붙일 수 있습니다. 따라서 5개씩 3줄로 붙일 수 있으므로 타일은 모두 15개가 필요합니다.

13

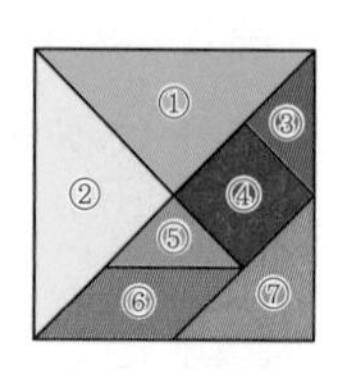

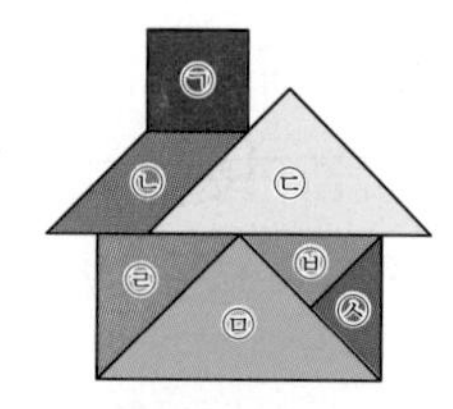

- 칠교판에서 찾을 수 있는 직각삼각형
①, ②, ③, ⑤, ⑦, ①+②, ③+④+⑤+⑥+⑦
➡ 7개
- 집 모양에서 찾을 수 있는 직각삼각형
㉢, ㉣, ㉤, ㉥, ㉦, ㉥+㉦ ➡ 6개

따라서 직각삼각형의 개수의 차는 1개입니다.

수해력을 완성해요

30~31쪽

대표 응용 1 4, (②, ③), (③, ④), (④, ①), 4 / 8

1-1 12개 **1-2** 14개

1-3 19개 **1-4** 16개

대표 응용 2 3, 3 / 6 / 6, 24, 24

2-1 36 cm **2-2** 60 m

2-3 48 cm **2-4** 36 cm

1 직각삼각형 1개, 2개로 이루어진 경우로 나누어 개수를 합하면 됩니다.

1개로 이루어진 경우: ①, ②, ③, ④ ➡ 4개

2개로 이루어진 경우: ①+②, ②+③, ③+④, ④+① ➡ 4개

따라서 찾을 수 있는 크고 작은 직각삼각형은 모두 8개입니다.

1-1 작은 직각삼각형 1개, 2개, 3개로 이루어진 경우로 나누어 개수를 합하면 됩니다.

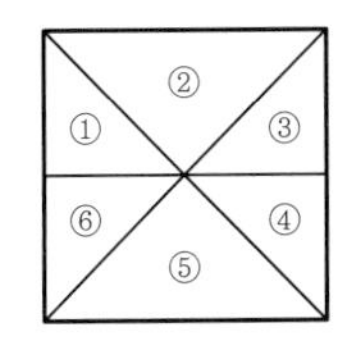

1개로 이루어진 경우: ①, ②, ③, ④, ⑤, ⑥ ➡ 6개

2개로 이루어진 경우: ①+⑥, ③+④ ➡ 2개

3개로 이루어진 경우: ①+⑤+⑥, ③+④+⑤, ②+③+④, ①+②+⑥ ➡ 4개

따라서 찾을 수 있는 크고 작은 직각삼각형은 모두 12개입니다.

1-2 정사각형 1개, 4개, 9개로 이루어진 경우로 나누어 개수를 합하면 됩니다.

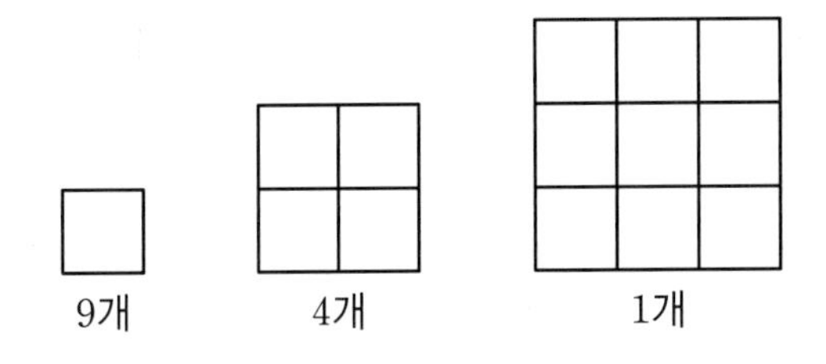

따라서 찾을 수 있는 크고 작은 정사각형은 모두 14개입니다.

1-3 정사각형 1개, 2개, 3개, 4개로 이루어진 경우로 나누어 개수를 합하면 됩니다.

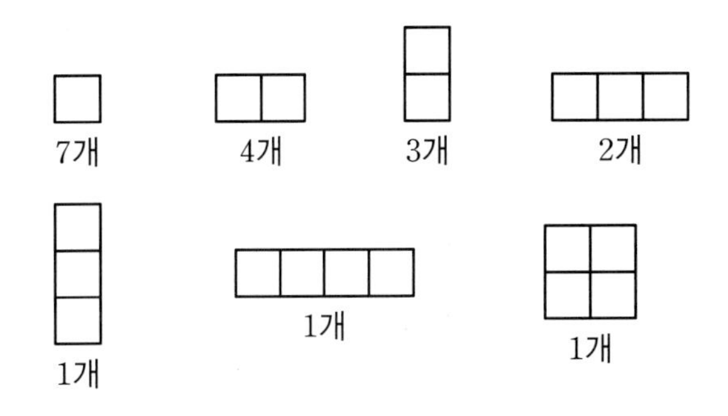

따라서 찾을 수 있는 크고 작은 직사각형은 모두 19개입니다.

1-4 직각삼각형 1개, 2개, 4개로 이루어진 경우로 나누어 개수를 합하면 됩니다.

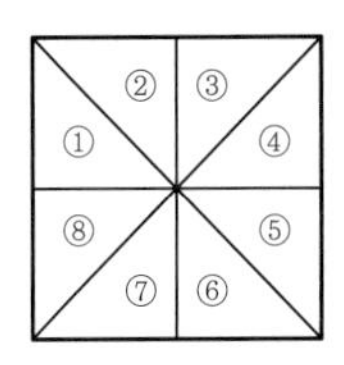

1개로 이루어진 경우: ①, ②, ③, ④, ⑤, ⑥, ⑦, ⑧ ➡ 8개

2개로 이루어진 경우: ①+⑧, ②+③, ④+⑤, ⑥+⑦ ➡ 4개

4개로 이루어진 경우: ①+⑥+⑦+⑧, ④+⑤+⑥+⑦, ②+③+④+⑤, ①+②+③+⑧ ➡ 4개

따라서 찾을 수 있는 크고 작은 직각삼각형은 모두 16개입니다.

2 작은 정사각형을 가로로 3개, 세로로 3개 이어 붙여서 큰 정사각형을 만들었습니다. 작은 정사각형의 한 변이 2 cm이므로 큰 정사각형의 한 변은 6 cm입니다. 따라서 빨간색 선의 길이는 $6 \times 4 = 24$에서 24 cm입니다.

2-1 한 변이 3 cm인 정사각형을 이어 붙였으므로 파란색 선의 길이는 작은 정사각형의 한 변을 12개 이어 붙인 것과 같습니다. 따라서 파란색 선의 길이는 $3 \times 12 = 36$에서 36 cm입니다.

2-2 한 변이 10 m인 정사각형을 이어 붙였으므로 빨간색 선의 길이는 작은 정사각형의 한 변을 6개 이어 붙인 것과 같습니다. 따라서 빨간색 선의 길이는 $10 \times 6 = 60$에서 60 m입니다.

2-3 이 도형에서 찾을 수 있는 가장 큰 직사각형은 빨간색으로 표시된 도형입니다. 이 직사각형의 둘레는 작은 정사각형의 한 변을 12개 이어 붙인 것과 같으므로
$4 \times 12 = 48$에서 48 cm입니다.

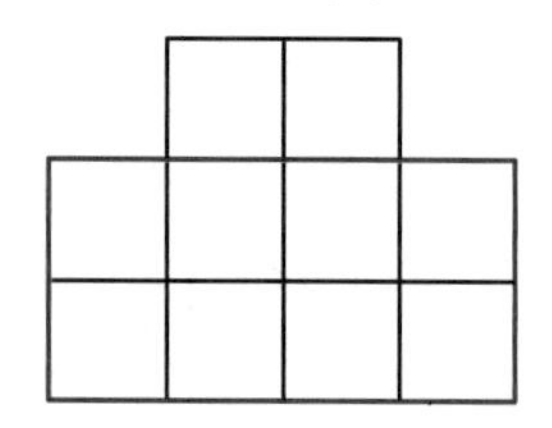

2-4 이 도형에서 찾을 수 있는 가장 큰 정사각형은 빨간색으로 표시된 도형입니다. 이 정사각형의 둘레는 작은 정사각형의 한 변을 12개 이어 붙인 것과 같으므로
$3 \times 12 = 36$에서 36 cm입니다.

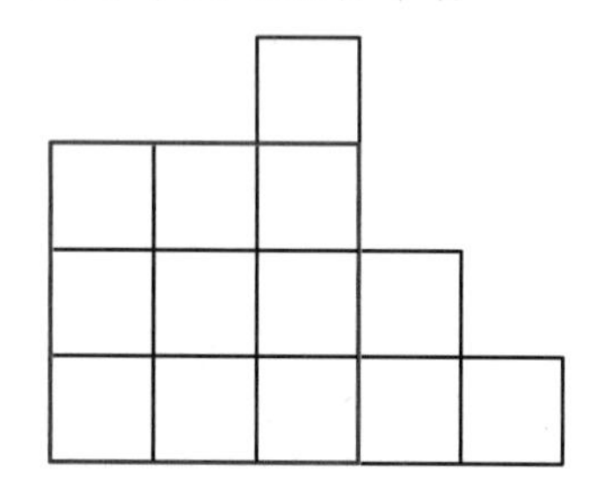

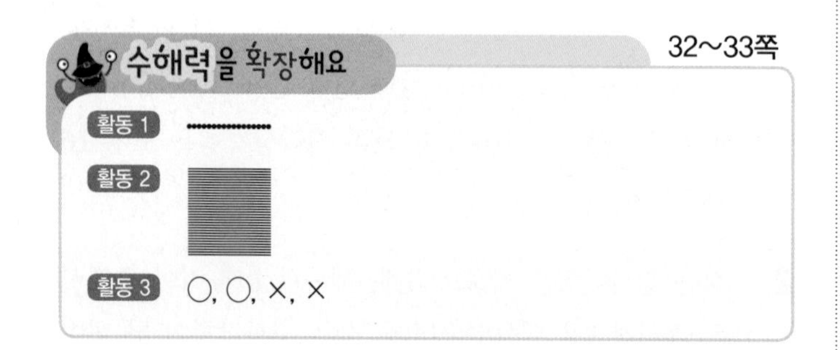

활동1 점을 옆으로 그리면 ●●●●●●●●●●●●●●●●과 같은 모양이 되고,

활동2 선을 아래로 그으면 [가로선 무늬]과 같은 모양이 됩니다.

활동3 1. 선분은 선이기 때문에 도형이 맞습니다. (○)
2. 각은 점과 선으로 이루어져 있기 때문에 도형이 맞습니다. (○)
3. 선분으로 둘러싸인 삼각형, 사각형도 도형이지만 점, 선, 면 중 하나라도 있으면 도형이 맞습니다. (×)
4. 원은 점으로 이루어져 있으므로 도형이 맞습니다. (×)

1. 1 mm와 1 km

수해력을 확인해요 38~39쪽

01 2, 2		04 4, 5	
02 6, 3		05 3, 2	
03 4, 9		06 5, 7	
07 (1) 72	(2) 1, 9	12 (1) 2360	(2) 3, 468
08 (1) 26	(2) 4, 3	13 (1) 7537	(2) 5, 892
09 (1) 39	(2) 5, 2	14 (1) 6057	(2) 2, 692
10 (1) 183	(2) 16, 7	15 (1) 4090	(2) 2, 84
11 (1) 148	(2) 49, 8	16 (1) 5002	(2) 7, 9

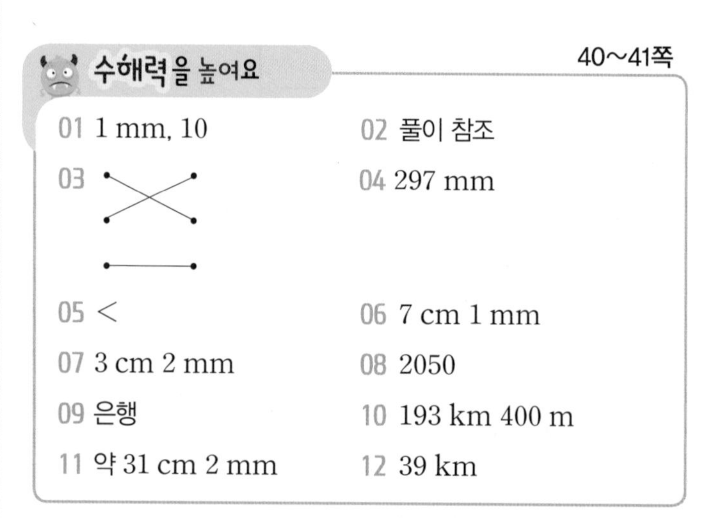

02 자의 눈금 0을 점선의 한쪽 끝에 맞추고 3보다 작은 눈금 7칸만큼 더 간 곳까지 선을 긋습니다.

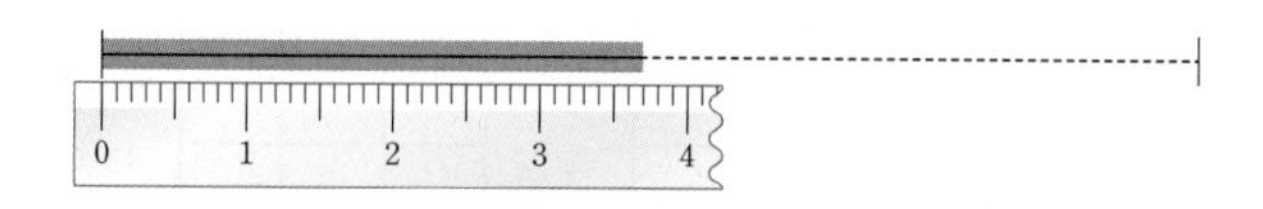

03 $4\text{ cm }3\text{ mm} = 40\text{ mm} + 3\text{ mm} = 43\text{ mm}$
$1\text{ cm }8\text{ mm} = 10\text{ mm} + 8\text{ mm} = 18\text{ mm}$
$9\text{ cm }5\text{ mm} = 90\text{ mm} + 5\text{ mm} = 95\text{ mm}$

04 29 cm보다 7 mm 더 긴 길이는 29 cm 7 mm이므로
29 cm 7 mm=290 mm+7 mm=297 mm입니다.

05 1 cm 9 mm=10 mm+9 mm=19 mm입니다.
19 mm<108 mm이므로
1 cm 9 mm<108 mm입니다.

06 42 mm+29 mm=71 mm
=70 mm+1 mm
=7 cm 1 mm

07 ㉠은 숫자 사이 큰 눈금 2칸과 작은 눈금 5칸 만큼의 길이이므로 2 cm 5 mm입니다.
㉡은 숫자 사이 큰 눈금 2칸과 작은 눈금 2칸 만큼의 길이이므로 2 cm 2 mm입니다.
㉢은 숫자 사이 큰 눈금 3칸과 작은 눈금 2칸 만큼의 길이이므로 3 cm 2 mm입니다.
3 cm 2 mm>2 cm 5 mm>2 cm 2 mm이므로 가장 긴 테이프의 길이는 ㉢ 3 cm 2 mm입니다.

08 2 km보다 50 m 더 먼 거리는 2 km 50 m이므로
2 km 50 m=2000 m+50 m=2050 m
따라서 도착지는 2050 m 떨어진 곳에 있습니다.

09 학교에서 시청까지의 거리는
3 km 5 m=3000 m+5 m=3005 m입니다.
3100 m>3040 m>3005 m이므로 학교에서 가장 먼 곳은 은행입니다.

10 22 km 600 m+159 km 800m+11 km
=182 km 400 m+11 km
=193 km 400 m

11 312 mm=310 mm+2 mm=31 cm 2 mm이므로 제주 삼각봉에 내린 비의 양은 약 31 cm 2 mm입니다.

12 그림에 표시된 성층권은 11 km부터 50 km까지이므로 성층권의 범위는 50 km−11 km=39 km입니다.

수해력을 완성해요 42~43쪽

대표 응용 1 2, 3, 23, 92 / 9, 2

1-1 11 cm 9 mm **1-2** 3 cm 9 mm
1-3 85 mm **1-4** 19 cm

대표 응용 2 10, 100 / 12, 1200

2-1 700 m **2-2** 1 km 100 m
2-3 2 km **2-4** 3 km

1-1 연필 전체의 길이는 지우개 길이의 7배이므로
(연필 전체의 길이)
=17 mm+17 mm+17 mm+17 mm
+17 mm+17 mm+17 mm
=119 mm=110 mm+9 mm=11 cm 9 mm

1-2 사탕알의 길이 1 cm 8 mm는 18 mm이고, 막대 사탕 전체의 길이는 사탕알 길이의 2배보다 3 mm 더 길므로
(막대 사탕 전체의 길이)
=18 mm+18 mm+3 mm
=39 mm=30 mm+9 mm=3 cm 9 mm

1-3 면봉 전체의 길이는 양쪽 면봉 솜 길이의 합보다 4 cm 7 mm 더 길므로
(면봉 전체의 길이)
=19 mm+19 mm+4 cm 7 mm
=38 mm+4 cm 7 mm
=38 mm+47 mm
=85 mm

1-4 컵의 길이 9 cm 4 mm는 94 mm이고, 빨대 전체의 길이는 컵 길이의 2배보다 2 mm 더 길므로
(빨대 전체의 길이)
=94 mm+94 mm+2 mm
=190 mm=19 cm

2-1 수직선의 작은 눈금 한 칸은 1 km를 똑같이 10으로 나눈 것 중의 한 칸이므로 100 m를 나타냅니다.
두 지점 사이는 작은 눈금 7칸이므로 ㉠에서 ㉡까지의 거리는 700 m입니다.

2-2 수직선의 작은 눈금 한 칸은 1 km를 똑같이 10으로 나눈 것 중의 한 칸이므로 100 m를 나타냅니다.
두 지점 사이는 11칸이므로 ㉠에서 ㉡까지의 거리는 1100 m=1 km 100 m입니다.

2-3 작은 눈금 5칸은 1 km입니다.
두 지점 사이는 10칸이므로 ㉠에서 ㉡까지의 거리는 1 km×2=2 km입니다.

2-4 작은 눈금 5칸은 1 km입니다.
두 지점 사이는 15칸이므로 ㉠에서 ㉡까지의 거리는 1 km×3=3 km입니다.

2. 길이와 거리 어림하기

수해력을 확인해요 46쪽

01 ㉮ 6 / 6, 2
02 ㉮ 5 / 4, 5
03 ㉮ 7 / 7, 4
04 mm에 ○표
05 m에 ○표
06 mm에 ○표
07 km에 ○표

수해력을 높여요 47쪽

01 ㉮ 28 cm, 30 cm
02 cm
03 약 200 cm, 약 140 km
04 km
05 ㉠
06 문구점
07 1 km 200 cm

02 어린이의 키에 알맞은 단위는 80 cm입니다.

03 줄넘기는 한 발로 줄의 가운데 부분을 밟았을 때 줄 끝의 길이가 가슴 정도에 옵니다.
따라서 줄넘기의 길이는 약 200 cm입니다.
서울과 대전 사이의 거리는 약 140 km입니다.

04 고속도로 안내판에서 다음 도시 또는 휴게소까지의 거리는 1 m, 22 m가 아닌 1 km, 22 km가 적절합니다.
따라서 □ 안에 알맞은 길이의 단위는 km입니다.

05 ㉠ 세면대의 높이는 사람의 키보다 작아야 하므로 약 750 cm가 아닌 약 750 mm입니다.
㉡ 공원 산책로의 길이는 약 4 km가 될 수 있습니다.
㉢ 눈썰매장의 길이는 약 130 m가 될 수 있습니다.

06 점과 점 사이의 거리가 500 m이므로 집에서 약 1 km 떨어진 곳, 즉 500 m의 2배쯤 떨어진 곳은 문구점입니다.

07 1리가 약 400 m이고
400 m+400 m+400 m=1200 m에서
3리는 약 1200 m이므로 약 1 km 200 m입니다.

수해력을 완성해요 48~49쪽

대표 응용 1 4 / 3, 연수에 ○표
1-1 6, 우빈에 ○표
1-2 5, 5, 지연에 ○표
1-3 2, 8, 수호에 ○표

대표 응용 2 2, 4, 2
2-1 3 km
2-2 5 km
2-3 2 km 500 m
2-4 3 km 500 m

1-1 해설 나침반
측정값과 어림값의 차가 작을수록 더 잘 어림한 것입니다.

색연필의 길이를 자로 재면 6 cm입니다.
6 cm는 3 cm와 5 cm 중 5 cm에 더 가까우므로 우빈이가 더 잘 어림했습니다.

1-2 사탕의 길이를 자로 재면 5 cm 5 mm입니다.
5 cm 5 mm는 6 cm와 4 cm 9 mm 중 6 cm에 더 가까우므로 지연이가 더 잘 어림했습니다.

1-3 머리핀의 길이를 자로 재면 2 cm 8 mm입니다.
2 cm 8 mm는 2 cm와 3 cm 중 3 cm에 더 가까우므로 수호가 더 잘 어림했습니다.

2-1 ㉠역에서 ㉢역까지의 거리는 1 km이고, 2개의 역을 가야 합니다. ㉡역에서 ㉧역까지 6개의 역을 가야 하므로 두 역 사이의 거리는 3 km입니다.

2-2 ㉠역에서 ㉢역까지의 거리가 2 km이므로 이웃하는 두 역 사이의 거리는 1 km입니다. A역에서 ㉦역까지 5개의 역을 가야 하므로 두 역 A와 ㉦ 사이의 거리는 1(km)×5(개의 역)=5 km입니다.

2-3 ㉠역에서 ㉤역까지의 거리는 2 km이고, ㉤역에서 ㉥역까지의 거리는 500 m입니다.
따라서 ㉠역에서 ㉥까지의 거리는 2 km 500 m입니다.

2-4 ㉢역에서 ㉨역까지의 거리는 3 km이고 ㉨역에서 ㉩역까지의 거리는 500 m입니다.
따라서 ㉢역에서 ㉩역까지의 거리는 3 km 500m입니다.

3. 1초와 시간의 덧셈, 뺄셈

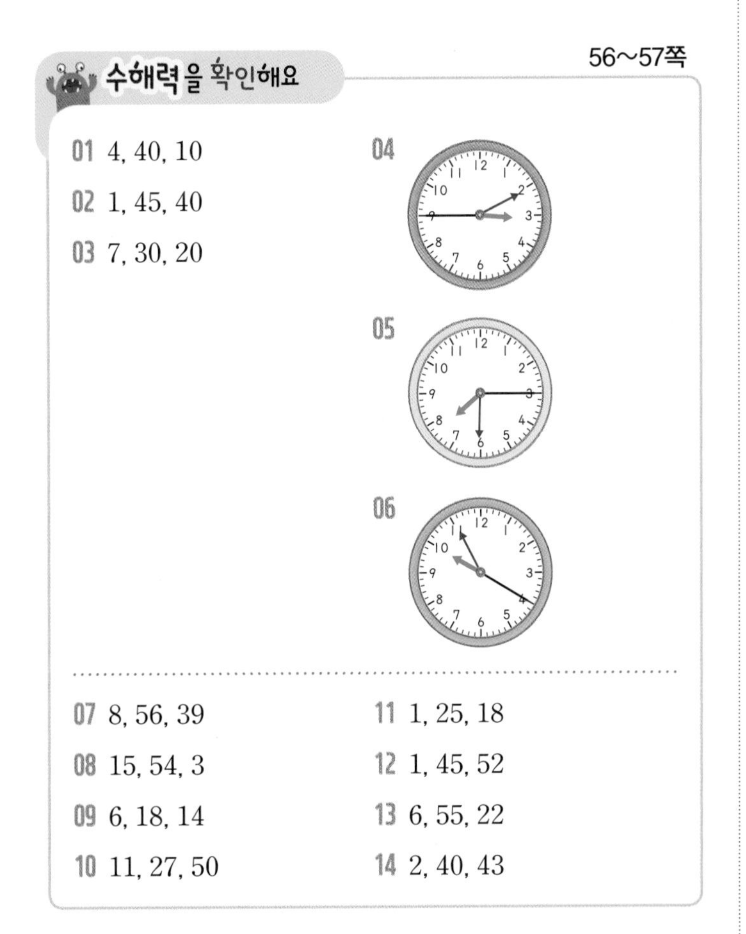

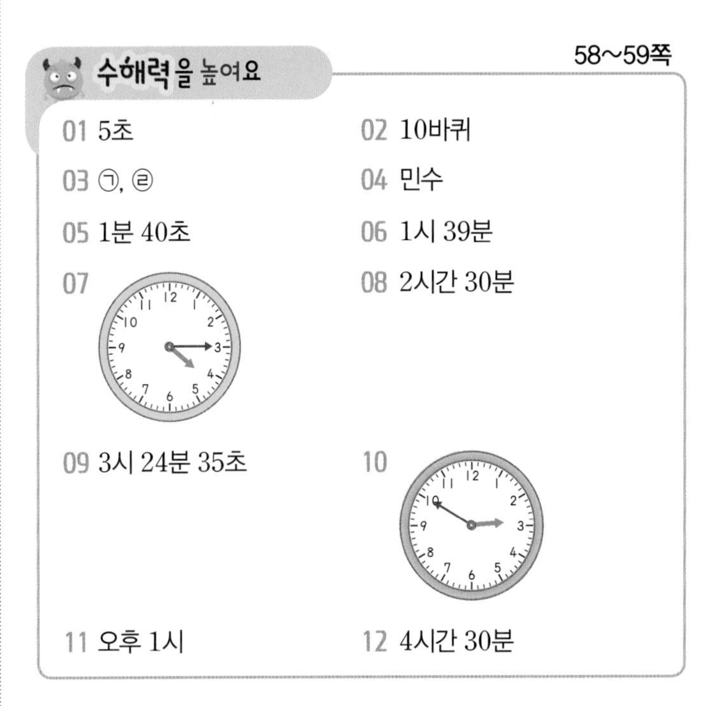

02 시계의 초바늘은 1분 동안 시계를 1바퀴 돕니다. 따라서 시계의 초바늘은 10분 동안 시계를 10바퀴 돕니다.

03 1초 동안 할 수 있는 일은 "네"라고 말하기, 손뼉 한 번 치기입니다. 양치질하기는 약 3분, 문제집 한 권 풀기는 여러 시간이 걸립니다.

04 60초=1분이므로 1분 10초=60초+10초=70초입니다. 115초>105초>70초이므로 기록이 가장 빠른 친구는 민수입니다.

05 1 km를 달리는 데 20초가 걸리므로 5 km를 가려면 20초+20초+20초+20초+20초=100초가 걸립니다.
100초=60초+40초=1분 40초이므로 5 km를 가는 데 1분 40초가 걸립니다.

06 □+1시간 40분=3시 19분에서
□는 3시 19분−1시간 40분으로 구할 수 있습니다.

	2	60
	~~3~~시	19분
−	1시간	40분
	1시	39분

07 2시 30분에서 1시간 45분 후의 시각은
2시 30분+1시간 45분으로 구할 수 있습니다.

	1	
	2시	30분
+	1시간	45분
	4시	15분

08 태호가 대전에서 출발한 시각은 2시 35분이고 광주에 도착한 시각은 5시 5분입니다. 따라서 대전에서 광주로 가는 데 걸린 시간은 5시 5분－2시 35분으로 구할 수 있습니다.

	4	60
	~~5~~시	5분
－	2시	35분
	2시간	30분

따라서 대전에서 광주까지 가는 데 걸린 시간은 2시간 30분입니다.

09 결승점에 도착한 시각이 4시 45분 30초이고 결승점까지 뛰는 데 1시간 20분 55초가 걸렸으므로 마라톤을 시작한 시각은 4시 45분 30초－1시간 20분 55초로 구할 수 있습니다.

		44	60
	4시	~~45~~분	30초
－	1시간	20분	55초
	3시	24분	35초

따라서 마라톤을 시작한 시각은 3시 24분 35초입니다.

10 희진이가 공부를 마친 시각은
11시 55분＋1시간 30분＋1시간 25분으로 구할 수 있습니다.

	1	
	11시	55분
＋	1시간	30분
	13시	25분

→

	13시	25분
＋	1시간	25분
	14시	50분

14시 50분은 오후 2시 50분이므로 희진이가 공부를 마친 시각은 오후 2시 50분입니다.

해설 플러스

시간을 24시간 기준으로 표현할 때 12시가 넘는 경우 13시＝오후 1시, 14시＝오후 2시, 15시＝오후 3시, 16시＝오후 4시와 같이 □시＝오후 (□－12)시로 나타낼 수 있습니다.

11 천안 터미널에서 서울남부 터미널로 가는 데 걸리는 시간은 약 1시간 10분이므로 오전 11시 50분에 출발하면 도착 시각은 11시 50분＋1시간 10분으로 구할 수 있습니다.

	1	
	11시	50분
＋	1시간	10분
	13시	

13시는 오후 1시이므로 서울 남부터미널에 도착하는 시각은 오후 1시입니다.

12 1시진은 약 2시간, 1각은 약 15분이므로
2시진 2각은 약 4시간 30분입니다.

수해력을 완성해요 60~61쪽

대표 응용 1 2, 20, 2, 20, 140, 140

1-1 190분 **1-2** 380분
1-3 3시간 55분 **1-4** 7시간 40분

대표 응용 2 12, 5, 37, 11, 29, 11, 29

2-1 11시간 7분 **2-2** 11시간 27분 47초
2-3 오후 7시 44분 **2-4** 오후 7시 37분 55초

1-1 (걸리는 시간)＝(도착 시각)－(출발 시각)
＝12시 20분－9시 10분
＝3시간 10분
＝180분＋10분＝190분
따라서 한별 마을에서 해들 마을로 가는 데 걸리는 시간은 190분입니다.

1-2 (걸리는 시간)＝(도착 시각)－(출발 시각)
＝15시 10분－8시 50분
＝6시간 20분
＝360분＋20분＝380분
따라서 소담 마을에서 누리 마을로 가는 데 걸리는 시간은 380분입니다.

1-3 야간 버스를 타고 가는 데 걸리는 시간은 출발할 때부터 24시까지 걸리는 시간과 24시에서 다음날 도착할 때까지 걸리는 시간의 합으로 구할 수 있습니다.
(걸리는 시간)＝(24시－20시 45분)＋(40분)
＝3시간 15분＋40분
＝3시간 55분

따라서 파리에서 브뤼셀로 가는 데 걸리는 시간은 3시간 55분입니다.

1-4 야간 버스를 타고 가는 데 걸리는 시간은 출발할 때부터 24시까지 걸리는 시간과 24시에서 다음날 도착할 때까지 걸리는 시간의 합으로 구할 수 있습니다.

(걸리는 시간)=(24시−21시)+4시간 40분
=3시간+4시간 40분
=7시간 40분

따라서 베를린에서 뮌헨으로 가는 데 걸리는 시간은 7시간 40분입니다.

2-1 밤의 길이는 해가 진 시각부터 밤 12시까지의 시간과 밤 12시부터 해가 뜬 시각까지의 시간을 더해서 구합니다.

(12시−7시 5분)+6시간 12분
=4시간 55분+6시간 12분
=11시간 7분
입니다.

따라서 이날 밤의 길이는 11시간 7분입니다.

2-2 밤의 길이는 해가 진 시각으로부터 밤 12시가 될 때까지의 시간과 밤 12시부터 해가 뜰 때까지 시간을 더해서 구합니다.

(밤의 길이)
=(12시−6시 58분 45초)+6시간 26분 32초
=5시간 1분 15초+6시간 26분 32초
=11시간 27분 47초

따라서 이날 밤의 길이는 11시간 27분 47초입니다.

2-3 전체 밤의 길이에서 밤 12시부터 해가 뜬 시각까지의 시간을 빼면 전날 해가 진 시각부터 밤 12시까지의 시간을 구할 수 있습니다. 이렇게 구한 시간을 밤 12시에서 빼서 전날 해가 진 시각을 구합니다.

10시간 15분−5시간 59분=4시간 16분
12시−4시간 16분=7시 44분

따라서 전날 해가 진 시각은 오후 7시 44분입니다.

2-4 전체 밤의 길이에서 밤 12시부터 해가 뜬 시각까지의 시간을 빼면 전날 해가 진 시각부터 밤 12시까지의 시간을 구할 수 있습니다. 이렇게 구한 시간을 밤 12시에서 빼서 전날 해가 진 시각을 구합니다.

11시간 32분 17초−7시간 10분 12초
=4시간 22분 5초
12시−4시간 22분 5초=7시 37분 55초

따라서 전날 해가 진 시각은 오후 7시 37분 55초입니다.

수해력을 확장해요

62~63쪽

활동 1 2, 2
활동 2 11, 30, 11, 30
활동 3 8, 20, 8
활동 4 시드니 공원

활동1 오전 11시와 오전 9시는 2시간 차입니다.

활동2 시는 시끼리 더하고, 분은 분끼리 더합니다.
8시+3시간 30분=11시 30분

활동3 8시+10시간+2시간=20시입니다.
20시는 오후 8시와 같습니다.

활동4 공항과 시드니 공원의 거리는 약 6000 m, 공항과 뉴사우스웨일스 대학의 거리는 약 9 km, 즉 9000 m이므로 공항과 더 가까운 곳은 시드니 공원입니다.

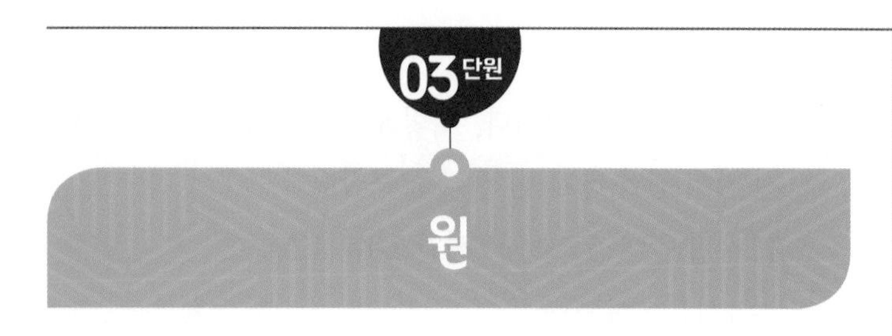

1. 원 알아보기

수해력을 확인해요 70~71쪽

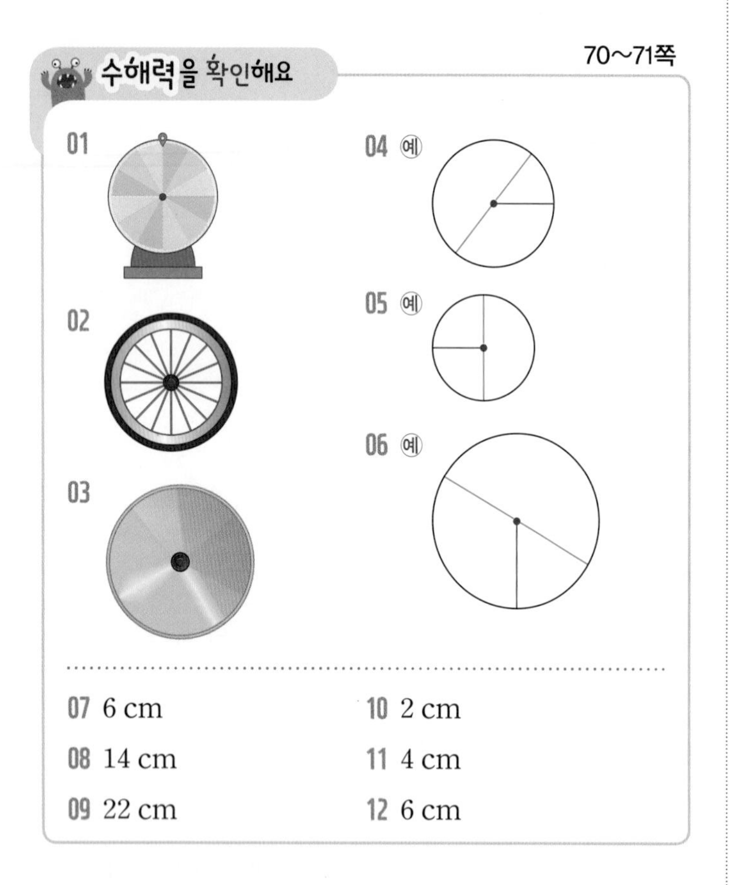

07 6 cm
08 14 cm
09 22 cm
10 2 cm
11 4 cm
12 6 cm

수해력을 높여요 72~73쪽

01 점 ㄷ	02 가
03 (1) 원의 중심 (2) 반지름	04 ㉠
05 4, 4	06 윤아
07 ㉠	08 12
09 ㉢	10 풀이 참조
11 약국	12 1 m 20 cm

01 원의 중심은 원의 가장 안쪽에 있는 점입니다.

02 원을 더 작게 그리려면 누름 못과 연필심 사이의 거리가 더 짧아야 합니다. 따라서 연필심을 꽂아야 하는 곳은 가입니다.

03 (1) 점 ㄱ과 점 ㄷ은 원의 가장 안쪽에 있는 점이므로 원의 중심입니다.
(2) 선분 ㄱㄴ과 선분 ㄷㄹ은 원의 중심과 원 위의 한 점을 이은 선분이므로 원의 반지름입니다.

04 원의 반지름은 원의 중심과 원 위의 한 점을 이은 선분이므로 ㉠입니다.

05 한 원에서 반지름은 길이가 모두 같습니다. 따라서 주어진 원의 반지름은 모두 4 cm입니다.

06 선미: 한 원에서 반지름은 무수히 많이 그을 수 있습니다.
승민: 한 원에는 중심이 1개 있습니다.

07 원의 지름은 원 위의 두 점을 이은 선분 중 원의 중심을 지나는 선분입니다. 따라서 원의 지름은 ㉠입니다.

08 원의 지름은 (반지름)×2와 같습니다.
따라서 (지름)$=6\times2=12$ (cm)입니다.

09 ㉢ 지름은 원 위의 두 점을 이은 선분 중에서 가장 깁니다.

해설 나침반

원의 지름은 원 위의 두 점을 지나는 선분 중 원의 중심을 지나는 선분입니다. 지름은 원 위의 두 점을 이은 선분 중 가장 길며, 원을 둘로 똑같이 나눕니다. 또한 한 원에서 지름을 무수히 많이 그릴 수 있으며, 그 길이는 모두 같습니다.

10 원의 지름은 원의 중심을 지나는 선분입니다. 주어진 그림에서 원 위의 두 점을 이은 선분은 원의 중심을 지나지 않으므로 원의 지름이 아닙니다.

11 민지네 집에서 200 m보다 멀고 300 m보다 가깝다는 것은 반지름이 200 m보다 길고 300 m보다 짧다는 것입니다. 민지네 집에서 반지름이 200 m보다 길고 300 m보다 짧은 곳에 있는 장소는 약국입니다.

12 깡통을 매단 끈의 길이는 원의 반지름과 같습니다.
따라서 원의 지름은 $60\times2=120$ (cm)입니다.
100 cm는 1 m와 같으므로 120 cm는 1 m 20 cm입니다.

해설 플러스

길이 단위 1 m는 100 cm와 같습니다.
따라서 120 cm는 100 cm+20 cm이므로
1m 20 cm로 나타낼 수 있습니다.

수해력을 완성해요 74~75쪽

대표 응용 1 5, 3, 8

1-1 13 cm **1-2** 14 cm

대표 응용 2 반지름에 ○표 / 4, 4 / 4, 2

2-1 4 cm **2-2** 24 cm

대표 응용 3 10 / 10, 10, 20 / 10

3-1 12, 4 **3-2** 96 cm

3-3 18 cm

1-1 선분 ㄱㄴ의 길이는 작은 원의 반지름과 큰 원의 반지름의 합과 같습니다. 따라서 $4+9=13$(cm)입니다.

1-2 선분 ㄱㄴ의 길이는 큰 원의 지름과 작은 원의 지름이 합과 같습니다. 큰 원의 지름은 $5\times2=10$(cm)이고, 작은 원의 지름은 $2\times2=4$(cm)입니다.
따라서 선분 ㄱㄴ의 길이는 $10+4=14$(cm)입니다.

2-1 작은 원의 지름은 큰 원의 반지름과 같으므로 작은 원의 지름은 $16\div2=8$(cm)입니다.
따라서 작은 원의 반지름은 $8\div2=4$(cm)입니다.

2-2 가장 큰 원의 반지름은 중간 원의 지름과 같고, 중간 원의 반지름은 가장 작은 원의 지름과 같습니다.
가장 작은 원의 지름 $3\times2=6$(cm) ➡ 중간 원의 반지름
중간 원의 지름 $6\times2=12$(cm) ➡ 가장 큰 원의 반지름
가장 큰 원의 지름 $12\times2=24$(cm)

3-1 직사각형의 긴 변의 길이는 세 원의 지름의 합과 같습니다. 한 원의 지름이 $2\times2=4$(cm)이므로 직사각형의 긴 변의 길이는 $4+4+4=12$(cm)이고 직사각형의 짧은 변의 길이는 한 원의 지름과 같으므로 4 cm입니다.

3-2 정사각형의 한 변의 길이는 두 원의 지름의 합과 같습니다. 한 원의 지름이 $6\times2=12$(cm)이므로 정사각형의 한 변의 길이는 $12+12=24$(cm)입니다.
따라서 정사각형의 네 변의 길이의 합은
$24\times4=96$(cm)입니다.

해설 플러스

정사각형은 네 각이 모두 직각이고, 네 변의 길이가 모두 같은 사각형입니다. 정사각형의 네 변의 길이가 모두 같으므로 네 변의 길이의 합은 (한 변의 길이)×4로 구할 수 있습니다.

3-3 세 원의 크기가 모두 같으므로 삼각형 ㄱㄴㄷ의 세 변의 길이도 모두 같습니다. 삼각형 ㄱㄴㄷ의 한 변의 길이는 두 원의 반지름의 합과 같으므로 $3+3=6$(cm)입니다. 삼각형 ㄱㄴㄷ의 세 변의 길이가 모두 같으므로 세 변의 길이의 합은 $6\times3=18$(cm)입니다.

2. 원 그리기

수해력을 확인해요 78쪽

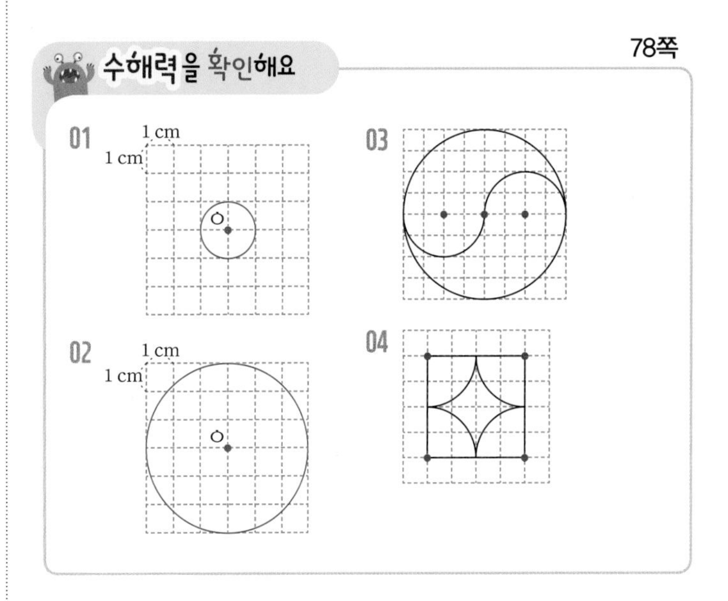

수해력을 높여요 79~80쪽

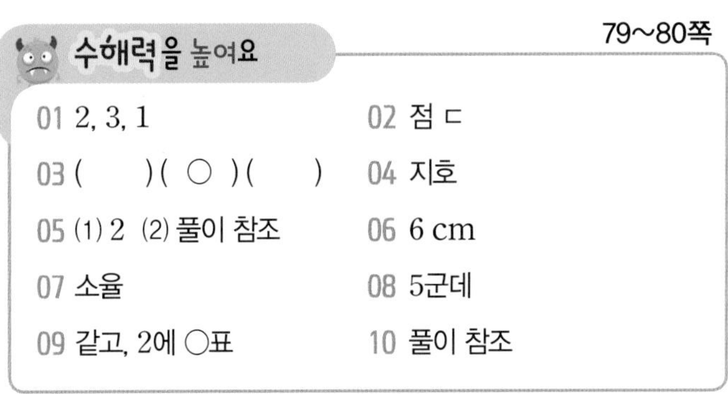

01 2, 3, 1	02 점 ㄷ
03 ( )(○)( )	04 지호
05 (1) 2 (2) 풀이 참조	06 6 cm
07 소율	08 5군데
09 같고, 2에 ○표	10 풀이 참조

01 컴퍼스를 이용하여 원을 그리는 방법
① 원의 중심이 되는 점 ㅇ를 정합니다.
② 컴퍼스를 원의 반지름만큼 벌립니다.
③ 컴퍼스의 침을 점 ㅇ에 꽂고 원을 그립니다.

02 컴퍼스로 원을 그릴 때 컴퍼스의 침을 꽂아야 하는 곳은 원의 중심입니다.

03 반지름이 2 cm인 원을 그리려면 컴퍼스를 2 cm만큼 벌려야 합니다.

04 수현: 반지름이 6 cm인 원을 그렸으므로 원의 지름이 $6\times2=12$(cm)입니다.
지호: 컴퍼스를 12 cm만큼 벌렸으므로 원의 지름은 $12\times2=24$(cm)입니다.
도진: 지름이 12 cm인 원을 그렸습니다.
따라서 크기가 다른 원을 그린 친구는 지호입니다.

05 지름이 4 cm인 원을 그리려면 컴퍼스를 2 cm만큼 벌려야 합니다.

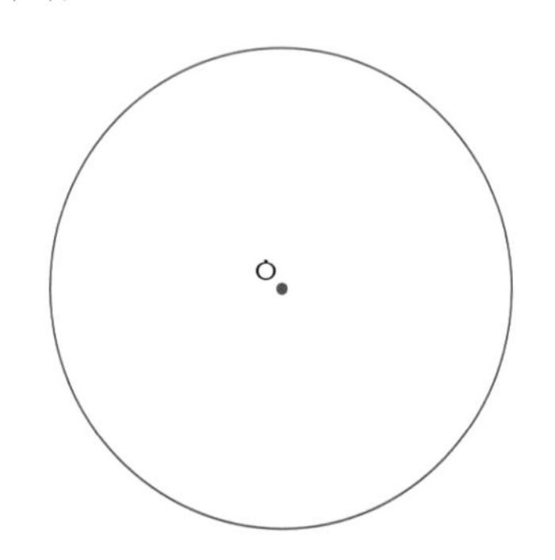

06 컴퍼스의 벌어진 길이는 원의 반지름과 같습니다. 컴퍼스를 3 cm만큼 벌려 원을 그렸으므로 그린 원의 지름은 $3\times2=6$(cm)입니다.

07 소율: 컴퍼스를 7 cm만큼 벌려 원을 그렸으므로 그린 원의 지름은 $7\times2=14$(cm)입니다.
태수: 지름이 11 cm인 원을 그렸습니다.
진호: 반지름이 6 cm인 원을 그렸으므로 그린 원의 지름은 $6\times2=12$(cm)입니다.
따라서 가장 큰 원을 그린 친구는 소율입니다.

08 주어진 모양을 그리기 위해 컴퍼스의 침을 꽂아야 할 곳은 오른쪽 그림과 같습니다. 따라서 컴퍼스의 침을 꽂아야 할 곳은 모두 5군데입니다.

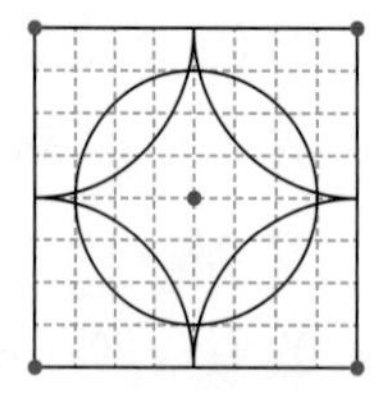

09 주어진 원의 중심은 모두 같습니다.
가장 안쪽에 있는 원의 반지름: 1칸
중간 원의 반지름: 3칸
가장 바깥쪽 원의 반지름: 5칸
따라서 원의 반지름이 2칸씩 늘어나는 규칙이 있습니다.

10 원의 반지름은 모눈 3칸으로 모두 같고, 원의 중심이 아래쪽으로 모눈 3칸씩 이동하는 규칙이 있습니다. 따라서 네 번째 원을 그리려면 세 번째 원의 중심으로부터 모눈 3칸 아래쪽에 컴퍼스의 침을 꽂아야 합니다.

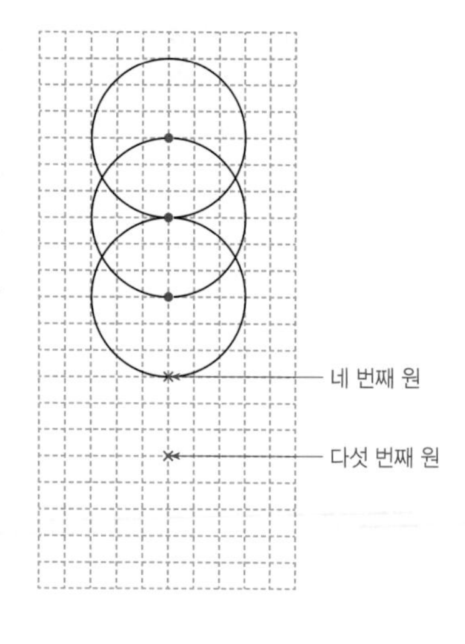

또, 다섯 번째 원을 그리려면 네 번째 원의 중심으로부터 모눈 3칸 아래쪽에 컴퍼스의 침을 꽂아야 합니다.

수해력을 완성해요

81쪽

대표 응용 1 7, 4

1-1 4, 2 **1-2** 4

1-3 1, 4 **1-4** 3, 2

1-1 원의 중심은 오른쪽으로 모눈 4칸씩 이동하고, 원의 반지름은 모두 같은 규칙이 있습니다. 따라서 네 번째 원의 중심은 세 번째 원의 중심으로부터 오른쪽으로 모눈 4칸 이동한 곳입니다. 네 번째 원의 반지름도 모눈 2칸입니다.

1-2 세 원의 중심이 같으므로 네 번째 원의 중심도 같습니다.
첫 번째 원의 반지름: 모눈 1칸
두 번째 원의 반지름: 모눈 2칸
세 번째 원의 반지름: 모눈 3칸
원의 반지름이 모눈 1칸씩 늘어나는 규칙이 있습니다.
따라서 네 번째 원의 반지름은 모눈 4칸입니다.

1-3 원의 중심은 오른쪽으로 모눈 1칸씩 이동합니다. 따라서 네 번째 원의 중심은 세 번째 원의 중심으로부터 모눈 1칸 이동한 곳입니다.
첫 번째 원의 반지름: 모눈 1칸
두 번째 원의 반지름: 모눈 2칸
세 번째 원의 반지름: 모눈 3칸

원의 반지름이 모눈 1칸씩 늘어나는 규칙이 있습니다. 따라서 네 번째 원의 반지름은 모눈 4칸입니다.

1-4 원의 중심은 오른쪽으로 모눈 3칸씩 이동하므로 다섯 번째 원의 중심은 네 번째 원의 중심으로부터 모눈 3칸 이동한 곳입니다.
첫 번째 원의 반지름: 모눈 2칸
두 번째 원의 반지름: 모눈 1칸
세 번째 원의 반지름: 모눈 2칸
네 번째 원의 반지름: 모눈 1칸
원의 반지름은 모눈 2칸, 모눈 1칸이 반복되는 규칙이 있습니다. 따라서 다섯 번째 원의 반지름은 모눈 2칸입니다.

수해력을 확장해요

82~83쪽

활동 1 풀이 참조
활동 2 풀이 참조, 4, 10

활동1 큰 원 안에 작은 원 2개를 그려 5개의 부분으로 나누려면 오른쪽 그림과 같이 그려야 합니다. 작은 원 2개를 서로 겹치면 새로운 부분이 생깁니다. 작은 원 2개를 각각 큰 원과 맞닿도록 그리면 작은 원 바깥쪽 부분을 2개의 부분으로 나눌 수 있습니다.

예
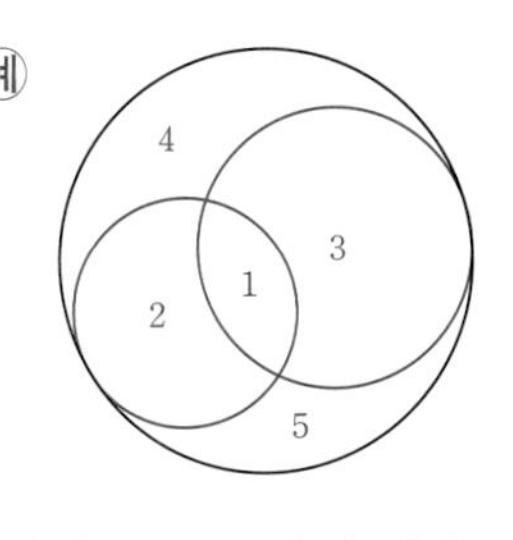

활동2 가장 적은 부분이 생기는 경우는 오른쪽 그림과 같이 작은 원들이 서로 만나지 않도록 그릴 때입니다.

예
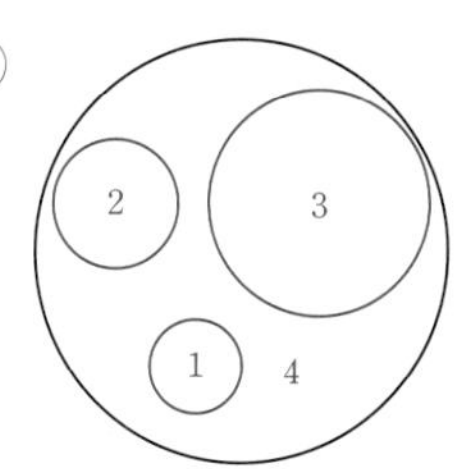

➡ 부분의 수: 4개

가장 많은 부분이 생기는 경우는 오른쪽 그림과 같이 같이 작은 원들을 서로 겹치고, 작은 원 3개가 모두 큰 원과 맞닿도록 그릴 때입니다.

예
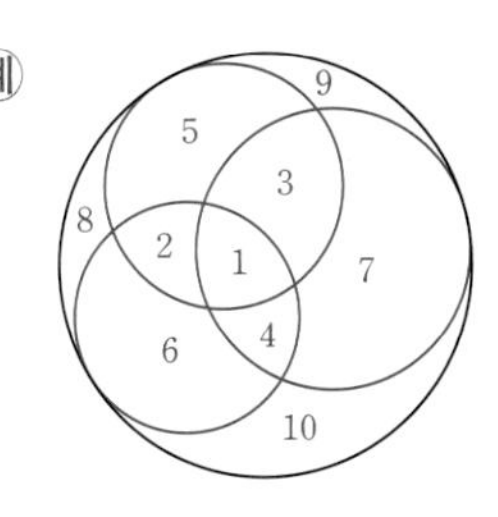

➡ 부분의 수: 10개

04 단원

들이와 무게

1. 들이 비교와 들이의 단위

수해력을 확인해요

88~89쪽

01 ㉮에 ○표	04 ㉮에 ○표
02 ㉯에 ○표	05 ㉯에 ○표
03 ㉮에 ○표	06 ㉯에 ○표
07 350	10 7100
08 6, 300	11 8
09 2, 300	12 3, 50

수해력을 높여요

90~91쪽

01 ㉮	02 5
03 2배	04 ㉯, ㉮, ㉰
05 민수	06 1600 mL
07 2500 mL	08 2 L 400 mL
09 식용유병, 주전자, 대야	10 소영
11 2000원	12 800 mL

01 ㉮ 물병으로 컵 6개만큼 물을 담을 수 있고, ㉯ 물병으로 컵 5개만큼 물을 담을 수 있으므로 ㉮ 물병이 ㉯ 물병보다 들이가 더 많습니다.

02 ㉮ 그릇으로 컵 7개만큼 물을 담을 수 있고, ㉯ 그릇으로 컵 2개만큼 물을 담을 수 있으므로 ㉮ 그릇이 ㉯ 그릇보다 컵 5개만큼 물이 더 들어갑니다.

03 ㉮ 병으로 ㉯ 그릇 2개만큼 물을 담을 수 있으므로 ㉮ 병의 들이는 ㉯ 그릇의 들이의 2배입니다.

04 해설 나침반

그릇에 물을 가득 채우기 위해 컵으로 부어야 하는 횟수가 적을수록 컵의 들이가 많습니다.

주어진 그릇에 물을 가득 채우려면 ㉮ 컵으로 6번, ㉯

컵으로 5번, ㉰ 컵으로 9번 부어야 합니다. 부어야 하는 횟수가 적을수록 들이가 많으므로 ㉯, ㉮, ㉰ 순으로 들이가 많습니다.

05 수조와 양동이에 물을 가득 채우기 위해 부어야 하는 횟수가 ㉮ 컵은 각각 4번, 2번이고 ㉯ 컵은 각각 6번, 3번이므로 ㉮ 컵보다 ㉯ 컵의 횟수가 더 많습니다.
따라서 ㉯컵보다 ㉮컵의 들이가 더 많습니다.
양동이에 물을 가득 채우기 위해 부어야 하는 횟수보다 수조에 물을 가득 채우기 위해 부어야 하는 횟수가 더 많기 때문에 양동이보다 수조의 들이가 더 많습니다.
수조에 물을 가득 채우기 위해 부어야 하는 횟수는 양동이에 물을 가득 채우기 위해 부어야 하는 횟수의 2배이므로 수조의 들이는 양동이 들이의 2배입니다.
수조에 ㉮ 컵으로 2번 물을 부으면 수조의 절반이 차고, ㉯ 컵으로 3번 부으면 나머지 절반을 가득 채울 수 있습니다. 따라서 바르게 이야기한 사람은 민수입니다.

06 1 L＝1000 mL이므로 샴푸통의 들이는
1 L 600 mL＝1600 mL입니다.

07 수조에는 물이 2 L 들어 있습니다. 수조에 물을 500 mL 더 부으면 2 L 500 mL＝2500 mL가 됩니다.

08 양동이의 들이는 물 800 mL씩 들어 있는 비커 3개의 물의 들이와 같으므로 800 mL × 3＝2400 mL에서 2400 mL＝2 L 400 mL입니다.

09 주전자의 들이는 2080 mL＝2 L 80 mL, 대야의 들이는 2 L 8 mL, 식용유병의 들이는 2 L 800 mL이고 2 L 800 mL＞2 L 80 mL＞2 L 8 mL이므로 식용유병, 주전자, 대야 순으로 들이가 많습니다.

해설 플러스
들이를 비교할 때 단위를 통일하면 한눈에 비교하기 쉽습니다.

10 준영이가 마신 물은 500 mL,
소영이가 마신 물은 1 L 200 mL,
미영이가 마신 물은 400 mL＋400 mL＋200 mL
＝1000 mL＝1 L입니다.
따라서 물을 가장 많이 마신 사람은 소영입니다.

11 세제 100 mL당 가격이 400원이므로
500 mL의 세제의 가격은 400 × 5＝2000(원)입니다.

12 올해 400 mL씩 3번 헌혈했으므로 2번 더 헌혈할 수 있습니다.
400 mL＋400 mL＝800 mL이므로 민호는
800 mL를 더 헌혈할 수 있습니다.

수해력을 완성해요

92~93쪽

대표 응용 1 12, 4 , 3 / 3

1-1 4번	**1-2** 1번, 2번
1-3 1번, 2번	**1-4** 1번, 4번

대표 응용 2 7, 400 / 7, 400, 7400

2-1 5800 mL	**2-2** 8400 mL
2-3 1 L 500 mL	**2-4** 1300 mL

1-1 어떤 그릇에 물을 가득 채우려면 ㉮ 컵으로 6번, ㉯ 컵으로 24번 부어야 하므로 ㉮ 컵의 들이는 ㉯ 컵 들이의 24 ÷ 6＝4(배)입니다.
따라서 ㉯ 컵으로 ㉮ 컵에 물을 가득 채우려면 물을 적어도 4번 부어야 합니다.

1-2 어떤 그릇에 물을 가득 채우려면 ㉮ 컵으로 4번, ㉯ 컵으로 8번, ㉰ 컵으로 16번 부어야 하므로 ㉮ 컵의 들이는 ㉯ 컵 들이의 8 ÷ 4＝2(배), ㉰ 컵 들이의
16 ÷ 4＝4(배)입니다.
따라서 ㉯ 컵으로 ㉮ 컵에 1번 물을 채우면 ㉮ 컵의 절반이 차고, ㉰ 컵으로 2번 채우면 나머지 절반을 채울 수 있습니다.
만약 ㉯ 컵으로 ㉮ 컵에 2번 물을 채우면 ㉮ 컵이 가득 차게 되므로 ㉯ 컵과 ㉰ 컵을 모두 사용하려면 ㉯ 컵을 1번만 사용해야 합니다.

1-3 어떤 그릇에 물을 가득 채우려면 ㉮ 컵으로 3번, ㉯ 컵으로 6번, ㉰ 컵으로 12번 부어야 하므로 ㉮ 컵의 들이는 ㉯ 컵 들이의 6 ÷ 3＝2(배), ㉰ 컵의 들이의
12 ÷ 3＝4(배)입니다.

따라서 ㉯ 컵으로 ㉮ 컵에 1번 물을 채우면 ㉮ 컵의 절반이 차고, ㉰ 컵으로 2번 채우면 나머지 절반을 채울 수 있습니다.

만약 ㉯ 컵으로 ㉮ 컵에 2번 물을 채우면 ㉮ 컵이 가득 차게 되므로 ㉯ 컵과 ㉰ 컵을 모두 사용하려면 ㉯ 컵은 1번 사용해야 합니다.

1-4 어떤 그릇에 물을 가득 채우려면 ㉮ 컵으로 2번, ㉯ 컵으로 4번, ㉰ 컵으로 16번 부어야 하므로 ㉮ 컵의 들이는 ㉯ 컵 들이의 $4 \div 2 = 2$(배), ㉰ 컵의 들이의 $16 \div 2 = 8$(배)입니다.

따라서 ㉯ 컵으로 ㉮ 컵에 1번 물을 채우면 ㉮ 컵의 절반이 차고, ㉰ 컵으로 4번 채우면 나머지 절반을 채울 수 있습니다.

만약 ㉯ 컵으로 ㉮ 컵에 2번 물을 채우면 ㉮ 컵이 가득 차게 되므로 ㉯ 컵과 ㉰ 컵을 모두 사용하려면 ㉯ 컵은 1번 사용해야 합니다.

2-1 5 L보다 800 mL 더 많은 들이는 5 L 800 mL입니다. 1 L=1000 mL이므로 수조의 들이는 5 L 800 mL=5800 mL입니다.

2-2 4 L보다 200 mL 더 많은 들이는 4 L 200 mL입니다.

1 L=1000 mL이므로 4 L 200 mL=4200 mL입니다. 4200 mL의 물을 부어 수조의 절반이 찼으므로 수조의 들이는

4200 mL+4200 mL=8400 mL입니다.

2-3 2 L와 1 L의 물을 빈 수조 두 개에 나누어 모두 부었을 때 각각 가득 찼으므로 수조 한 개의 들이는

1500 mL=1 L 500 mL입니다.

2-4 2 L보다 600 mL 더 많은 들이는

2 L 600 mL=2600 mL입니다.

2600 mL의 물을 빈 수조 두 개에 나누어 모두 부었을 때 각각 가득 찼으므로 수조 한 개의 들이는 1300 mL입니다.

2. 들이 어림과 덧셈, 뺄셈

수해력을 확인해요

96~97쪽

01 L
02 mL
03 L
04 욕조, 분무기
05 종이컵, 개수대
06 밥그릇, 아이스박스

07 (1) 6, 560 (2) 6, 530
08 (1) 11, 390 (2) 13, 100
09 (1) 3, 492 (2) 7, 250
10 (1) 8, 688 (2) 14, 10
11 (1) 1, 310 (2) 5, 370
12 (1) 1, 710 (2) 4, 420
13 (1) 3, 320 (2) 7, 350
14 (1) 610 (2) 1, 860

수해력을 높여요

98~99쪽

01 ㉣
02 동은
03 ㉡
04 진우
05 9605 mL
06 750 mL
07 2 L 320 mL
08 풀이 참조
09 1400 mL
10 윤아, 500 mL
11 600 mL
12 18 L

02 주사기의 들이는 mL 단위를 씁니다.

03 해설 나침반

들이를 어림할 때 기준이 되는 물체의 들이가 몇 번 들어가는지 예상해 봄으로써 실제와 가깝게 어림할 수 있습니다.

㉠ 2500 mL는 2 L보다 큽니다.

㉢ 500 mL 우유갑으로 2번은 1000 mL이고, 200 mL 우유갑으로 2번은 400 mL이므로 물병의 들이는 약 1400 mL입니다.

04 실제 들이와 어림한 들이의 차가 적을수록 실제 들이에 더 가깝게 어림한 것입니다.

(실제 들이)−(미영이가 어림한 들이)

=12 L−10 L 500 mL=1 L 500 mL이고,

(진우가 어림한 들이)−(실제 들이)

=13 L 250 mL−12 L=1 L 250 mL입니다.

1 L 500 mL>1 L 250 mL이므로 진우가 실제 들이에 더 가깝게 어림했습니다.

05 ㉠과 ㉡의 들이의 단위를 mL로 바꾸면
3 L=3000 mL, 7 L 600 mL=7600 mL입니다. 7600 mL>3000 mL>2005 mL이므로 가장 많은 들이는 7600 mL이고 가장 적은 들이는 2005 mL입니다. 따라서 두 들이의 합은
7600 mL+2005 mL=9605 mL입니다.

06 (남은 간장의 양)
=(전체 간장의 양)−(요리하는 데 사용한 간장의 양)
=2 L−1 L 250 mL=750 mL

07 재준이는 호민이보다 물을 300 mL 더 많이 마셨으므로
1 L 10 mL+300 mL=1 L 310 mL입니다.
따라서 호민이와 재준이가 마신 물의 양은
1 L 10 mL+1 L 310 mL=2 L 320 mL입니다.

08 자릿수를 맞춰 빼야 합니다.

	12 L	75 mL
−	1 L	5 mL
	11 L	70 mL

09 (사골 육수의 양)
=(먹은 양)+(500 mL 그릇 두 개에 담은 양)
=400 mL+500 mL+500 mL=1400 mL

10 지호는 사과 주스 2병과 포도 주스 1병을 샀으므로
산 주스의 양은
1 L 300 mL+1 L 300 mL+900 mL
=2 L 600 mL+900 mL=3 L 500 mL입니다.
윤아는 사과 주스 1병과 포도 주스 3병을 샀으므로 산 주스의 양은
1 L 300 mL+(900 mL+900 mL+900 mL)
=1 L 300 mL+2700 mL
=1 L 300 mL+2 L 700 mL=4 L입니다.
따라서 윤아가 지호보다
4 L−3 L 500 mL=500 mL만큼 더 많이 샀습니다.

11 (토마토 수프의 양)
=(육수의 양)+(토마토 소스의 양)
+(올리브 오일의 양)
=480 mL+90 mL+30 mL=600 mL
이므로 냄비의 들이는 적어도 600 mL보다 많아야 합니다.

12 한 말은 다섯 되를 2번 더한 양과 같고 다섯 되는 약 9 L입니다. 9 L+9 L=18 L이므로 한 말은 약 18 L입니다.

수해력을 완성해요

100~101쪽

대표 응용 1 800, 1200 / 800, 1200, 2000 / 2

1-1 1 L 900 mL **1-2** 2 L 700 mL
1-3 2 L 800 mL **1-4** 7 L

대표 응용 2 5 / 5, 2, 800 / 4, 2

2-1 2번 **2-2** 10번
2-3 2번 **2-4** 3번

1-1 어항에 300 mL의 물을 1번, 800 mL의 물을 2번 부었으므로 어항에는 각각 300 mL, 1600 mL만큼 물이 들어 갔습니다. 따라서 어항에는
300 mL+1600 mL=1900 mL만큼의 물이 들어 있습니다. 1000 mL=1 L이므로 어항에 모두 1 L 900 mL의 물이 들어 있습니다.

1-2 어항에 600 mL의 물을 3번, 900 mL의 물을 1번 부었으므로 어항에는 각각 1800 mL, 900 mL만큼 물이 들어 갔습니다. 따라서 어항에는
1800 mL+900 mL=2700 mL만큼의 물이 들어 있습니다. 1000 mL=1 L이므로 어항에 모두 2 L 700 mL의 물이 들어 있습니다.

1-3 어항에 400 mL의 물을 3번, 500 mL의 물을 2번, 600 mL의 물을 1번 부었으므로 어항에는 각각 1200 mL, 1000 mL, 600 mL만큼 물이 들어 갔습니다.
따라서 어항에는
1200 mL+1000 mL+600 mL=2800 mL

=2 L 800 mL만큼의 물이 들어 있습니다.

1-4 어항에 1 L 200 mL의 물을 1번, 400 mL의 물을 1번, 2 L 700 mL의 물을 2번 부었으므로 어항에는 각각
1 L 200 mL, 400 mL,
2 L 700 mL+2 L 700 mL=5 L 400 mL만큼 물이 들어 있습니다.
따라서 어항에는
1 L 200 mL+400 mL+5 L 400 mL=7 L만큼 물이 들어 있습니다.

2-1 들이가 8 L인 수조의 절반은 4 L입니다. 이미 수조에 물이 2 L 800 mL만큼 들어 있으므로 수조에 채워야 하는 물의 양은 4 L−2 L 800 mL=1 L 200 mL입니다. 600 mL를 2번 더하면 1 L 200 mL이므로 600 mL인 그릇으로 물을 적어도 2번 부어야 합니다.

2-2 들이가 7 L인 수조에 물이 1 L 500 mL만큼 들어 있으므로 남은 공간은
7 L−1 L 500 mL=5 L 500 mL입니다.
5 L 500 mL 중 500 mL만큼 남겨야 하므로
5 L 500 mL−500 mL=5 L만큼 채워야 합니다.
500 mL를 10번 더하면 5 L이므로 500 mL인 그릇으로 물을 적어도 10번 부어야 합니다.

2-3 들이가 5 L인 수조에 물이 3 L 700 mL만큼 들어 있으므로 남은 공간은 5 L−3 L 700 mL=1 L 300 mL입니다. 1 L 300 mL 중 500 mL만큼 남겨야 하므로 1 L 300 mL−500 mL=800 mL만큼 채워야 합니다. 400 mL를 2번 더하면 800 mL이므로 400 mL인 그릇으로 물을 적어도 2번 부어야 합니다.

2-4 2 L의 절반은 1 L이고 절반보다 500 mL 더 많이 물을 채워야 하므로
1 L+500 mL=1 L 500 mL만큼 물을 채워야 합니다.
수조에 물이 600 mL만큼 들어 있으므로
1 L 500 mL−600 mL=900 mL만큼 물을 부어야 합니다.
300 mL를 3번 더하면 900 mL이므로
300 mL인 그릇으로 물을 적어도 3번 부어야 합니다.

3. 무게 비교와 무게의 단위

수해력을 확인해요

104~105쪽

01 필통에 ○표
02 소보로빵에 ○표
03 주스에 ○표
04 사과, 복숭아, 4
05 감, 귤, 2
06 양파, 감자, 3

07 1, 700
08 1, 300
09 2, 100, 2100
10 (1) 7, 390 (2) 5030
11 (1) 1, 573 (2) 6010
12 (1) 1, 90 (2) 3250
13 (1) 1, 407 (2) 8220

수해력을 높여요

106~107쪽

01 오이
02 사과, 13개
03 10개
04 ㉣
05 9600 g
06 우진
07 1t
08 ㉠, ㉢
09
10 ㉢, ㉣, ㉡, ㉠
11 9700원
12 450 kg

01 고구마와 양파 중 더 무거운 것은 양파입니다. 양파와 오이 중 더 무거운 것은 오이이므로 가장 무거운 것은 오이입니다.

02 감의 무게는 바둑돌 59개의 무게와 같고 사과의 무게는 바둑돌 72개의 무게와 같으므로 사과가 감보다 바둑돌 72−59=13(개)만큼 더 무겁습니다.

03 풀 2개의 무게는 구슬 10개의 무게와 같습니다. 가위의 무게가 풀의 무게의 2배이므로 가위 1개의 무게는 구슬 10개의 무게와 같습니다.

04 자전거, 책가방, 볼링공의 무게는 kg으로 표현할 수 있습니다. 배드민턴 공의 무게는 1 kg보다 가볍기 때문에 kg이 아닌 g으로 표현해야 합니다.

05 동화책 2권의 무게가 4800 g이므로 동화책 4권의 무게는 4800 g+4800 g=9600 g입니다.

06 키위 한 개의 무게는 1 kg보다 가볍기 때문에 무게 단위로 g을 사용해야 합니다. 수박은 일반적으로 kg 단위를 사용합니다. 따라서 무게의 단위를 알맞게 사용한 사람은 우진입니다.

07 900 kg보다 100 kg 더 무거운 무게는
1000 kg=1 t입니다.

08 대왕고래, 아프리카코끼리의 무게는 1 t이 넘습니다.
따라서 1 t보다 무거운 것은 ㉠, ㉢입니다.
대왕고래의 무게: 130 t~150 t
아프리카코끼리의 무게: 3 t~6 t

09 1 kg=1000 g이므로 5 kg 40 g=5040 g,
5 kg 400 g=5400 g입니다.
1t=1000 kg이므로 5 t 40 kg=5040 kg입니다.

10 ㉠ 3 t=3000 kg=3000000 g
㉡ 3 kg 800 g=3800 g
㉣ 3 kg=3000 g
따라서 무게가 가벼운 것부터 순서대로 기호를 나타내면 ㉢, ㉣, ㉡, ㉠입니다.

11 1100 g=1 kg 100 g이므로 1100 g 상자의 요금은 3000원이고, 500 g 상자의 요금은 2200원입니다.
4500 g=4 kg 500 g이므로 4500 g 상자의 요금은 4500원입니다. 따라서 진수가 내야 할 택배 요금은
3000+2200+4500=9700(원)입니다.

12 쌀 1석의 무게가 약 150 kg이므로 쌀 3석의 무게는
150+150+150=450 (kg)에서 약 450 kg입니다.

수해력을 완성해요 108~109쪽

대표 응용 1 2 / 3 / 2, 3, 자
1-1 자 **1-2** 구슬
1-3 공깃돌 **1-4** 공깃돌

대표 응용 2 1, 700, 1, 700
2-1 3 kg 500 g **2-2** 800 g
2-3 3 kg **2-4** 2000 g

1-1 해설 나침반
세 물건의 무게를 비교할 때 한 물건의 무게를 기준으로 다른 두 물건의 무게를 생각해 봅니다.

구슬 3개의 무게는 공깃돌 6개의 무게와 같으므로 구슬 1개의 무게는 공깃돌 2개의 무게와 같습니다. 구슬 1개의 무게는 자 4개의 무게와 같으므로 공깃돌 2개와 자 4개의 무게가 같습니다.
(구슬 1개의 무게)=(공깃돌 2개의 무게)
=(자 4개의 무게)이므로 자의 무게가 가장 가볍습니다.

1-2 구슬 4개의 무게는 공깃돌 2개의 무게와 같으므로 구슬 2개의 무게는 공깃돌 1개의 무게와 같습니다. 구슬 2개의 무게는 자 1개의 무게와 같습니다.
(구슬 2개의 무게)=(공깃돌 1개의 무게)
=(자 1개의 무게)이므로 구슬의 무게가 가장 가볍습니다.

1-3 구슬 6개의 무게는 공깃돌 3개의 무게와 같으므로 구슬 2개의 무게는 공깃돌 1개의 무게와 같습니다. 구슬 2개의 무게는 자 4개의 무게와 같습니다.
(구슬 2개의 무게)=(공깃돌 1개의 무게)
=(자 4개의 무게)이므로 공깃돌의 무게가 가장 무겁습니다.

1-4 구슬 8개의 무게는 공깃돌 4개의 무게와 같으므로 구슬 2개의 무게는 공깃돌 1개의 무게와 같습니다. 구슬 2개의 무게는 자 5개의 무게와 같으므로 공깃돌 1개와 자 5개의 무게가 같습니다.
(구슬 2개의 무게)=(공깃돌 1개의 무게)
=(자 5개의 무게)
이므로 공깃돌의 무게가 가장 무겁습니다.

2-1 초록색 택배 상자의 무게는 3 kg이고, 노란색 택배 상자의 무게는 500 g입니다. 따라서 두 택배 상자를 함께 저울에 올려놓으면 3 kg 500 g이 됩니다.

2-2 초록색 택배 상자의 무게는 1 kg이고, 초록색과 노란색 택배 상자의 무게는 1 kg 800 g입니다.
따라서 노란색 택배 상자의 무게는 800 g입니다.

2-3 노란색 택배 상자의 무게는 500 g이고, 초록색과 노란색 택배 상자의 무게는 3 kg 500 g입니다.
따라서 초록색 택배 상자의 무게는 3 kg입니다.

2-4 노란색 택배 상자의 무게는 500 g이고, 초록색과 노란색 택배 상자의 무게는 2 kg 500 g입니다. 따라서 초록색 택배 상자의 무게는 2 kg=2000 g입니다.

4. 무게 어림과 덧셈, 뺄셈

수해력을 확인해요 112~113쪽

01 g	04 선풍기, 옷장
02 kg	05 동화책, 자전거
03 t	06 비행기, 북극곰
07 (1) 9, 780 (2) 10, 10	11 (1) 5, 350 (2) 1, 740
08 (1) 14, 760 (2) 12, 180	12 (1) 1, 110 (2) 4, 650
09 (1) 9, 530 (2) 12, 170	13 (1) 1, 300 (2) 7, 680
10 (1) 11, 750 (2) 11, 50	14 (1) 2, 290 (2) 2, 450

수해력을 높여요 114~115쪽

01 3개	02 영민
03 인하	04 5000 kg
05 약 6 kg	06 3, 700
07 (○)( )	08 700, 4
09 3 kg 900 g	10 200 g
11 ㉡	12 1 kg 200 g

01 무게가 1 kg보다 무거운 것은 컴퓨터 1대, 책상 1개, 트럭 1대이므로 총 3개입니다.

02 야구공 한 개의 무게는 약 150 g이므로 야구공 2개의 무게는 약 300 g입니다.
볼링공 한 개의 무게가 약 4000 g이면 약 4 kg이므로 볼링공 10개의 무게는 약 40 kg입니다. 따라서 잘못 어림한 사람은 영민입니다.

03 배추의 실제 무게와 어림한 무게의 차가 작을수록 실제 무게에 더 가깝게 어림한 것입니다.
인하: 1 kg 200 g−1 kg 50 g=150 g
현수: 1 kg 400 g−1 kg 200 g=200 g
따라서 실제 무게에 더 가깝게 어림한 사람은 인하입니다.

04 트럭에 더 실을 수 있는 짐의 무게는 7−2=5(t)입니다. 5 t은 5000 kg이므로 짐을 5000 kg까지 더 실을 수 있습니다.

05 수박 한 통의 무게가 약 4 kg이므로 수박 반 통의 무게는 약 2 kg입니다. 따라서 수박 한 통 반의 무게는 4+2=6(kg)에서 약 6 kg입니다.

06 1 kg 800 g+1 kg 900 g=3 kg 700 g

07 3 kg 970 g+2 kg 700 g=6 kg 670 g,
9 kg 250g−2 kg 700 g=6 kg 550 g이므로
6 kg 670 g>6 kg 550 g입니다.

08 ㉠−360=340에서 340+360=㉠이므로 ㉠=700입니다.
6−㉡=2에서 6−2=㉡이므로 ㉡=4입니다.

09 (사과의 무게)=(바구니와 사과의 무게)−(바구니의 무게)
=5 kg 400 g−1500 g
=5400 g−1500 g=3900 g=3 kg 900 g

10 감자 다섯 개의 무게가 900 g이고 감자 5개와 양파 2개의 무게가 1300 g이므로 양파 2개의 무게는 1300 g−900 g=400 g입니다. 따라서 양파 한 개의 무게는 200 g입니다.

11 비행기 안에 들고 갈 수 있는 짐의 무게가 8 kg까지이고 가방의 무게가 6 kg 420 g이므로
8 kg−6 kg 420 g=1 kg 580 g=1580 g만큼 가방에 더 넣을 수 있습니다. 보온병은 580 g, 드라이기는 1320 g, 노트북은 1 kg 980 g=1980 g, 게임기는 1740 g이므로 가방에 더 넣을 수 있는 가장 무거운 물건은 ㉡ 드라이기입니다.

해설 플러스
제한된 무게를 넘지 않으면서 가장 무거운 물건을 찾아봅니다.

12 고기 한 근이 600 g이므로 고기 두 근은
600 g+600 g=1200 g=1 kg 200 g입니다.

수해력을 완성해요

116~117쪽

대표 응용 1 35, 500 / 1

1-1 1명 **1-2** 2명
1-3 2명 **1-4** 2명

대표 응용 2 300 / 300, 700 / 7

2-1 8개 **2-2** 2개
2-3 6개 **2-4** 8개

1-1 600 kg까지 탈 수 있는 엘리베이터에 560 kg 500 g만큼 타고 있으므로 엘리베이터에 더 탈 수 있는 몸무게는
600 kg−560 kg 500 g=39 kg 500 g입니다.
따라서 네 명 중에 엘리베이터에 탈 수 있는 사람은 유주 1명입니다.

해설 플러스
몸무게가 가벼운 사람부터 순서대로 엘리베이터에 더 탈 수 있는지 생각해 봅니다.

1-2 500 kg까지 탈 수 있는 엘리베이터에 410 kg만큼 타고 있으므로 엘리베이터에 더 탈 수 있는 몸무게는
500 kg−410 kg=90 kg입니다. 몸무게가 적은 진우와 다인이의 몸무게의 합이 42 kg+45 kg=87 kg이므로 네 명 중에 엘리베이터에 탈 수 있는 사람은 진우와 다인이 2명입니다.

1-3 400 kg까지 탈 수 있는 엘리베이터에 320 kg 500 g만큼 타고 있으므로 엘리베이터에 더 탈 수 있는 몸무게는
400 kg−320 kg 500 g=79 kg 500 g입니다.
몸무게가 적은 순서대로 수호와 시아의 몸무게의 합은
33 kg 400 g+36 kg 300 g=69 kg 700 g이고
수호, 시아, 연우의 몸무게의 합은
33 kg 400 g+36 kg 300 g+38 kg
=107 kg 700 g입니다.
엘리베이터에 더 탈 수 있는 몸무게는 79 kg 500 g을 넘을 수 없으므로 엘리베이터에 탈 수 있는 사람은 수호와 시아 2명입니다.

1-4 400 kg까지 탈 수 있는 엘리베이터에 300 kg만큼 타고 있으므로 엘리베이터에 더 탈 수 있는 몸무게는
400 kg−300 kg=100 kg입니다.
몸무게가 적은 순서대로 한결이와 예빈이의 몸무게의 합은
35 kg 400 g+36 kg 300 g=71 kg 700 g이고
한결, 예빈, 윤지의 몸무게의 합은
35 kg 400 g+36 kg 300 g+37 kg
=108 kg 700 g입니다.
엘리베이터에 더 탈 수 있는 몸무게는 100 kg을 넘을 수 없으므로 엘리베이터에 더 탈 수 있는 사람은 한결이와 예빈이 2명입니다.

2-1 무게가 50 kg인 상자가 4개 있으므로 트럭에 실린 상자의 무게는 50×4= 200 (kg)입니다.
(트럭에 실을 수 있는 무게)−(실려 있는 상자의 무게)
=1000 kg−200 kg=800 kg
따라서 100 kg인 상자를 8개 더 실을 수 있습니다.

2-2 무게가 200 kg인 상자가 9개 있으므로 트럭에 실린 상자의 무게는 200×9=1800 (kg)입니다.
(트럭에 실을 수 있는 무게)−(실려 있는 상자의 무게)
=2000 kg−1800 kg=200 kg
따라서 100 kg인 상자를 2개 더 실을 수 있습니다.

2-3 무게가 300 kg인 상자가 3개 있으므로 트럭에 실린 상자의 무게는 300×3=900 (kg)입니다.
(트럭에 실을 수 있는 무게)−(실려 있는 상자의 무게)
=1500 g−900 kg=600 kg이므로 100 kg인 상자를 6개 더 실을 수 있습니다.

2-4 무게가 250 kg인 상자가 3개 있으므로 트럭에 실린 상자의 무게는 250×3=750 (kg)입니다.
(트럭에 실을 수 있는 무게)−(실려 있는 상자의 무게)
=1550 kg−750 kg=800 kg이므로 100 kg인 상자를 8개 더 실을 수 있습니다.

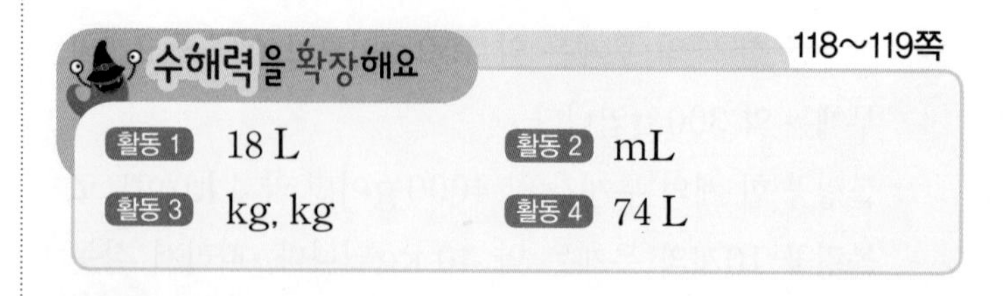

활동1 295 L−277 L=18 L
활동2 물 컵 1잔의 들이는 150 mL
활동3 4인 가족 하루 평균 세탁물의 무게는 약 3 kg으로 어림할 수 있습니다.
활동4 110 L−36 L= 74 L

초등 수해력 3단계

수·연산 도형·측정

EBS

'초등 수해력'과 함께하면 다음 학년 수학이 쉬워지는 이유

1. 기초부터 응용까지 체계적으로 구성된 **문제 해결 능력을 키우는 단계별 문항 체제**

2. 학교 선생님들이 모여 교육과정을 기반으로 학습자가 **걸려 넘어지기 쉬운 내용 요소 선별**

3. 모든 수학 개념을 **이전에 배운 개념과 연결**하여 **새로운 개념으로 확장 학습** 할 수 있도록 구성

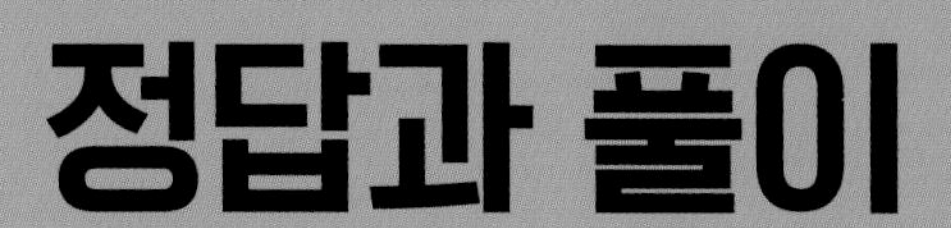

정답과 풀이